EUL VERLAG

FINANZIERUNG, KAPITALMARKT UND BANKEN

Herausgegeben von Prof. Dr. Hermann Locarek-Junge, Dresden, Prof. Dr. Klaus Röder, Regensburg, und Prof. Dr. Mark Wahrenburg, Frankfurt

Band 79
Christian Schäffler
Steuerung der Liquiditätsbevorratung in Banken anhand eines quantitativen Transferpreismodells
Lohmar – Köln 2011 • 324 S. • € 62,- (D) • ISBN 978-3-8441-0055-6

Band 80
Max Mihm
Indexbasierte Anlagestrategien – Eine theoretische und empirische Untersuchung am britischen Aktienmarkt
Lohmar – Köln 2011 • 344 S. • € 63,- (D) • ISBN 978-3-8441-0064-8

Band 81
Stephan Gellrich
Equity Carve-outs in Germany – The ECO Puzzle
Lohmar – Köln 2012 • 272 S. • € 58,- (D) • ISBN 978-3-8441-0136-2

Band 82
Maik Kästner
Risikomanagement im Mittelstand – Anforderungen und Ausgestaltung quantitativer Risikosteuerung
Lohmar – Köln 2012 • 396 S. • € 66,- (D) • ISBN 978-3-8441-0161-4

Band 83
Stefan Erdorf
Corporate Diversification and Dependence – Valuation of Multi-Business Firms and Basket Default Swaps
Lohmar – Köln 2012 • 164 S. • € 47,- (D) • ISBN 978-3-8441-0163-8

Band 84
Daniela Hochstein
Konzeptionelle Weiterentwicklung des wertorientierten Managements unter besonderer Berücksichtigung von Kapitalkostenmodellen
Lohmar – Köln 2012 • 280 S. • € 58,- (D) • ISBN 978-3-8441-0189-8

JOSEF EUL VERLAG

Konzeptionelle Weiterentwicklung des wertorientierten Managements unter besonderer Berücksichtigung von Kapitalkostenmodellen

INAUGURAL-DISSERTATION ZUR

ERLANGUNG DER DOKTORWÜRDE

AN DER

WIRTSCHAFTSWISSENSCHAFTLICHEN FAKULTÄT

DER

HEINRICH-HEINE-UNIVERSITÄT DÜSSELDORF

Vorgelegt im Sommersemester 2012

von

Daniela Hochstein

Erstgutachter: Prof. Dr. Klaus-Peter Franz

Zweitgutachter: Prof. Dr. Christoph J. Börner

Disputation: Düsseldorf, den 16.07.2012

D 61

Reihe: Finanzierung, Kapitalmarkt und Banken · Band 84

Herausgegeben von Prof. Dr. Hermann Locarek-Junge, Dresden, Prof. Dr. Klaus Röder, Regensburg, und Prof. Dr. Mark Wahrenburg, Frankfurt

Dr. Daniela Hochstein

Konzeptionelle Weiterentwicklung des wertorientierten Managements unter besonderer Berücksichtigung von Kapitalkostenmodellen

Mit einem Geleitwort von Prof. Dr. Klaus-Peter Franz, Heinrich-Heine-Universität Düsseldorf

EUL VERLAG

Bibliografische Information der Deutschen Nationalbibliothek

Die Deutsche Nationalbibliothek verzeichnet diese Publikation in der Deutschen Nationalbibliografie; detaillierte bibliografische Daten sind im Internet über <http://dnb.d-nb.de> abrufbar.

Dissertation, Heinrich-Heine-Universität Düsseldorf, 2012

ISBN 978-3-8441-0189-8
1. Auflage September 2012

JOSEF EUL VERLAG GmbH
Brandsberg 6
53797 Lohmar
Tel.: 0 22 05 / 90 10 6-6
Fax: 0 22 05 / 90 10 6-88
http://www.eul-verlag.de
info@eul-verlag.de

Bei der Herstellung unserer Bücher möchten wir die Umwelt schonen. Dieses Buch ist daher auf säurefreiem, 100% chlorfrei gebleichtem, alterungsbeständigem Papier nach DIN 6738 gedruckt.

Geleitwort

Der Einsatz von Eigenkapital ist für jedes Unternehmen unumgänglich, weil dies von den Gläubigern zum Schutz des von ihnen zur Verfügung zu stellenden Fremdkapitals erwartet wird. Um Eigenkapital in ausreichendem Umfang zu erlangen, müssen sich Unternehmen daher dem um dieses knappe Gut existierenden Wettbewerb stellen und sich bemühen, die Ziele der Eigenkapitalgeber bestmöglich zu erfüllen. Als unternehmerische Zielfunktion hat dabei die Orientierung am Wert des Unternehmens und seiner Steigerung in Theorie und Praxis breite Akzeptanz gefunden. Es hat sich ein auf entscheidungs- und kapitalmarkttheoretischen Grundlagen aufbauendes Konzept des wertorientierten Managements herausgebildet, das in der Unternehmenspraxis recht einmütig verwendet wird. Bei einer vertieften theoretischen Auseinandersetzung mit der Thematik entstehen jedoch Zweifel, ob die derzeitig dominierende Ausgestaltung dieses Managementkonzepts den Ansprüchen längerfristig orientierter Eigenkapitalgeber tatsächlich gerecht wird. Dies nimmt Frau Hochstein zum Ausgangspunkt - aufbauend auf von ihr aufgezeigten konzeptionellen Defiziten des allgemein angewendeten Verfahrens - einen Beitrag zur Weiterentwicklung des wertorientierten Managementkonzeptes zu leisten.

Frau Hochstein stellt die dem Kapitalkostenkonzept entgegengebrachte Kritik in den Mittelpunkt ihrer Arbeit und analysiert auf Grundlage verhaltenswissenschaftlicher Forschungsergebnisse die Eignung verschiedener Kapitalkostenmodelle für das wertorientierte Management. Dabei zeigt sich, dass der bislang beschrittene Weg grundsätzlich weiter begangen werden kann, denn aus der Analyse ergibt sich die Erkenntnis, dass trotz der ihm vielfach entgegengebrachten Kritik das in der Praxis dominierende CAPM grundsätzlich am besten für die Ermittlung der Renditeforderung längerfristig orientierter Eigenkapitalgeber geeignet ist. Zwar ist eine ausschließliche Einbeziehung der Eigenkapitalgeberansprüche über die auf dem CAPM basierenden Eigenkapitalkosten nicht ausreichend, um die Anteilseigner zufrieden zu stellen, die Entwicklung eines gänzlich neuen Kapitalkostenmodells ist jedoch nicht erforderlich. Vielmehr zeigt Frau Hochstein, wie die aus der Anwendung des Modells resultierenden Schwächen anderweitig zu überwinden sind. Ausgehend von dem Umstand, dass ein auf Grundlage des CAPM ermittelter Eigenkapitalkostensatz stets mit einem korrespondierenden Risikoniveau einhergeht, entwickelt Frau Hochstein ein Konstrukt zur Operationalisierung des Risikoniveaus und seiner Integration in das wertorientierte Management.

Insgesamt ist festzustellen, dass es Frau Hochstein mit ihrer kreativen Arbeit gelungen ist, zu einem Gebiet, das praktisch, aber auch theoretisch einem gewissen Mainstream folgt, einen innovativen, dem Erkenntnisfortschritt sehr dienlichen Beitrag zu liefern. Die theoretisch fundierte und empirisch gestützte Weiterentwicklung des wertorientierten Managements kann der Unternehmenspraxis als umfassende Orientierungshilfe dienen, um existierende Schwächen des wertorientierten Managements zu überwinden und die Ansprüche längerfristig orientierter Eigenkapitalgeber besser zu erfüllen. Ich wünsche der Arbeit daher eine hohe Verbreitung in Wissenschaft und Praxis.

Düsseldorf, im Juli 2012 Prof. Dr. Klaus-Peter Franz

Vorwort

Die vorliegende Arbeit entstand während meiner Tätigkeit als wissenschaftliche Mitarbeiterin am Lehrstuhl für Betriebswirtschaftslehre, insb. Unternehmensprüfung und Controlling, der Heinrich-Heine-Universität Düsseldorf und wurde von der Wirtschaftswissenschaftlichen Fakultät im Sommersemester 2012 als Dissertation angenommen.

Zahlreiche Personen, denen ich an dieser Stelle meinen Dank aussprechen möchte, haben zum Entstehen und Gelingen meiner Arbeit beigetragen. An erster Stelle ist mein Doktorvater, Herr Prof. Dr. Klaus-Peter Franz, zu nennen, dem ich nicht nur für fachliche Diskussionen, sondern auch für das uneingeschränkte Vertrauen in den Fortgang meiner Arbeit und daraus resultierende Freiheiten zu danken habe. Herrn Prof. Dr. Christoph J. Börner danke ich für die zügige Erstellung des Zweitgutachtens und bei Frau Prof. Dr. Ulrike Neyer bedanke ich mich für die Übernahme des Vorsitzes der Prüfungskommission.

Die von mir vorgenommene empirische Untersuchung wäre ohne die Kooperationsbereitschaft der Unternehmenspraxis nicht möglich gewesen. Ein besonderer Dank gilt daher allen Interviewpartnern, die mir interessante Einblicke in ihre Unternehmen gewährten und wertvolle Diskussionspartner waren.

Meine Kollegen Thomas Schiffer sowie Dr. Carsten Winkler haben nicht nur meine Arbeit Korrektur gelesen, regelmäßig für fachlichen Austausch zur Verfügung gestanden und meinen Computer am Laufen gehalten, sondern auch dafür gesorgt, dass der Spaß am Lehrstuhl nie zu kurz kam. Zu der sehr angenehmen Arbeitsatmosphäre haben ebenfalls die weiteren Lehrstuhlkollegen Dr. Christina Feldmeier, Christian Hess und Prof. Dr. Torsten Mindermann, unsere Sekretärin Angelika Graf sowie die übrigen Kollegen der Fakultät beigetragen. Vielen Dank dafür! Darüber hinaus schulde ich etlichen studentischen Mitarbeitern – insb. Carmen Penger – meinen Dank für zahlreiche Recherchen und ähnliche Aufträge, die immer zuverlässig und schnell erledigt wurden.

All meinen Freunden danke ich dafür, dass sie in der Freizeit für angenehme Ablenkung von der Dissertation sorgten und Verständnis dafür hatten, wenn ich mich zwischenzeitlich arbeitsbedingt rar gemacht habe. Besonders bedanken möchte ich mich bei Walli Bönisch, Alfred Koch und Verena Tettenborn, die darüber hinaus noch in den Korrekturprozess meiner Dissertation eingebunden waren.

Mein größter Dank gilt jedoch meinen Eltern sowie meiner Schwester, die mir immer alle nur denkbare Unterstützung gewährten.

Düsseldorf, im Juli 2012 Daniela Hochstein

Inhaltsübersicht

Inhaltsverzeichnis

Abbildungsverzeichnis

Tabellenverzeichnis

Abkürzungsverzeichnis

Abs.	Absatz
AktG	Aktiengesetz
APT	Arbitrage Pricing Theory
AV	Anlagevermögen
Aufl.	Auflage
BCF	Brutto Cashflow
BIB	Bruttoinvestitionsbasis
bspw.	beispielsweise
bzw.	beziehungsweise
c.p.	ceteris paribus
ca.	circa
CAPM	Capital Asset Pricing Model
CFROI	Cashflow Return on Investment
CVA	Cash Value Added
d.h.	das heißt
DAX	Deutscher Aktienindex
DCF	Discounted Cashflow
DRS	Deutscher Rechnungslegungs Standard
EBIT	Earnings before Interest and Taxes
EBITA	Earnings before Interest, Taxes and Amortisation
EK	Marktwert des Eigenkapitals
EStG	Einkommensteuergesetz
et al.	et alii
etc.	et cetera
EVA	Economic Value Added
evtl.	eventuell
f.	folgende
ff.	fortfolgende
FCF	Free Cashflow
FK	Marktwert des Fremdkapitals

GewStG	Gewerbesteuer Gesetz
GK	Marktwert des Gesamtkapitals
GuV	Gewinn- und Verlustrechnung
HGB	Handelsgesetzbuch
HML	High Minus Low
Hrsg.	Herausgeber
IAS	International Accounting Standard
IDW	Institut der Wirtschaftsprüfer
IFRS	International Financial Reporting Standard
insbes.	insbesondere
ISO	International Organization for Standardization; vormals: International Standards Organisation
IT	Information Technology
k.A.	keine Angaben
KFW	Kreditanstalt für Wiederaufbau
KonTraG	Gesetz zur Kontrolle und Transparenz im Unternehmensbereich
KStG	Körperschaftssteuergesetz
MCPM	Market-derived Capital Pricing Model
NASDAQ	National Association of Securities Dealers Automated Quotations
NOPAT	Net Operating Profit after Taxes
NYSE	New York Stock Exchange
PS	Prüfungsstandard
ReWe	Rechnungswesen
Rn.	Randnummer
ROCE	Return on Capital Employed
S.	Seite
S	Standard
SMB	Small Minus Big
SolzG	Solidaritätszuschlaggesetz
Sp.	Spalte

U	Unternehmen
u.	und
u.a.	unter anderem
UV	Umlaufvermögen
UW	Unternehmenswert
VFE	Vermögens-, Finanz- und Ertragslage
vgl.	vergleiche
WACC	Weighted Average Cost of Capital
z.B.	zum Beispiel

Symbolverzeichnis

a	Anteil des Eigenkapitals am Portfolio
$bvps_t$	Buchwert des Eigenkapitals pro Aktie zum Zeitpunkt t
$cov(\tilde{r}_i, \tilde{r}_M)$	Kovarianz der Rendite des betrachteten Unternehmens mit der Marktrendite
$E(r_i)$	Erwartete Rendite des betrachteten Unternehmens
$E(r_M)$	Erwartete Marktrendite
$E_{t[\cdot]}$	Erwartungswertoperator für Zeitpunkt t
$feps_t$	Prognostizierter Gewinn pro Aktie für Periode t
$FROE_t$	Prognostizierter Return on Equity zum Zeitpunkt t
g	Wachstumsrate
h_i	„high-minus-low“-Koeffizient
n	Anzahl der in die Detailplanung einbezogenen Jahre
p_t	Preis pro Aktie zum Zeitpunkt t
q_p	Wert der invertierten Verteilungsfunktion der Standardnormalverteilung zum Konfidenzniveau p
r_{EK}	Eigenkapitalkostensatz
$r_{EK,p}$	Erwartete Eigenkapitalrendite zum Konfidenzniveau p
r_f	Risikofreier Zinssatz
r_{FK}	Fremdkapitalkostensatz
$r_{FK}(p)$	Rendite des Fremdkapitals bei akzeptierter Ausfallwahrscheinlichkeit p
r_m	Rendite des Marktportfolios
$Rp_1 \dots Rp_n$	Risikoprämie für Risikofaktor 1 bis n
Rp_M	Marktrisikoprämie

Rp_{SMB}	„small-minus-big“-Risikoprämie
Rp_{HML}	„high-minus-low“-Risikoprämie
s	Steuersatz
s_i	„small-minus-big“-Koeffizient
t	Laufindex
Y_i	Erfolgsgröße des Unternehmens i
Y_M	Durchschnittliche Erfolgsgröße des Marktportfolios
β_{Acc}	Accounting Beta
β_i	Sensitivität der Rendite des betrachteten Unternehmens gegenüber dem Marktrisiko
$\beta_{i1} \dots \beta_n$	Sensitivität der Rendite des betrachteten Unternehmens gegenüber den verschiedenen Risikofaktoren
σ_m	Standardabweichung der Rendite des Marktportfolios
σ_M^2	Varianz der Marktrendite
$\emptyset$	Durchschnittswert

1 Einleitung

1.1 Problemstellung und Zielsetzung

Die zunehmende Bedeutung des Eigenkapitals als Finanzierungsquelle führte in den letzten Jahren zu einem verstärkten Wettbewerb um diese knappe Ressource.[1] Um an ausreichend Kapital zu gelangen, müssen sich Unternehmen daher erfolgreich diesem Wettbewerb stellen und die Ansprüche der Eigenkapitalgeber erfüllen.[2] Eine Ausrichtung der Unternehmensführung an den Interessen längerfristig orientierter Eigenkapitalgeber ist somit trotz häufig geäußerter Kritik notwendig und – sofern eine mit dem aktuellen Corporate Governance Kodex in Einklang stehende nachhaltige Wertschöpfung gewährleistet wird – legitim.[3] Als Konsequenz dieser Eigenkapitalgeberorientierung erfreut sich das Konzept des wertorientierten Managements, mit welchem eine Befriedigung der Eigenkapitalgeberansprüche und folglich eine langfristige Existenzsicherung des Unternehmens verfolgt wird,[4] einer immer größeren Verbreitung.[5] Dieses Managementkonzept wird heute in der wissenschaftlichen Literatur als geeignete Führungsphilosophie für Unternehmen jeder Größe angesehen und auch in der Unternehmenspraxis weltweit verstärkt angewandt.[6] Insbesondere für große Aktiengesellschaften, deren Anteile sich teils im Streubesitz befinden und die Untersuchungsgegenstand der

---

1 Vgl. KFW (2009), S. 1 f.; Pölert, (2007), S. 4; Berens/Dimke/Epstein/Wömpener (2008), S.

2 Vgl. Männel (2006), S. 1 f.; Weber/Bramsemann/Heineke/Hirsch (2005), S. 175; von Weizsäcker/Krempel (2004), S. 4; Bühner (1990), S. V.

3 Vgl. Regierungskommission Deutscher Corporate Governance Kodex (2010), S. 1 u. 6. Auch die heutigen Corporate Social Responsibility-Konzepte betrachten die ökonomische Verantwortung, die die Befriedigung der Eigenkapitalgeberinteressen beinhaltet, als Grundvoraussetzung für die Übernahme weiterer ökologischer und sozialer Verantwortung, vgl. Carroll (1991), S. 40 f.; Crane/Matten (2007), S. 49. Eine Eigenkapitalgeberorientierung im Sinne der vorliegenden Arbeit soll folglich keinesfalls zu einer Nichtbeachtung anderer Stakeholderinteressen führen, sondern als Voraussetzung angesehen werden, um deren Bedürfnisse befriedigen zu können, vgl. Albach, H. (2001), S. 643 ff. Für eine positive Förderung der Arbeitnehmerinteressen durch eine Shareholder Value-Orientierung, vgl. Franz (2002), S. 363 ff.

4 Vgl. Deimel (2002), S. 77; Stührenberg/Streich/Henke (2003), S. 3; Weber/Bramsemann/Heineke/Hirsch (2005), S. 175; Bühner (1990), S. V; Arbeitskreis Internes Rechnungswesen (2010), S. 798; Schmidbauer (1999), S. 365.

5 Die Begriffspaare „wertorientiertes Management", „wertorientierte Unternehmensführung" sowie „wertorientierte Steuerung" werden in der vorliegenden Arbeit synonym verwendet.

6 Vgl. Haunerdinger/Probst (2007), S. 79; Horváth/Minning (2001), S. 281; Rogers (2002), S. 3; Coenenberg/Salfeld (2007), S. 3.

vorliegenden Arbeit sind,[7] stellt die Anwendung dieses Konzepts mittlerweile eine Selbstverständlichkeit dar.[8]

Trotz der konstatierten Notwendigkeit einer wertorientierten Unternehmensführung und ihrer in der Praxis vorhandenen Verbreitung ist bei einer tieferen theoretischen Auseinandersetzung mit der Thematik zu bezweifeln, dass die derzeitig dominierende Ausgestaltung des Managementkonzepts den Ansprüchen der längerfristig orientierten Eigenkapitalgeber tatsächlich gerecht wird. Mitverantwortlich für die existierenden Mängel ist die Forschungstradition der Betriebswirtschaftslehre. Einmal entwickelte Konzepte haben mitunter über Jahre hinweg Bestand, ohne dass hinterfragt wird, ob diese zur Erreichung angestrebter Ziele bestmöglich beitragen.[9] An den theoretischen – für die Unternehmenspraxis offensichtlich relevanten – Defiziten knüpft die vorliegende Arbeit an und verfolgt daher als primäres Ziel die Weiterentwicklung des wertorientierten Managementkonzepts, um mit diesem längerfristig orientierte Eigenkapitalgeber so gut wie möglich zufrieden stellen zu können.[10] Damit dieses primäre Ziel erreicht werden kann, werden in der Arbeit zusätzlich die im Folgenden dargestellten Teilziele verfolgt.

Das wertorientierte Management basiert auf dem Postulat, dass ein höheres Risiko mit einer entsprechend höheren Rendite abgegolten werden muss.[11] Um für die Kapitalgeber ein attraktives Investment darzustellen, müssen Unternehmen somit für ihre Anteilseigner eine risikoadäquate Rendite erwirtschaften.[12] Die risikoadäquaten Renditeforderungen der Kapitalgeber werden als Eigenkapitalkosten be-

---

7 Zum Streubesitz zählen Aktien, sofern sie nicht von Großaktionären (in der Regel bei Aktienpaketen von >5%) gehalten werden, vgl. Fallgatter/Breitsohl (2006), S. 15; Schnorrenberg (2008), S. 163.

8 Vgl. Bea/Haas (2005), S. 78.

9 Vgl. Kubicek (1977), S. 4; Schmid (2000), S. 4.

10 Aufgrund der im aktuellen Corporate Governance Kodex vorzufindenden Forderung nach einer nachhaltigen Wertschöpfung, vgl. Regierungskommission Deutscher Corporate Governance Kodex (2010), S. 1 u. 6, steht eine Fokussierung auf solche Eigenkapitalgeber, die eine kurzfristige Renditesteigerung unter einer möglichen Gefährdung der langfristigen Überlebensfähigkeit eines Unternehmens anstreben, nicht im Einklang mit dem Kodex. Daher sind diese Kapitalgeber nicht Gegenstand der vorliegenden Arbeit. Entsprechend der Unterstellung der Einhaltung des Deutschen Corporate Governance Kodex wird sich im Folgenden auf in Deutschland ansässige Unternehmen bezogen.

11 Vgl. Schierenbeck/Lister (2001), S. 327.

12 Vgl. Schradin (2007), Sp. 1586; Bühner (1990), S. V.

zeichnet und stellen das Instrument dar, mit dem die Ansprüche der Eigenkapitalgeber in das wertorientierte Management integriert werden.[13] Mithilfe von Kapitalkostenmodellen ermitteln Unternehmen diese risikoadäquaten Renditeforderungen der Eigenkapitalgeber.[14] Vorrangig wird hierzu sowohl in der Theorie als auch in der Praxis das Capital Asset Pricing Model (CAPM) herangezogen.[15] Dieses Kapitalkostenmodell war und ist jedoch einer starken Kritik ausgesetzt, die ausschlaggebend für die Entwicklung neuer Modelle war,[16] mit denen sich Kapitalkosten jedoch auch nicht zufriedenstellend ermitteln lassen.[17] Die Einwände gegen das CAPM sowie gegen neuere Kapitalkostenmodelle resultieren im Kontext des wertorientierten Managements vorrangig daraus, dass die Modelle laut der Kritiker keine adäquate Transformation der Risiken in Renditeforderungen gewährleisten und somit eine unzureichende Berücksichtigung des Risikos und daraus folgend eine ungenügende Beachtung der Eigenkapitalgeberansprüche im wertorientierten Management zu beanstanden ist.[18] Die Diskussion zu Kapitalkostenmodellen verläuft jedoch vergleichsweise undifferenziert. Um hinterfragen zu können, inwieweit mithilfe von Kapitalkostenmodellen die Ansprüche der Eigenkapitalgeber adäquat ins wertorientierte Management integrierbar sind, hat zunächst ein Verständnis dafür vorzuliegen, wie Kapitalgeber ihre Erwartungen an eine Kapitalanlage bilden. Da Erwartungen durch psychologische Faktoren beeinflusst werden, ist es folgerichtig notwendig, für die Erlangung eines entsprechenden Verständnisses verhaltenswissenschaftliche Forschungsergebnisse heranzuziehen.[19] Eine solche verhaltenswissenschaftliche Fundierung der Kapitalgebererwartungen zur Entwicklung von Kriterien, die zur Diskussion von Kapitalkostenmodellen herangezogen werden, bleibt derzeit jedoch aus. Daher stellt die Ana-

---

13 Vgl. Bühner (1990), S. 40 ff. Im Gegensatz zu traditionellen gewinn- und renditebasierten Konzepten werden die Eigenkapitalkosten explizit mitberücksichtigt, so dass das wertorientierte Management als eine Weiterentwicklung solcher gewinn- und renditebasierten Konzepte angesehen wird, vgl. Männel (2006), S. 1.

14 Vgl. Gleißner (2006b), S. 55.

15 Vgl. Hebertinger/Schabel/Velthuis (2005), S. 159.

16 Vgl. für Kritik am CAPM bspw. Töpfer/Duchmann (2006), S. 33 f.; zur notwendigen Entwicklung alternativer Kapitalkostenmodelle vgl. bspw. Ross (1976), S. 341.

17 Vgl. Sach (1993), S. 139; Gleißner (2005), S. 217 ff.; Kruschwitz/Löffler (2008), S. 810; Brealey/Myers/Allen (2008), S. 228.

18 Vgl. Gleißner (2005), S. 217 ff.

19 Es wird derzeit vermehrt gefordert, verhaltenswissenschaftliche Erkenntnisse verstärkt in der Betriebswirtschaftslehre zu berücksichtigen, vgl. hierzu bspw. Sibony/Smit (2010), S. 7.

lyse des Zustandekommens von Kapitalgeberansprüchen ein Teilziel der vorliegenden Arbeit dar.

Unter Zuhilfenahme dieser Ergebnisse wird die Adäquanz der Kapitalkostenmodelle analysiert, worin ein weiteres Teilziel der Arbeit besteht. Hierbei gilt es zu hinterfragen, inwieweit es sinnvoll ist, die Ansprüche der Eigenkapitalgeber auf Basis von Eigenkapitalkosten, die über entsprechende Kapitalkostenmodelle ermittelt werden, ins wertorientierte Management zu integrieren. Darauf folgend wird das Kapitalkostenmodell bestimmt, mit welchem vor dem Hintergrund der Kapitalgebererwartungen diese Renditeforderung am besten im Unternehmen berücksichtigt werden kann. Darüber hinaus muss analysiert werden, welche Defizite ein wertorientiertes Management mit sich bringt, das die Ansprüche der Eigenkapitalgeber ausschließlich über die Kapitalkosten erfasst.

Auf diesen Analysen aufbauend kann im Anschluss das wertorientierte Management dahingehend weiterentwickelt werden, dass es zur tatsächlichen Befriedigung der Eigenkapitalgeberansprüche beiträgt, um auf diese Weise das primäre Ziel der Arbeit zu erreichen. Die Ziele der Arbeit lassen sich in die folgenden drei Forschungsfragen überführen:

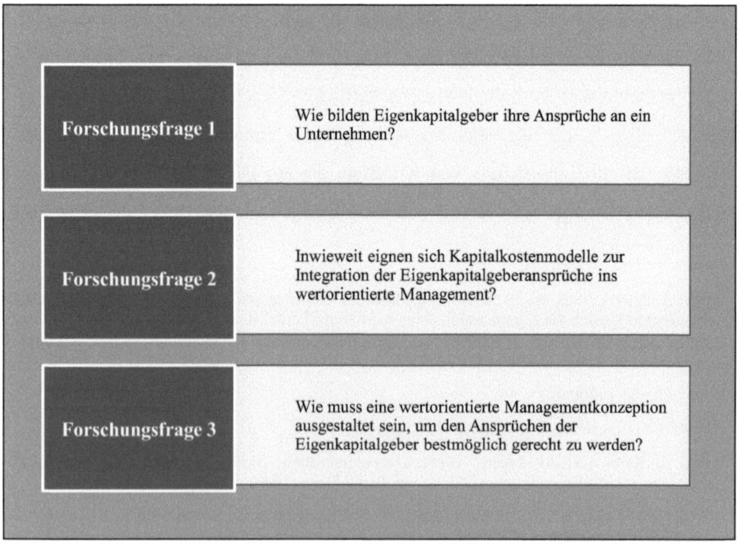

Abbildung 1: Forschungsfragen

1.2 Gang der Analyse

Die Arbeit gliedert sich in acht Kapitel. Neben der Problemstellung, Zielsetzung und dem Gang der Analyse umfasst das einführende erste Kapitel zudem die wissenschaftstheoretische Positionierung.

Aufgrund der großen Bedeutung des unternehmerischen Risikos für den weiteren Verlauf der Arbeit werden in Kapitel zwei terminologische und konzeptionelle Grundlagen zum unternehmerischen Risiko sowie zu dessen Management dargelegt.

Obwohl verschiedene wertorientierte Managementkonzepte existieren, hat sich eine weitverbreitete Konsenslösung etabliert, welche im dritten Kapitel diskutiert wird.

Darauf aufbauend wird im vierten Kapitel – in Auseinandersetzung mit der präskriptiven Entscheidungstheorie und der Kapitalmarkttheorie sowie unter Einbeziehung aktueller verhaltenswissenschaftlicher Erkenntnisse – analysiert, wie Eigenkapitalgeber ihre Erwartungen an eine Kapitalanlage bilden. Daraus lässt sich ableiten, welche Parameter für Kapitalgeber relevant sind und somit in eine wertorientierte Managementkonzeption integriert werden müssen. Zudem wird analysiert, welche Heuristiken Kapitalgeber bei der Bewertung entscheidungsrelevanter Parameter anwenden, um diese Erkenntnisse bei einer im Unternehmen stattfindenden Schätzung der Eigenkapitalgeberansprüche heranziehen zu können.

Das zentrale Element zur Erfassung der Eigenkapitalgeberansprüche im wertorientierten Management sind die Kapitalkosten. Inwieweit die verschiedenen Kapitalkostenmodelle in der Lage sind, die Erwartungen der Kapitalgeber an das Unternehmen adäquat zu prognostizieren, wird unter Anwendung der Ergebnisse des vierten Kapitels in Kapitel fünf untersucht.

Im sechsten Kapitel wird auf Basis zuvor gewonnener Ergebnisse ein wertorientiertes Managementkonzept entwickelt, welches den tatsächlichen Ansprüchen längerfristig orientierter Eigenkapitalgeber bestmöglich gerecht werden soll.

Anhand von auf Experteninterviews basierenden Fallstudien wird in Kapitel sieben analysiert, inwieweit sich das theoretisch entwickelte Managementkonzept aus Sicht der Unternehmenspraxis zur Anwendung eignet. Auf Basis des in der

Praxis vorliegenden Erfahrungswissens werden in diesem Kapitel zudem Modifikationen an dem Konzept vorgenommen.

Mit Kapitel acht, das die Ergebnisse der Arbeit zusammenfasst und einen Ausblick auf weitere Forschungsmöglichkeiten bietet, schließt die Arbeit.

Die folgende Abbildung fasst den Aufbau der Arbeit grafisch zusammen:

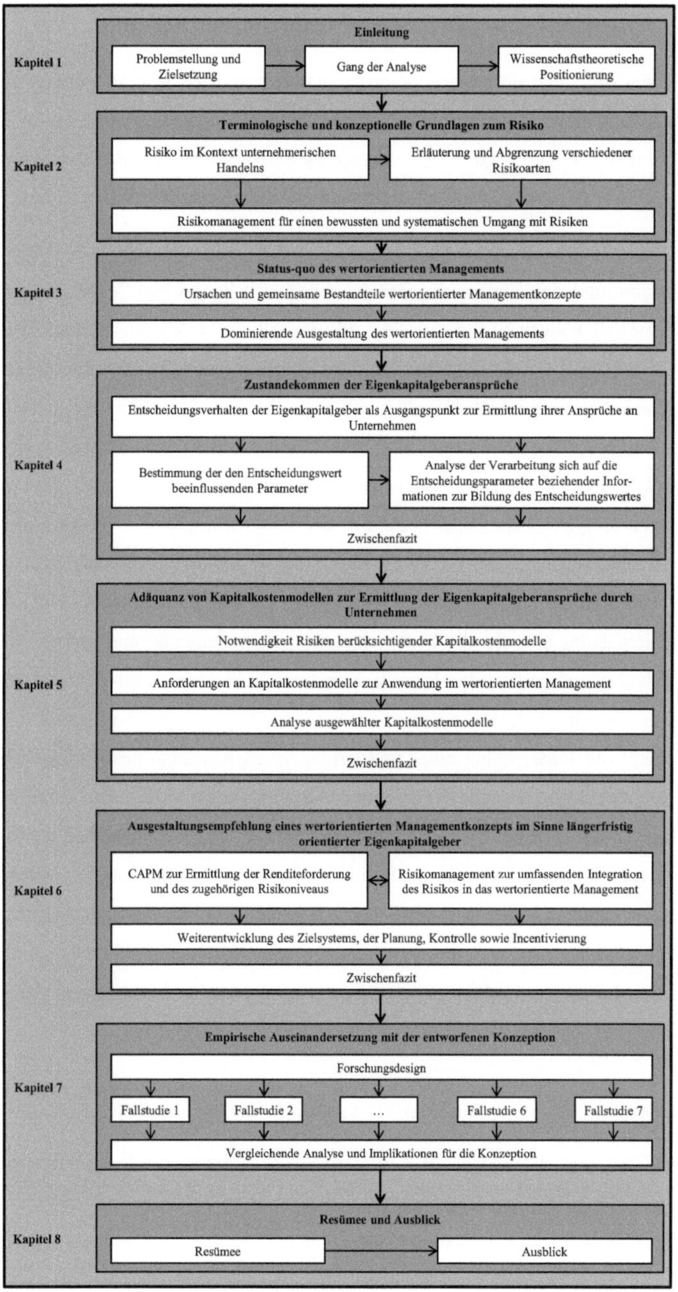

Abbildung 2: Gang der Arbeit

1.3 Wissenschaftstheoretische Positionierung der Arbeit

Nachdem die Ziele der Arbeit bestimmt wurden, werden in dem vorliegenden Abschnitt wissenschaftstheoretische Erkenntnisse herangezogen, um das in der Arbeit gewählte Vorgehen zur Erreichung der bereits definierten Ziele zu begründen und in einen wissenschaftstheoretischen Gesamtzusammenhang zu stellen.

Die Beantwortung einer Forschungsfrage und der damit einhergehende Erkenntnisgewinn sind das Ziel einer jeden wissenschaftlichen Arbeit.[20] Die Ziele der Wissenschaft können in theoretische und praxeologische Wissenschaftsziele unterteilt werden.[21] Da die Betriebswirtschaftslehre seit Schmalenbach überwiegend als anwendungsorientierte Wissenschaft angesehen wird,[22] sollen mit betriebswirtschaftlicher Forschung vorrangig praxeologische Wissenschaftsziele verfolgt werden.[23] Dieser Forderung kommt auch die vorliegende Arbeit nach. Das praxeologische Wissenschaftsziel besteht in der Entwicklung eines wertorientierten Managementkonzepts, das der Befriedigung der Eigenkapitalgeberansprüche vor dem Hintergrund verhaltenswissenschaftlicher Erkenntnisse gerecht wird, und fokussiert damit eine für die Unternehmenspraxis bedeutende und bislang nicht zufriedenstellend gelöste Problematik. Selbstverständlich existieren derzeit bereits diverse wertorientierte Managementkonzepte, weswegen in der vorliegenden Arbeit nicht die Entwicklung eines vollständig neuen Konzepts beabsichtigt wird, sondern eine konzeptionelle Weiterentwicklung angestrebt wird.[24] Um dieses praxeologische Wissenschaftsziel erreichen zu können, bedarf es zusätzlich der Verfolgung theoretischer Wissenschaftsziele. Damit eine wertorientierte Managementkonzeption, die den tatsächlichen Ansprüchen der Eigenkapitalgeber gerecht wird, entworfen werden kann, muss zunächst ein tiefgehendes Verständnis über das Entscheidungsverhalten und den daraus abzuleitenden Erwartungen der Ei-

[20] Vgl. Kornmeier (2007), S. 9.

[21] Vgl. Popper (1972), S. 29 ff.; Wild (1975), Sp. 2654 ff. Eine in der vorliegenden Arbeit nicht benötigte detailliertere Aufgliederung der Wissenschaftsziele bietet u.a. Chmielewicz (1994), S. 17 f.

[22] Vgl. Schmalenbach (1911), S. 304 ff.; Kornmeier (2007), S. 23 sowie Plaschke (2003), S. 12 f., der eine Auflistung verschiedener namhafter Wissenschaftler bietet, die eine entsprechende Einordnung der Betriebswirtschaftslehre vornehmen.

[23] Vgl. Kubicek (1977), S. 5; Birnberg (2009), S. 3 ff. Die Relevanz dieser Forderung ergibt sich gerade vor dem Hintergrund der in den letzten Jahren mitunter zu beobachtenden fehlenden Fokussierung auf praxisrelevante Fragestellungen im Bereich der Rechnungswesenforschung, vgl. Baldvinsdottir/Mitchell/Nørreklit (2010), S. 79 ff.

[24] Vgl. zu entsprechenden Wissenschaftszielen Grochla (1978), S. 66.

genkapitalgeber vorliegen. Darauf aufbauend können Kapitalkostenmodelle auf die Frage hin analysiert werden, inwieweit sie in der Lage sind, die Renditeforderungen der Kapitalgeber zu bestimmen und aus Eigenkapitalgebersicht relevante Steuerungsdeterminanten im wertorientierten Management zu erfassen. Diese Analyse wird im Anschluss herangezogen, um ein adäquates wertorientiertes Managementkonzept zu gestalten und somit das praxeologische Wissenschaftsziel zu erreichen. Die Erfüllung der theoretischen Wissenschaftsziele bildet somit die Voraussetzung zur Erreichung des praxeologischen Wissenschaftsziels.[25] Die folgende Grafik veranschaulicht die in der vorliegenden Arbeit verfolgten Ziele:

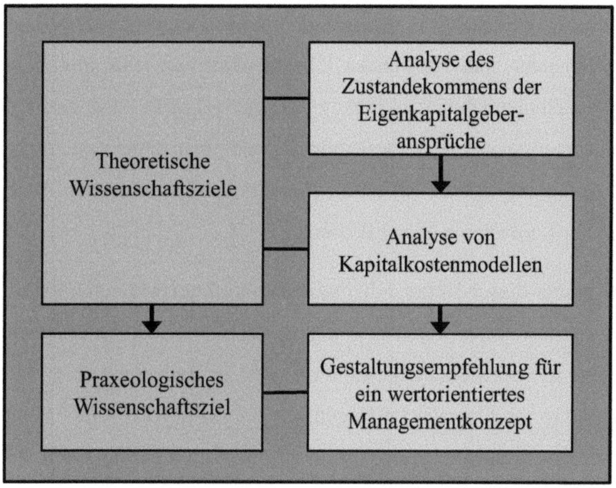

Abbildung 3: Überblick über die verfolgten Wissenschaftsziele

Im Rahmen der Epistemologie beschäftigt sich die Wissenschaftstheorie mit den Quellen der Erkenntnis.[26] Der Rationalismus und der Empirismus sind die zwei erkenntnistheoretischen Hauptströmungen, die konträre Forschungslogiken (Methodologien) anwenden, um zu neuen Erkenntnissen zu gelangen.[27] Während die Empiristen mittels Induktion vom Speziellen zum Allgemeinen gelangen, schlie-

---

25 Vgl. Chmielewicz (1994), S. 182; Wöhe (2002), S. 33.

26 Vgl. Töpfer (2010), S. 92.

27 Vgl. Popper (1994), S. 10 ff. Francis Bacon gilt als Begründer des Empirismus und René Descartes als der des Rationalismus, vgl. Engfer (1996), S. 33 sowie S. 55.

ßen die Rationalisten aus dem Allgemeinen auf das Spezielle (Deduktion).[28] Deduktive Schlüsse werden von Kritikern als gehaltsvermindernd angesehen,[29] weswegen sich Forschung nicht ausschließlich dieser Methodologie bedienen sollte.[30] Auch die von den Empiristen als Mittel der Beweisführung anerkannten Induktionsschlüsse sind einer starken Kritik ausgesetzt, da diese nicht verifiziert und somit nicht als wahr angenommen werden können.[31] An dieser als Induktionsproblem bezeichneten Kritik setzt Popper an, der zur Erhöhung des Wahrheitsgehalts die Bildung überprüfbarer und damit auch falsifizierbarer Hypothesen fordert.[32] Aus dieser von Popper entwickelten Methodologie hat sich der kritische Rationalismus gebildet, der zwar vorrangig aus dem Empirismus hervorgegangen ist, sich aber auch einiger Instrumente des Rationalismus bedient, weswegen er heute als Mischform dieser beiden ursprünglichen Strömungen angesehen wird und als führende Forschungsmethodologie in der Betriebswirtschaftslehre gilt.[33] Die Kritik, die dieser Forschungsrichtung vorrangig entgegengebracht wird, betrifft die fehlende Thematisierung der Hypothesenbildung und einer damit einhergehenden zu starken Fokussierung auf die Erkenntnissicherung sowie fehlenden Auseinandersetzung mit der Entdeckung neuen Wissens.[34]

Zur Überwindung dieses Defizits dient die Konstruktionsstrategie, die die grundsätzliche wissenschaftstheoretische Position des kritischen Rationalismus zwar beibehält, aber der Entdeckung neuen Wissens mehr Bedeutung beimisst.[35] Empirische Forschung wird hierbei im Gegensatz zum kritischen Rationalismus nicht zur Erkenntnissicherung eingesetzt, sondern zur Konstruktion sowie Weiterent-

---

[28] Vgl. Tschamler (1996), S. 25; Schanz (1988), S. 40 ff. Zu einem ausführlichen Vergleich zwischen Empirismus und Rationalismus vergleiche Engfer (1996), S. 11 ff.

[29] Vgl. Weber (2004), S. 52.

[30] Vgl. Borchert/Goos/Strahler (2004), S. 12.

[31] Der Philosoph David Hume gilt als einer der Ersten, der die Probleme der Induktion klar benannte, vgl. hierzu im Original Hume (1967) und für die Herausarbeitung seiner Bedeutung Chalmers (2001), S. 42. Popper, der im deutschsprachigen Raum besonders bekannt ist für seine Kritik am Empirismus, hat sich auf Humes Thesen gestützt, vgl. Popper (1974), S. 13 ff. Eine Darstellung verschiedener Argumente für und gegen Induktionsschlüsse bietet Rühle (1976), S. 50 ff.

[32] Vgl. Popper (1971).

[33] Vgl. Töpfer (2010), S. 95 ff. Eine weitere wichtige Forschungskonzeption ist die des Konstruktivismus. Da dessen Neuerungen allerdings vorrangig ontologische Fragestellungen betreffen, wird er in der vorliegenden Arbeit nicht näher beleuchtet.

[34] Vgl. Chalmers (2001), S. 73 ff.; Kubicek (1977), S. 5 ff.

[35] Vgl. Kajüter (2000), S. 23.

wicklung wissenschaftlicher Theorien und Konzepte.[36] Die Entwicklung von Annahmen und Fragen, die für diese Konstruktion und Weiterentwicklung als hilfreich angesehen werden, gilt als wesentliche Leistung.[37] Zentrales Element der Konstruktionsstrategie ist ein heuristischer Bezugsrahmen, der das Wissen des Forschers expliziert und einen Ordnungsrahmen für die explorative empirische Forschung bildet.[38] Die vorliegende Arbeit lässt sich dieser Forschungsrichtung, die im Folgenden noch ausführlicher erläutert wird, zuordnen. Allerdings können mit einer ausschließlichen Verfolgung der Konstruktionsstrategie nicht alle vorab definierten Forschungsziele erreicht werden. Die alleinige Anwendung einer Forschungslogik ist in anwendungsorientierten Wissenschaften häufig nicht ausreichend. Eine adäquate Kombination der drei grundlegenden Forschungsstrategien, die das Fundament der oben beschriebenen Forschungslogiken bilden und im Folgenden dargestellt werden, ist daher häufig vorzufinden und auch in der vorliegenden Arbeit angebracht.[39]

Die drei grundlegenden Forschungsstrategien sind die sachlich-analytische, die formal-analytische sowie die empirische Forschungsstrategie.[40] Sofern eine sachlich-analytische Forschungsstrategie verfolgt wird, basiert diese auf logischen Plausibilitätsüberlegungen.[41] Auf diese Weise werden in der vorliegenden Arbeit die Renditeerwartungen der Kapitalgeber hergeleitet und die für Unternehmen aus Kapitalgebersicht relevanten Steuerungsparameter bestimmt. Zu diesem Zweck bedient sich die vorliegende Arbeit interdisziplinären Wissens und greift insbesondere auf psychologische Erkenntnisse zurück. Dieses Vorgehen wird trotz der von Schneider in den 80er Jahren hervorgerufenen Dilettantismus-Debatte gewählt,[42] da bereits seit einiger Zeit die Auseinandersetzung mit verhaltenswissenschaftlichen Fragestellungen als sehr relevant für die betriebswirtschaftliche Forschung angesehen wird und für das Voranschreiten entsprechender Disziplin im-

---

[36] Vgl. Kubicek (1977), S. 12 f.

[37] Vgl. Kubicek (1977), S. 15.

[38] Vgl. Kubicek (1977), S. 13 ff.

[39] Vgl. Grochla (1980), Sp. 1808 f.; Grochla (1978), S. 97 f.

[40] Vgl. Grochla (1980), Sp. 1808; Zaugg (2009), S. 1.

[41] Vgl. Grochla (1980), Sp. 1808.

[42] Vgl. Schneider (1983), S. 197 ff. sowie Kornmeier (2007), S. 20.

mer notwendiger wird.[43] Allerdings werden die aus anderen Fachrichtungen stammenden wissenschaftlichen Erkenntnisse in der vorliegenden Arbeit lediglich im Kontext betriebswirtschaftlicher Fragestellungen angewandt und als gegeben hingenommen, so dass eine kritische Analyse der Erkenntnisse unterbleibt.[44] Forschungsstrategien, die auf der Modellbildung und Modellanalyse basieren, werden als formal-analytisch bezeichnet.[45] Ein solches Vorgehen wird bei der Analyse der verschiedenen Kapitalkostenmodelle sowie bei der Erarbeitung eines entsprechenden anwendungsorientierten Vorgehens verwendet. Um die Gestaltungsempfehlung für ein wertorientiertes Managementkonzept zu erarbeiten, wird u.a. erneut die sachlich-analytische Forschungsstrategie eingesetzt. Die zuvor sachlich-analytisch und formal-analytisch entwickelten Ergebnisse schlagen sich in einem heuristischen Bezugsrahmen nieder. Dieser wird herangezogen, um die theoretisch hergeleiteten Erkenntnisse mit der Praxis abzugleichen und um dort vorhandenes Erfahrungswissen zu ergänzen.[46] Die auf diese Weise zur Anwendung kommende empirische Forschungsstrategie ist gleichzeitig ein zentrales Element der Konstruktionsstrategie. Zur Konstruktion wissenschaftlicher Aussagen wird ein exploratives Vorgehen gefordert.[47] Daher werden in der vorliegenden Arbeit im Rahmen der empirischen Forschung Fallstudien herangezogen, die eine explorative Forschungsmöglichkeit darstellen.[48] Das Ziel fallstudienbasierter Forschung besteht in dem Erlangen eines tiefen Verständnisses verschiedener Prozesse und Variablen eines Konzepts, um dieses spezifischer ausgestalten zu können.[49] Trotz häufig geäußerter Kritik an qualitativer Forschung im Allgemeinen und Fallstudienforschung im Besonderen hat dieses Forschungsdesign eine lange Geschichte und sowohl zu großen theoretischen als auch praktischen Fortschritten beigetra-

---

[43] Vgl. Kubicek (1977), S. 5. Zur Forderung nach einer stärker verhaltenstheoretischen Positionierung der Betriebswirtschaftslehre vgl. Schanz (1990), S. 189.

[44] Vgl. zu diesem Vorgehen Raffée (1993), S. 5.

[45] Vgl. Grochla (1980), Sp. 1808.

[46] Zur Notwendigkeit der Einbeziehung der Unternehmenspraxis in die Weiterentwicklung der Theorie vgl. Kirsch/Seidl/van Aaken (2007), S. 224. Grochla selbst definiert als Ziel der empirischen Forschungsstrategie hingegen die Erkenntnissicherung, vgl. Grochla (1980), Sp. 1808.

[47] Vgl. Kubicek (1977), S. 13. Explorative Forschung wird als realistischer und für den wissenschaftlichen Erkenntnisfortschritt in vielen Fällen als fruchtbarer angesehen, vgl. Wollnik (1977), S. 58.

[48] Vgl. Holtmann (2008), S. 70; Yin (2009), S. 6. Das genaue Forschungsdesign wird in Kapitel sieben vorgestellt.

[49] Vgl. Woodside/Wilson (2003), S. 493.

gen.[50] Häufig wird in der Literatur kritisiert, dass die Analyse einzelner ausgewählter Fälle nicht erlaubt, allgemeingültige Aussagen abzuleiten, weswegen Fallstudien als nicht geeignet für die empirische Forschung angesehen werden.[51] Selbstverständlich können auf Basis der Fallstudienforschung keine Hypothesen bestätigt werden; sollen allerdings Theorien, Konzepte oder Hypothesen präzisiert und anhand von praktischen Beispielen illustriert werden, stellen Fallstudien ein adäquates Forschungsdesign dar.[52] Daher eignen sich explorative Fallstudien für die Erreichung der vorab beschriebenen Ziele.

Durch die empirisch gewonnenen Ergebnisse wird der heuristische Bezugsrahmen ergänzt. Die folgende Grafik veranschaulicht den zur Erreichung der einzelnen Ziele beschriebenen Einsatz der verschiedenen Forschungsstrategien und deren Bedeutung für den heuristischen Bezugsrahmen:

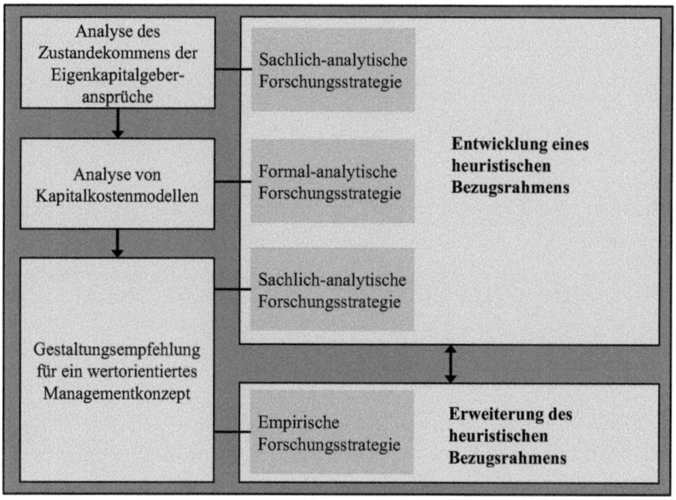

Abbildung 4: Einsatz der verschiedenen Forschungsstrategien

50 Vgl. Gummesson (2000), S. IX.

51 Vgl. Harrigan (1983), S. 398.

52 Vgl. Kromrey (1991), S. 426 f.; Meredith (1998), S. 441. Sie eignen sich, wenn es das „Wie" oder das „Warum" zu erkunden gilt, vgl. Yin (2009), S. 2.

Obwohl die theoretisch und empirisch gewonnenen Erkenntnisse in der Arbeit nacheinander dargestellt werden, ist der für die Gewinnung der Ergebnisse notwendige Forschungsprozess durch iterative Zyklen gekennzeichnet.[53]

[53] Vgl. Kubicek (1977), S. 15.

2 Terminologische und konzeptionelle Grundlagen zum Risiko

Im Verlauf der vorliegenden Arbeit sind Risiken sowie deren Management von großer Bedeutung und ein wesentliches Element des heuristischen Bezugsrahmens. Aus diesem Grund werden notwendige terminologische und konzeptionelle Grundlagen überblicksartig beleuchtet.

2.1 Risiko im Kontext unternehmerischen Handelns

In der Literatur existiert kein allgemeingültiger Risikobegriff, sondern die vorzufindenden Definitionen weisen teilweise ein sehr divergentes Begriffsverständnis auf.[54] Der Risikobegriff kann nicht losgelöst von der theoretischen Konzeption bzw. der Disziplin, in deren Kontext er verwendet wird, betrachtet werden.[55] Auch innerhalb der betriebswirtschaftlichen Literatur sind unterschiedliche Risikodefinitionen vorzufinden.[56] Es sollte somit nicht versucht werden, die richtige Risikodefinition zu finden, sondern die zweckmäßige, da die verschiedenen existierenden Definitionen vor allem aufgrund unterschiedlicher Zwecke voneinander abweichen.[57]

Im allgemeinen Sprachgebrauch werden mit dem Begriff Risiko überwiegend negative Ergebnisse assoziiert.[58] Sofern der Risikobegriff nur Gefahren umfasst, liegt daher ein enges Begriffsverständnis vor.[59] In der im weiteren Verlauf relevanten Literatur und in den herangezogenen Gesetzen wird meistens auf einen entsprechenden Risikobegriff abgestellt,[60] weswegen er sich auch für die Anwendung im Folgenden als zweckmäßig erweist. In der Betriebswirtschaftslehre exis-

54 Vgl. Braun (1984), S. 21.

55 Vgl. Holzheu (1993), S. 264.

56 Eine Abhandlung der Bedeutung von Risiken in verschiedenen betriebswirtschaftlichen Theorien ist zu finden bei Löw (2008), S. 1 ff.

57 Vgl. Haller (1986), S. 17 f.

58 Vgl. Huch/Tecklenburg (2001), S. 303.

59 Vgl. Meyer (2008), S. 24.

60 Vgl. Wolf (2004), S. 180; Fiege (2006), S. 44.

tiert zudem noch ein weiter Risikobegriff, unter dem zusätzlich die existierenden Chancen subsumiert werden.[61]

Für die vorliegende Arbeit ist die Thematisierung von Risiken in der Entscheidungstheorie von Bedeutung. Müssen Entscheidungen aufgrund unvollkommener Informationen unter Unsicherheit getroffen werden, handelt es sich dieser Theorie zufolge um Ungewissheit, wenn keinerlei Wahrscheinlichkeiten für den Eintritt verschiedener Umweltzustände bestimmt werden können.[62] Sind solche Wahrscheinlichkeiten hingegen ermittelbar, dann ist von Risiko zu sprechen.[63] Eine entsprechende Differenzierung zwischen den Begriffen Risiko und Ungewissheit geht auf Knight zurück.[64] Obwohl diese begriffliche Trennung in der Literatur häufig thematisiert wird, besitzt sie nur geringe theoretische und praktische Relevanz,[65] weswegen in den folgenden Ausführungen auf eine Differenzierung der Begrifflichkeiten verzichtet wird.[66] Als Konsequenz stellt jede unternehmerische Entscheidung, deren Wirkung sich erst in der Zukunft entfaltet, eine Auseinandersetzung mit bzw. eine Entscheidung unter Risiko dar.[67]

Risiken lassen sich entweder nach ihren Ursachen oder ihren Wirkungen beschreiben.[68] Ursachenbezogene Risiken ergeben sich aus der Unsicherheit zukünftiger Ereignisse, wohingegen sich der wirkungsbezogene Risikobegriff aus der möglichen Abweichung von festgelegten Zielen ergibt.[69] In dieser Arbeit werden beide Risikobegriffe als miteinander verzahnt angesehen. Daher ist zu konstatieren, dass wirkungsbezogene Risiken das Resultat ursachenbezogener Risiken

---

[61] Vgl. Krieg (1978), S. 533.

[62] Vgl. Müller (1993), Sp. 3813 f.

[63] Vgl. Müller (1993), Sp. 3813 f.

[64] Vgl. Knight (1921); zur Bedeutung von Knight vgl. Bhimani (2009), S. 2.

[65] Vgl. Coombs/Dawes/Tversky (1975), S. 171, diese stellen darauf ab, dass Informationen über Wahrscheinlichkeiten immer ermittelbar sind, Menschen allerdings die Richtigkeit dieser Informationen anzweifeln und sie somit mitunter außen vor lassen. Die Begriffe Unsicherheit, Risiko und Ungewissheit „stehen synonym für die Mehrwertigkeit von Erwartungen", Ballwieser (2011), S. 67.

[66] Vgl. für ein entsprechendes Vorgehen Gleißner (2008a), S. 83.

[67] Vgl. Mensch (1991), S. 1.

[68] Vgl. Wolf (2004), S. 180; Kajüter (2004), S. 263.

[69] Vgl. Wolf (2004), S. 180; Kajüter (2004), S. 263.

sind.[70] Unternehmen können zukünftige Ereignisse nicht sicher abschätzen, weswegen sie unter Umständen ihre Ziele verfehlen. Daraus ergeben sich Risiken für die Kapitalgeber, die im schlimmsten Fall ihren Kapitaleinsatz verlieren.[71] Die Auswirkungen auf die Eigenkapitalgeber sind folglich die Konsequenzen des Eintritts wirkungsbezogener Risiken in Unternehmen. Folgende Grafik veranschaulicht diese Kausalkette:

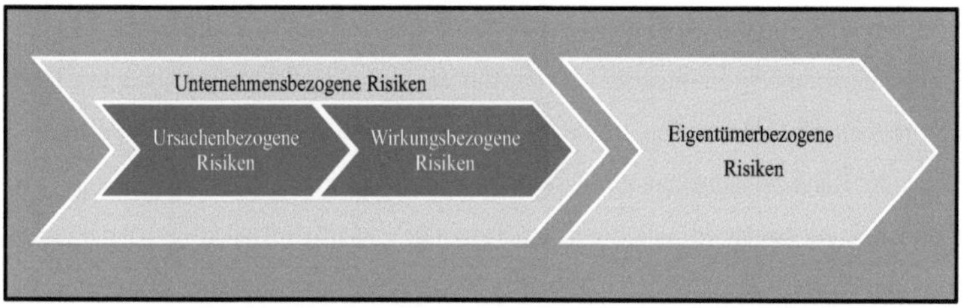

Abbildung 5: Unternehmens- und eigentümerbezogene Risiken

2.2 Erläuterung und Abgrenzung verschiedener Risikoarten

Unternehmen sind einer Vielzahl verschiedener Risiken ausgesetzt.[72] Die einzelnen Risiken werden sowohl in der Theorie als auch in der Praxis zu gleichartigen, organisatorisch oder funktional zusammengehörenden Risikoarten zusammengefasst.[73] Aus einer unternehmensbezogenen Betrachtungsweise heraus wird häufig eine Aufteilung in leistungswirtschaftliche und finanzielle Risiken vorgenommen.[74] Diese Einteilung wird mitunter als nicht differenziert genug angesehen, weswegen noch weitere Risikoarten vorgeschlagen werden.[75] Allerdings ist die

---

[70] Dies lässt sich aus den folgenden Quellen herleiten: Holzheu (1993), S. 265 f.; Klotmann (2003), S. 13.

[71] Vgl. Schär (1911), S. 51.

[72] Vgl. Wiederkehr/Züger (2010), S. 25.

[73] Vgl. DRS 5.9. In dem DRS wird anstelle des Begriffs Risikoart der Begriff Risikokategorie verwendet. Von dieser Begriffsbezeichnung wird in dem vorliegenden Abschnitt bewusst Abstand genommen, da eine Kategorisierung umfassender ist und auch die Unterteilung in ursachen- und wirkungsbezogene Risiken beinhaltet.

[74] Vgl. Wolke (2008), S. 101. Für weitere mögliche Ansätze zur Systematisierung von Risiken im Unternehmen vgl. Mikus (2001), S. 7 ff.

[75] Vgl. DRS 5.17.

Einteilung unternehmensindividuell verschieden[76] und eine trennscharfe Einordnung in die unterschiedlichen Gruppen ist bereits bei einer vergleichsweise undifferenzierten Unterteilung in der Praxis nicht möglich.[77] In der im weiteren Verlauf relevanten Kapitalmarkttheorie wird zwischen systematischen und unsystematischen Risiken unterschieden.[78] Hierbei stellt das unsystematische Risiko das dem Unternehmen inhärente Risiko dar, das folglich nur deren eigene Rendite beeinflusst.[79] Von systematischen Risiken ist der gesamte Markt und somit die Rendite eines jeden sich an dem Markt befindenden Unternehmens betroffen.[80] Mitunter wird versucht, die unternehmensbezogene Risikoeinteilung und die Einteilung der Kapitalmarkttheorie ineinander zu überführen,[81] eine vollständige Deckung lässt sich jedoch nicht herstellen.[82] Da im weiteren Verlauf der Arbeit deutlich wird, dass alle Risiken, welchen ein Unternehmen ausgesetzt ist, für dieses relevant sind, ist es unbedeutend, wie die Gliederung der einzelnen Risiken unternehmensindividuell ausgestaltet wird, solange alle Risiken Berücksichtigung finden.

2.3 Risikomanagement für einen bewussten und systematischen Umgang mit Risiken

2.3.1 Ziele und Ursachen des Risikomanagements

Auch wenn Risiken negative Folgen für die Eigentümer haben können, ist das Eingehen von Risiken in jedem Unternehmen notwendig und Voraussetzung für das Erzielen von Gewinnen.[83] Daher ist es nicht im Sinne von Unternehmen, Risiken vollständig zu eliminieren.[84] Um die Existenz des Unternehmens allerdings

---

76 Vgl. DRS 5.17.

77 Vgl. Gleißner/Romeike (2008), S. 195.

78 Vgl. Pankoke/Petersmeier (2009), S. 112.

79 Vgl. Pankoke/Petersmeier (2009), S. 112.

80 Vgl. Pankoke/Petersmeier (2009), S. 112.

81 Vgl. Metz (2007), S. 106 ff. sowie Madrian/Auerbach (2009), S. 80 ff. In beiden Veröffentlichungen werden unterschiedliche Ergebnisse präsentiert.

82 Vgl. Schmidbauer (2000), S. 159.

83 Vgl. Mensch (1991), S. 1; Knight (1921), insbes. S. 310 ff.; Hoffmann (1985), S. 8. Risiko ist im Kontext unternehmerischer Tätigkeiten nicht neu, aber dessen Bedeutung nimmt zu, vgl. Curtis (2009), S. 11.

84 Vgl. Burger/Buchhart (2002), S. 10.

nicht zu gefährden und das Risiko-Ertrags-Profil zu optimieren, muss bewusst und systematisch mit den Risiken umgegangen werden, worauf das Risikomanagement abzielt.[85] Zum Risikomanagement gehört folglich die „Gesamtheit aller organisatorischen Regelungen und Maßnahmen zur Risikoerkennung und zum Umgang mit den Risiken unternehmerischer Betätigung."[86] Es berücksichtigt dabei politische, soziale, ökonomische und gesellschaftliche Einflussfaktoren.[87]

In der Literatur werden überwiegend rechtliche Rahmenbedingungen, volkswirtschaftliche Entwicklungen und der technologische Fortschritt als Gründe für die Implementierung eines Risikomanagements in den meisten Unternehmen angeführt.[88] Aufgrund der rechtlichen Rahmenbedingungen ist sichergestellt, dass alle Aktiengesellschaften in Deutschland zumindest in Grundzügen ein Risikomanagementsystem etabliert haben. Das Gesetz zur Kontrolle und Transparenz im Unternehmensbereich (KonTraG) verpflichtet Kapitalgesellschaften seit Mai 1998 entsprechend § 91 Abs. 2 AktG zur Implementierung eines Risikomanagements.[89] Obwohl das KonTraG vorrangig auf ein Überwachungssystem abzielt, kann in Kombination mit dem IDW Prüfungsstandard 340 geschlussfolgert werden, dass es zu einem umfassenden Risikomanagement verpflichtet,[90] wie es im Folgenden dargestellt wird.[91]

2.3.2 Ausgestaltung des Risikomanagements

Die genaue Ausgestaltung des Risikomanagements ist unternehmensindividuell verschieden und abhängig von Art und Größe des Unternehmens sowie vom Um-

---

[85] Vgl. Mensch (1991), S. 1; Hoitsch/Winter (2004a), S. 116; Gleißner (2008b), S. 10; Meyer (2008), S. 48; Schradin (2007), Sp. 1586.

[86] IDW PS 340 2. (4) Satz 1.

[87] Vgl. Löw (2008), S. 42.

[88] Vgl. Wolke (2008), S. 2 f. Neben diesen externen Gründen, die zu einer Implementierung eines Risikomanagementsystems führen, existieren selbstverständlich auch interne Beweggründe, da ein Risikomanagementsystem einen positiven Beitrag zum Erreichen der Unternehmensziele leisten kann, vgl. Hoitsch/Winter (2004a), S. 115.

[89] Vgl. Franz (2000), S. 51.

[90] Vgl. Franz (2000), S. 54 f. Darüber hinaus ergibt sich die Notwendigkeit eines entsprechend umfassenden Risikomanagementsystems u.a. noch aus DRS 5.

[91] Es ist darauf hinzuweisen, dass Standards wie der des IDW Empfehlungen für eine Ausgestaltung des Risikomanagements bieten, allerdings führen diese selbstverständlich zu keiner vollständigen Verallgemeinerung.

fang, der Komplexität und dem Risikogehalt der Geschäfte.[92] Um seinem Ziel gerecht zu werden, hat es allerdings immer die Risikostrategie, die Risikoanalyse, die Risikosteuerung, die Risikokontrolle sowie die Risikoberichterstattung zu umfassen.[93] Da die Risikoberichterstattung für den weiteren Verlauf der Arbeit nicht von Bedeutung ist, wird sie im Folgenden nicht näher beleuchtet.

2.3.2.1 Risikostrategie

Die Risikostrategie stellt einen konzeptionellen Bezugsrahmen zur Umsetzung des Risikomanagements dar,[94] so dass durch sie die grundsätzliche Vorgehensweise des Risikomanagements geregelt wird.[95] Wesentlicher Bestandteil der Risikostrategie ist die Risikopolitik,[96] durch die festgelegt wird, in welcher Höhe ein Unternehmen bereit ist, Risiken einzugehen.[97] Dieser, im Rahmen der Risikostrategie zu manifestierende, angestrebte Risikowert lässt sich auch als Soll-Risikoniveau bezeichnen.[98] Das Soll-Risikoniveau stellt somit die Höhe bewerteter, akzeptierter Risiken dar[99] und wird häufig auf Basis von Eintrittswahrscheinlichkeiten und potenziellen Schadenshöhen zum Ausdruck gebracht.[100] Das Risikoniveau kann sowohl für die lokale Ebene (Projekt, Organisationseinheit) als auch für die globale Ebene (Gesamtunternehmen) bestimmt werden.[101]

Unternehmen können zwischen den folgenden drei grundlegenden Risikostrategien wählen:[102]

---

92 Vgl. Wolf (2004), S. 178. Aufgrund von ISO 31.000 ist es denkbar, dass es innerhalb verschiedener Länder demnächst ähnlich ausgestaltete Risikomanagementsysteme geben wird, vgl. Wiggert (2009), S. 185.

93 Vgl. Franz/Kajüter (2007), S. 473 ff. Ein in Nuancen abweichendes Vorgehen ist u.a. zu finden bei Schradin (2007), Sp. 1588.

94 Vgl. Becker/Köster/Ribbert (2005), S. 712.

95 Vgl. Franz/Kajüter (2007), S. 473.

96 Vgl. Gleißner (2008b), S. 37.

97 Vgl. Franz (2000), S. 52.

98 Vgl. Junginger (2005), S. 283.

99 Vgl. Wiederkehr/Züger (2010), S. 23 f.

100 Vgl. Metzger (2008), S. 59, wobei hier anstelle von Ergebniswirkung der Begriff Impact verwendet wird. Eintrittswahrscheinlichkeit und potenzielle Schadenshöhe lassen sich durch Multiplikation in einen Erwartungswert überführen, vgl. Gleißner/Wolfrum (2006), S. 150.

101 Vgl. Metzger (2008), S. 59; Wolf (2004), S. 180.

102 Vgl. Sauerwein (1994), S. 44; Kruschwitz (2001), S. 2409.

- Risikoscheue Strategie:

  Bei Verfolgung dieser Strategie wird nur ein vergleichsweise niedriges Risikoniveau akzeptiert, wodurch geringerer unternehmerischer Erfolg in Kauf genommen wird.[103]

- Risikofreudige Strategie:

  Bei Verfolgung dieser Strategie existiert grundsätzlich die Bereitschaft, für möglichst großen unternehmerischen Erfolg ein vergleichsweise hohes Risikoniveau in Kauf zu nehmen.[104]

- Risikoneutrale Strategie:

  Bei Verfolgung dieser Strategie werden Chancen und Risiken gleich gewichtet. Zur Erzielung eines durchschnittlichen unternehmerischen Erfolgs wird ein durchschnittliches Risikoniveau angestrebt.[105]

2.3.2.2 Risikoanalyse

Im Rahmen der Risikoanalyse stehen die Identifikation sowie die Bewertung von Risiken im Vordergrund.[106]

Ziel der Risikoidentifikation ist es, alle relevanten Risiken sowie deren Interdependenzen zu erkennen und zu erfassen,[107] die im Rahmen der Unternehmensplanung von Bedeutung sein können.[108] Sowohl unternehmensexterne als auch -interne Entwicklungen und Ereignisse sind hierbei relevant.[109] Identifiziert werden diese in der Regel durch fachkundige Teams, die in entsprechenden Workshops und Interviews verschiedene Instrumente zu diesem Zweck anwenden

---

[103] Vgl. Sauerwein (1994), S. 44; Kruschwitz (2001), S. 2410.

[104] Vgl. Sauerwein (1994), S. 44; Kruschwitz (2001), S. 2410.

[105] Vgl. Sauerwein (1994), S. 44; Kruschwitz (2001), S. 2409 f.

[106] Vgl. Franz (2000), S. 53; Franz/Kajüter (2007), S. 473.

[107] Vgl. Becker/Köster/Ribbert (2005), S. 713; Schmidbauer (2000), S. 160. Anforderungen, die an die Risikoidentifikation zu stellen sind, lassen sich finden bei Wolf/Runzheimer (2009), S. 41.

[108] Vgl. Diederichs/Form/Reichmann (2004), S. 191.

[109] Vgl. Diederichs/Form/Reichmann (2004), S. 191.

können.[110] Im Rahmen der Risikoidentifikation kann ein progressives oder ein retrogrades Vorgehen gewählt werden.[111] Beim progressiven Ansatz wird ausgehend von möglichen Risikoursachen, die standardisierten Checklisten zu entnehmen sind,[112] analysiert, ob sich diese auf die Unternehmensziele auswirken können.[113] Der retrograde Ansatz geht entgegengesetzt vor.[114] In der Unternehmenspraxis ist sinnvollerweise eine Kombination aus beiden Ansätzen zu wählen. Durch die Verwendung standardisierter Checklisten lässt sich sicherstellen, dass kein allgemein relevantes Risiko vergessen wird. Mithilfe des retrograden Ansatzes können auch sehr spezielle, für einen bestimmten Bereich aber durchaus relevante Risiken identifiziert werden.

Die identifizierten Risiken gilt es in einem nächsten Schritt zu bewerten. Das sich aus der Durchführung geplanter unternehmerischer Aktivitäten ergebende Ist-Risikoniveau wird in diesem Schritt bestimmt. Hierzu werden die Risiken zumeist quantifiziert,[115] wozu eine Vielzahl von Risikomaßen zur Verfügung steht.[116] Es gibt allerdings kein Risikomaß, das für sich beanspruchen kann, die Möglichkeit der richtigen Quantifizierung zu gewährleisten.[117] Bei der Entscheidung für ein Risikomaß müssen Unternehmen daher immer Kompromisse eingehen, um das unter Einbeziehung branchen- und unternehmensspezifischer Faktoren für sie geeignetste Risikomaß zu finden. Das Ist-Risikoniveau ist auf Gesamtunternehmensebene anhand der Bewertungsdimensionen zu messen, die innerhalb des jeweiligen Unternehmens für die Bestimmung des Soll-Risikoniveaus verwendet wurden. Genauso wie für die Beschreibung des Soll-Risikoniveaus Eintrittswahrscheinlichkeit und potenzielle Schadenshöhe häufig Anwendung finden, haben

---

110 Vgl. Diederichs/Form/Reichmann (2004), S. 191 f. Dort ist auch eine ausführliche Liste potenzieller Instrumente zu finden. Eine ausführliche Beschreibung verschiedener Instrumente ist zudem zu finden bei Wolf/Runzheimer (2009), S. 44 ff.

111 Vgl. Wolf/Runzheimer (2009), S. 43.

112 Vgl. bspw. Wolf/Runzheimer (2009), S. 118 ff.

113 Vgl. Wolf/Runzheimer (2009), S. 43.

114 Vgl. Wolf/Runzheimer (2009), S. 43.

115 Es kann auch eine qualitative Beschreibung der Schadenshöhe erfolgen, so dass Risiken bspw. in die Kategorien „unbedeutend", „moderat" sowie „wesentlich" bzw. in die Kategorien „niedrig", „mittel" und „hoch" eingruppiert werden, vgl. Hornung/Reichmann/Diederichs (1999), S. 321; Metzger (2008), S. 59.

116 Für eine ausführliche Beschreibung verschiedener Risikomaße vgl. bspw. Gleißner (2008b), S. 110 ff.

117 Vgl. von Weizsäcker/Krempel (2004), S. 1.

sich diese Bewertungsdimensionen folglich auch für die Messung des Ist-Risikoniveaus in der Theorie und Praxis als bedeutend herauskristallisiert.[118] Die Schadenshöhe wird durch den Ergebniseffekt, welcher bspw. am Jahresergebnis, am Cashflow oder an der Auswirkung auf das Eigenkapital gemessen werden kann, quantifiziert ausgewiesen.[119] Die subjektiven Schätzungen der Schadenshöhe sowie der Eintrittswahrscheinlichkeiten sind von Experten vorzunehmen.[120] Es ist weit verbreitet, Risiken mithilfe dieser zwei Bewertungsdimensionen grafisch in einer sogenannten Risk-Map abzubilden, wie sie in der folgenden Abbildung vorzufinden ist:[121]

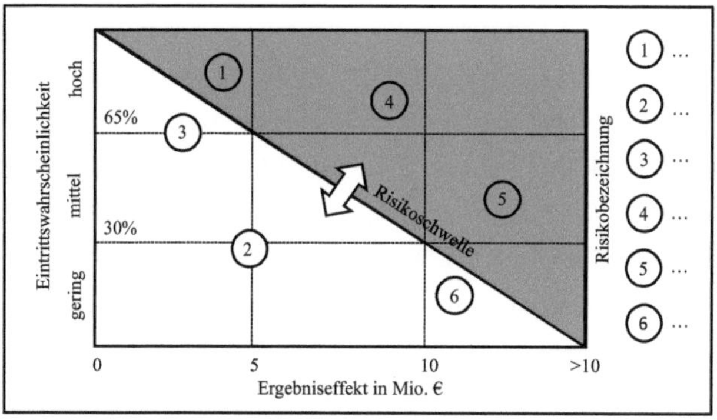

Abbildung 6: Risikobewertung in der Risk-Map[122]

Bei der Bewertung der Gesamtrisikolage und der damit einhergehenden Risikoaggregation muss berücksichtigt werden, dass die Summe der Einzelrisiken aufgrund kompensatorischer und kumulativer Effekte nicht dem Gesamtrisiko ent-

[118] Vgl. Burger/Buchhart (2002), S. 49; Schmidbauer (2000), S. 160.

[119] Vgl. Diederichs/Form/Reichmann (2004), S. 192.

[120] Vgl. Gleißner (2011), S. 213 ff.

[121] Vgl. Hornung/Reichmann/Diederichs (1999), S. 321

[122] Grafik entnommen aus Hornung/Reichmann/Diederichs (1999), S. 321.

spricht.[123] Der Einfluss der Einzelrisiken auf die Gesamtrisikolage lässt sich bspw. mithilfe der Sensitivitätsanalyse ermitteln.[124]

2.3.2.3 Risikosteuerung

In dieser Phase ist festzulegen, wie mit den identifizierten und bewerteten Risiken umgegangen wird. Sofern das vorhandene Risiko größer ist als das Soll-Risikoniveau, müssen Maßnahmen unternommen werden, die eine Reduktion des Ist-Risikoniveaus hervorrufen.[125] Mit geeigneten Maßnahmen soll das gegenwärtig identifizierte Ist-Risikoniveau in diesem Fall auf das Soll-Risikoniveau hin gesteuert werden.[126] Allgemein können zu ergreifende Maßnahmen des Risikomanagements auf eine Vermeidung, Verminderung, Überwälzung sowie auf eine Inkaufnahme von Risiken abzielen.[127] Sofern die Vermeidung von bewerteten Risiken beabsichtigt wird, müssen die die Risiken auslösenden unternehmerischen Tätigkeiten unterbleiben.[128] Dieser Weg wird häufig bei existenzgefährdenden Risiken gewählt.[129] Bei einer vollständigen Vermeidung von Risiken können jedoch auch keine Gewinne erzielt werden, weswegen dieses Vorgehen nicht für alle Risiken herangezogen werden kann.[130] Durch eine Überwälzung kann das Risiko entweder auf einen Geschäftspartner oder auf ein Versicherungsunternehmen übertragen werden.[131] Die Überwälzung von Risiken ist nicht immer möglich, weswegen sie häufig als Alternative ausscheidet.[132] Die Risikoverminderung zielt auf eine Reduktion der Eintrittswahrscheinlichkeit oder der möglichen Scha-

---

[123] Vgl. Gleißner/Romeike (2008), S. 195 f.

[124] Vgl. Gleißner/Romeike (2008), S. 195 f. Aussagefähige Sensitivitäten erhält man unter Berücksichtigung der folgenden drei Punkte: Alle Inputvariablen müssen simultan variiert werden, potenzielle Korrelationen zwischen den Inputs müssen erfasst werden, Unsicherheit der Inputvariablen muss Beachtung finden, vgl. von Weizsäcker/Krempel (2004), S. 6.

[125] Vgl. Zotter (2007), S. 91.

[126] Vgl. Junginger (2005), S. 292.

[127] Vgl. Haller (1986), S. 31 f.; Becker/Köster/Ribbert (2005), S. 713; Hornung/Reichmann/Diederichs (1999), S. 321; Hornung/Reichmann/Form (2000), S. 156.

[128] Vgl. Diederichs (2004), S. 188.

[129] Vgl. Hornung/Reichmann/Diederichs (1999), S. 321.

[130] Vgl. Burger/Buchhart (2002), S. 10.

[131] Vgl. Diederichs (2004), S. 192; Lück (2001), S. 62.

[132] Vgl. Lück (2001), S. 62.

denshöhe ab.[133] Risiken können in Kauf genommen werden, sofern das sich aus der Risikostrategie ergebende Soll-Risikoniveau eingehalten werden kann.

2.3.2.4 Risikokontrolle

In dieser Phase geht es um eine Kontrolle der Wirkung der im Rahmen der Risikosteuerung festgelegten Maßnahmen, um darauf aufbauend die Notwendigkeit zusätzlicher Maßnahmen zu erkennen.[134] Darüber hinaus ist zu kontrollieren, ob sich das zuvor ermittelte Risikoniveau verändert hat[135] und ob neue, vorher nicht identifizierte Risiken relevant sind.[136] Denn sowohl neue und veränderte Risiken als auch unwirksame Maßnahmen können dazu führen, dass das geplante Risikoniveau von dem tatsächlichen abweicht,[137] wodurch Unternehmen zum Handeln gezwungen werden.

Die folgende Grafik veranschaulicht das Zusammenspiel der einzelnen Bestandteile des Risikomanagements in Bezug auf das Risikoniveau:

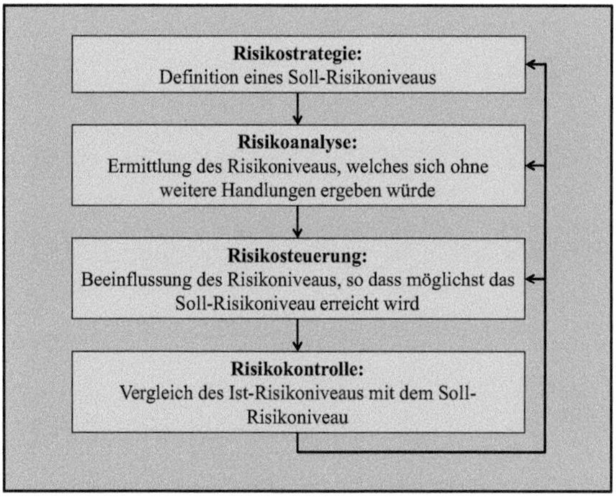

Abbildung 7: Risikoniveau im Risikomanagement

[133] Vgl. Martin/Bär (2002), S. 104.

[134] Vgl. Franz/Kajüter (2007), S. 475.

[135] Vgl. Gleißner (2008b), S. 195.

[136] Vgl. Burger/Buchhart (2002), S. 52.

[137] Vgl. Burger/Buchhart (2002), S. 61.

3 Status-quo des wertorientierten Managements

3.1 Wertorientierte Managementkonzepte zur Befriedigung der Eigenkapitalgeberansprüche

Allgemein stellt die Unternehmenssteuerung bzw. das Management eine zukunftsgerichtete, regulierende Funktion dar, mit der ein Unternehmen auf ein vorher festzulegendes Ziel hin ausgerichtet wird.[138] In der Problemstellung wurde bereits die notwendige Fokussierung auf die Eigenkapitalgeber und eine daraus resultierende Beeinflussung der obersten Unternehmensziele durch diese herausgearbeitet. In Aktiengesellschaften, in denen sich ein Großteil der Unternehmensanteile im Streubesitz befindet, wird das Unternehmen nicht von den Eigentümern (Prinzipale) geführt, sondern von zur Unternehmensführung beauftragten Managern (Agenten), die über Eigeninteressen verfügen, welche mitunter im Gegensatz zu den von den Eigentümern verfolgten Zielen stehen.[139] Vor diesem Hintergrund muss durch eine Managementkonzeption sichergestellt werden,[140] dass die Agenten das Unternehmen auf die Ziele der Prinzipale hin steuern.[141] Unter wertorientiertem Management wird folglich eine Unternehmenssteuerung verstanden, mit der die Befriedigung der Eigenkapitalgeberansprüche auf eine ausreichende Verzinsung des eingesetzten Kapitals gewährleistet werden soll.[142] Es stellt damit eine „konzeptionelle Weiterentwicklung der erfolgs- und rentabilitätsorientierten Unternehmenssteuerung“[143] um die Ansprüche der Eigenkapitalgeber dar. Sach- und Sozialziele werden dadurch nicht verdrängt, sondern sie bilden „weiterhin integrale Bestandteile der Unternehmensführung.“[144]

---

[138] Vgl. Wengelowski (2009), S. 19.

[139] Vgl. Berle/Means (1968), S. 112 ff.; Fama/Jensen (1983), S. 301 ff.; Elschen (1991), S. 209; Picot/Reichwald/Wigand (2003), S. 55.

[140] In einer Konzeption werden die für eine Zielerreichung notwendigen Funktionen beschrieben und die entsprechende Ausgestaltung der einzelnen Funktionen wird dargestellt, vgl. Küpper (2005), S. 8.

[141] Vgl. Schmidbauer (1999), S. 365.

[142] Vgl. Arbeitskreis Internes Rechnungswesen (2010), S. 799.

[143] Männel (2006), S. 1.

[144] Stührenberg/Streich/Henke (2003), S. 4.

In der Theorie wurde eine Vielzahl wertorientierter Managementkonzepte entwickelt[145] und in der Praxis unterscheidet sich die Umsetzung im Detail.[146] Es hat sich aber ein grundlegender Konsens herauskristallisiert, der Basis für die folgende Analyse ist. In allen wertorientierten Managementkonzepten sind die Kapitalkosten ein zentrales Element, die Steigerung des Unternehmenswertes wird als Zielgröße zur Befriedigung der Eigenkapitalgeber propagiert und die Planung, die Kontrolle sowie die wertorientierte Incentivierung stellen die zentralen Bestandteile der internen Perspektive des wertorientierten Managements dar.[147]

3.2 Dominierende Ausgestaltung des wertorientierten Managements

3.2.1 Kapitalkosten als zentrales Element zur Erfassung der Eigenkapitalgeberansprüche

3.2.1.1 Grundsätzliche Aussagekraft von Kapitalkosten und deren Ermittlung

Das wertorientierte Management basiert auf dem Postulat, dass ein höheres Risiko mit einer entsprechend höheren Rendite abgegolten werden muss.[148] Im Sinne des Erwartungswert-Varianz-Kriteriums würde sich ein Kapitalgeber bei zwei verschiedenen Anlagemöglichkeiten für eine solche entscheiden, die bei gleichem Risiko den höheren Erwartungswert aufweist bzw. bei gleichem Erwartungswert das geringere Risiko mit sich bringt.[149] Unternehmen gelangen folglich nur an ausreichend Kapital, wenn Anleger davon ausgehen, dass aus diesem Investment eine risikoadäquate Verzinsung resultiert.[150] Diese Renditeansprüche der Eigen-

[145] Vgl. Pfaff/Bärtl (1999), S. 86. Für einen vergleichenden Überblick über die führenden wertorientierten Managementkonzepte vgl. Hahn/Hintze (2006), S. 84 ff.; Kornetzki (2007), S. 680.

[146] Für Unterschiede im Detail vgl. Arbeitskreis Internes Rechnungswesen (2010), S. 806 ff.

[147] Vgl. Arbeitskreis Internes Rechnungswesen (2010), S. 800. Die darüber hinaus existierende externe Perspektive des wertorientierten Managements, die das Value Reporting zum Gegenstand hat, findet im weiteren Verlauf keine Berücksichtigung. Zum Value Reporting vgl. Baetge/Heumann (2006), S. 345 ff.; Schultze/Steeger/Schabert (2009), S. 13 ff.

[148] Vgl. Schierenbeck/Lister (2001), S. 327.

[149] Vgl. Schierenbeck/Lister (2001), S. 327; Rogers (2002), S. 14.

[150] Vgl. Bühner (1990), S. 41.

kapitalgeber werden als Eigenkapitalkosten bezeichnet.[151] „Die Eigenkapitalkosten entsprechen der Verzinsung, die Anleger erwarten, damit sie sich bereit erklären, ihre Finanzmittel als Eigenkapital zur Verfügung zu stellen.“[152] Gemeinsam mit den Fremdkapitalkosten bilden sie die Gesamtkapitalkosten eines Unternehmens, die mithilfe des als Weighted Average Cost of Capital (WACC) bezeichneten Gesamtkapitalkostensatzes ermittelt werden.[153] Eigen- und Fremdkapitalkosten werden zu Marktpreisen bewertet und im Sinne ihres Zielkapitalverhältnisses gewichtet.[154] Der WACC berechnet sich demnach wie folgt:[155]

$$WACC = \frac{EK}{GK} * r_{EK} + \frac{FK}{GK} * r_{FK} * (1 - s)$$

Dabei gilt:

$WACC$	=	Gesamtkapitalkostensatz
EK	=	Marktwert des Eigenkapitals
FK	=	Marktwert des Fremdkapitals
GK	=	Marktwert des Gesamtkapitals[156]
r_{EK}	=	Eigenkapitalkostensatz
r_{FK}	=	Fremdkapitalkostensatz
s	=	Steuersatz[157]

---

151 Die gesamten (Eigen-)Kapitalkosten ergeben sich als Multiplikation des Eigenkapitalkostensatzes mit der Menge des zu verzinsenden Marktwertes des Eigenkapitals, vgl. Faust (2002), S. 51. Obwohl die Einbeziehung der Eigenkapitalkosten in ein Managementkonzept durch die wertorientierte Unternehmensführung stark an Bedeutung gewonnen hat, handelt es sich nicht um ein vollständig neues Themenfeld in der Betriebswirtschaftslehre. Eine Diskussion zur Berücksichtigung kalkulatorischer Zinsen in der älteren betriebswirtschaftlichen Literatur ist zu finden bei Franz (1978), S. 261 ff. An Bedeutung gewannen die Eigenkapitalkosten zudem in den 50er Jahren durch das Modigliani-Miller-Theorem, vgl. Modigliani/Miller (1958), S. 261 ff.

152 Bühner (1990), S. 42.

153 Vgl. Kajüter (2007a), S. 29.

154 Vgl. Franz/Winkler (2006a), S. 46; Schmidbauer (2000), S. 154.

155 Vgl. Weber/Bramsemann/Heineke/Hirsch (2004), S. 51.

156 Der Marktwert des Gesamtkapitals stellt die Summe aus dem Marktwert des Eigenkapitals und dem Marktwert des Fremdkapitals dar, vgl. Weber/Bramsemann/Heineke/Hirsch (2004), S. 51.

Anders als die Fremdkapitalkosten, die sich aus Kreditverträgen mit Banken etc. ergeben und eine pagatorische Größe darstellen, werden Eigenkapitalkosten als Opportunitätskosten interpretiert.[158] Aufgrund des Risikos der Anlageform „Unternehmen" muss die Verzinsung für Eigenkapital höher liegen als bei festverzinslichen Wertpapieren.[159] Außer in Unternehmen mit wenigen Eigentümern, in denen alle Eigenkapitalgeber nach ihrer Renditeforderung befragt werden können,[160] müssen Unternehmen mit vielen Anteilseignern die Höhe der Renditeforderung mithilfe von Kapitalkostenmodellen schätzen.[161] Eine ausführliche Eignungsprüfung der unterschiedlichen Modelle folgt im fünften Kapitel.

Da die Eigenkapitalkosten Informationen über den Risikoumfang, dem Unternehmen ausgesetzt sind, erfassen sollen,[162] sind sie das zentrale Element zur Integration von Risiken in den derzeitigen wertorientierten Managementkonzepten.[163] Eine darüber hinausgehende Risikoerfassung erfolgt in den theoretischen Konzepten zum wertorientierten Management gegenwärtig nicht.[164]

---

[157] Steuern werden in diesem Fall berücksichtigt, weil die Fremdkapitalzinsen von der Steuerbemessungsgrundlage abgezogen werden können, diese Abzugsfähigkeit im Rahmen der dominierenden Unternehmenswertermittlung im wertorientierten Management bei der Ermittlung des FCF aber nicht berücksichtigt wird, vgl. Abschnitt 3.2.2.1. Die Vernachlässigung dieses Steuervorteils wird durch die Berücksichtigung des Tax Shields in dem Gesamtkapitalkostensatz kompensiert, vgl. Ballwieser (2011), S. 133. Die Höhe des hierbei Anwendung findenden Steuersatzes wird – sofern die reale ertragssteuerliche Belastung Berücksichtigung finden soll – bei Kapitalgesellschaften in Deutschland durch die Körperschaftssteuer, die Gewerbesteuer sowie den Solidaritätszuschlag beeinflusst, da mit diesen der Gewinn eines Unternehmens belastet wird. Um den für ein Unternehmen real zutreffenden Steuersatz zu ermitteln, wird der für das Unternehmen gültige Hebesatz benötigt. Wird ein Hebesatz von 400% unterstellt, ergibt sich ein Steuersatz von 29,825%. In diesen fließen gemäß § 11 Abs. 2 GewStG eine Steuermesszahl für den Gewerbeertrag in Höhe von 3,5%, gemäß § 23 Abs. 1 KStG ein Körperschaftssteuersatz von 15% und gemäß § 4 SolzG ein Solidaritätszuschlag in Höhe von 5,5%, der auf die Körperschaftssteuer veranschlagt wird, ein. Somit wird der Steuersatz wie folgt berechnet: $4*0{,}035+0{,}15+0{,}055*0{,}15=0{,}29825$. Die pauschale Steuerberücksichtigung über das Tax Shield wird mitunter kritisiert und Forschungsarbeiten bemühen sich um eine detaillierte Berücksichtigung der verschiedenen Steuerarten im Kontext der Unternehmensbewertung, vgl. Muche (2008), S. 67 ff. Eine differenziertere Berücksichtigung von Steuern wird für diese Arbeit als nicht zielführend erachtet und bleibt daher außen vor.

[158] Vgl. Bühner (1993), S. 749; Schwetzler (2000), S. 82; Brealey/Myers/Allen (2008), S. 17.

[159] Vgl. Stührenberg/Streich/Henke (2003), S. 16.

[160] Vgl. Bühner (1990), S. 42.

[161] Vgl. Pfaff/Bärtl (1999), S. 90.

[162] Vgl. Gleißner (2006b), S. 54 f.; Rogers (2002), S. 14.

[163] Vgl. Burger/Buchhart (2002), S. 250; Gleißner (2004), S. 3.

[164] Vgl. Burger/Buchhart (2002), S. 250.

3.2.1.2 Differenzierte Kapitalkosten in diversifizierten Unternehmen

Um diversifizierte Konzerne wertorientiert führen zu können, reicht es nicht aus, einen einheitlichen Kapitalkostensatz für alle Geschäftsbereiche festzulegen, da die verschiedenen Geschäftsbereiche in der Regel unterschiedliche Risiken aufweisen.[165] Nur wenn differenzierte, also bereichsspezifische Renditeforderungen ermittelt werden, kann das Kapital optimal eingesetzt werden.[166] Diese differenzierten Kapitalkostensätze müssen die unterschiedlichen Risiken der einzelnen Bereiche und mögliche Synergieeffekte berücksichtigen.[167] Als weitere Anforderung lässt sich ableiten, dass sich die einzelnen Gesamtkapitalkostensätze der jeweiligen Bereiche zum WACC des gesamten Unternehmens aggregieren müssen.[168] Bei existierenden Verbundeffekten erweist sich die Ermittlung entsprechender Kapitalkostensätze allerdings als sehr schwierig, weswegen in der Praxis häufig darauf verzichtet wird, obwohl dies als äußerst kritisch zu beurteilen ist.[169]

3.2.2 Steigerung des Unternehmenswertes als oberstes Ziel der existierenden wertorientierten Managementkonzepte

3.2.2.1 Die Dominanz des auf DCF-Basis ermittelten Unternehmenswertes

Als gemeinsames Oberziel wertorientierter Managementkonzepte lässt sich die langfristige und nachhaltige Steigerung des Unternehmenswertes feststellen.[170] Der Unternehmenswert setzt sich aus dem Wert des Fremdkapitals und dem Wert des Eigenkapitals zusammen.[171] Letztgenannter wird auch als Unternehmenswert im engeren Sinne oder als Shareholder Value bezeichnet.[172] In dieser Arbeit werden Veränderungen des Marktwertes des Fremdkapitals außer Acht gelassen,

---

[165] Vgl. Arbeitskreis Finanzierung (1996), S. 550 f.

[166] Vgl. Bufka/Schiereck/Zinn (1999), S. 116.

[167] Vgl. Stührenberg/Streich/Henke (2003), S. 15; Knorren/Weber (1996), S. 26 ff.

[168] Vgl. Fröhling (2000), S. 51. Zum möglichen Vorgehen der Ermittlung differenzierter Kapitalkosten vgl. Arbeitskreis Finanzierung (1996), S. 552 ff.; Bufka/Schiereck/Zinn (1999), S. 117 ff.; Steinle/Krummaker/Lehmann (2007), S. 206 ff.

[169] Vgl. Stührenberg/Streich/Henke (2003), S. 15.

[170] Vgl. Weber/Bramsemann/Heineke/Hirsch (2004), S. 6; Pape (2003), S. 41; Copeland/Koller/Murrin (2002), S. 27.

[171] Vgl. Rappaport (1999), S. 39; Gröger (2009), S. 11.

[172] Vgl. Sieben (1995), S. 717; Rappaport (1999), S. 39; Gröger (2009), S. 11; Deimel (2002), S. 77.

weswegen Veränderungen des Unternehmenswertes gleichbedeutend mit Veränderungen des Shareholder Values sind.

Die Ermittlung des Unternehmenswertes erfolgt stets subjektiv und zweckadäquat, so dass es nicht den schlechthin richtigen Unternehmenswert gibt, sondern „der richtige Unternehmenswert der jeweils zweckadäquate“[173] ist. Für Anteilseigner sind die zukünftigen auf sie entfallenden Zahlungsüberschüsse von Interesse.[174] Aus diesem Grund wird der Unternehmenswert im Kontext des wertorientierten Managements überwiegend als ein auf Basis des Discounted Cashflow (DCF) zu ermittelnder Zukunftserfolgswert verstanden und somit definiert als die in Zukunft zu generierenden Free Cashflows – diskontiert mit dem Kapitalkostensatz auf den heutigen Zeitpunkt – abzüglich des Marktwertes des Fremdkapitals.[175] Demnach ergibt sich für die Berechnung des Unternehmenswertes die folgende Formel:[176]

$$UW = \sum_{t=1}^{n} \frac{FCF_t}{(1 + WACC)^t} + \frac{FCF_{n+1}}{WACC - g} * \frac{1}{(1 + WACC)^n} - FK$$

Dabei gilt:

UW	=	Unternehmenswert im engeren Sinne
FCF	=	Free Cashflow
$WACC$	=	Gesamtkapitalkostensatz

173 Moxter (1983), S. 6.

174 Vgl. Stührenberg/Streich/Henke (2003), S. 9. Zur klassischen Unternehmenswertdefinition, wonach dieser einen zu zahlenden Preis im Rahmen eines Unternehmenserwerbs darstellt, vgl. u.a. Hering (2006), S. 3; Moxter (1983), S. 5.

175 Vgl. Reimund (2003), 14 f. Neben dem Zukunftserfolgswert kann ein Unternehmenswert auch noch als Substanzwert oder Marktwert ermittelt werden, vgl. zu den unterschiedlichen Methoden Coenenberg/Schultze (2007), S. 347 ff. Im Kontext des wertorientierten Managements ist jedoch nur der Unternehmenswert als Zukunftserfolgswert von Bedeutung, vgl. Weber/Bramsemann/Heineke/Hirsch (2005), S. 175. Für die differenzierte Ausgestaltung verschiedener, sich im Detail unterscheidender DCF-Verfahren vgl. Ballwieser (1998), S. 81 ff.

176 Vgl. Coenenberg/Salfeld (2007), S. 41. Da ein Unternehmen nur für einen Prognosezeitraum „n“ genaue FCF-Werte ermittelt, stellt der letzte Summand einen Ewigkeitswert dar, der die darauf folgenden Perioden repräsentiert und in dem „g“ für eine konstante Wachstumsrate steht, vgl. Coenenberg/Salfeld (2007), S. 41.

t	=	Laufindex
n	=	Anzahl der in die Detailplanung einbezogenen Jahre
g	=	Wachstumsrate
FK	=	Marktwert des Fremdkapitals

Free Cashflows (FCF) sind hierbei definiert als die Differenzen aller für die Zukunft prognostizierten Einnahmen und Ausgaben, die als Nettozahlungsströme bezeichnet und periodisiert ausgewiesen werden.[177]

Obwohl über dieses Vorgehen der Unternehmenswertermittlung im wertorientierten Management weitgehende Einigkeit herrscht, wird vereinzelt die Einbeziehung des Risikos über Sicherheitsäquivalente gefordert.[178] Hierbei ist das Sicherheitsäquivalent einer unsicheren Zahlung eine sichere Zahlung, die aus Sicht des Kapitalgebers dem Wert der unsicheren Zahlung entspricht.[179] Im Rahmen der Sicherheitsäquivalenzmethode wird zur Berücksichtigung des Risikos somit im Zähler ein Risikoabschlag vorgenommen.[180] Diese Zählergröße wird dann mit einem risikofreien Kapitalkostensatz diskontiert.[181] Autoren, die sich für eine alleinige Erfassung der Risiken im Zähler aussprechen, begründen dies damit, dass die Risiken dort zu berücksichtigen seien, wo sie entstehen, nämlich in den Cashflows.[182] Genauso schwer wie die Ermittlung geeigneter Kapitalkostensätze ist allerdings die Bestimmung adäquater Sicherheitsäquivalente.[183] Zudem zeigt sich bei einem entsprechenden Vorgehen nicht mehr eindeutig die Kausalität zwischen Risiken und Renditeforderungen. Da Kapitalgeber bei steigenden Risiken eine höhere Rendite fordern und die Renditeforderungen durch die Kapitalkosten zum Ausdruck kommen, sollen die Kapitalkosten durch Risiken beeinflusst werden,

177 Vgl. Coenenberg/Salfeld (2007), S. 40; Günther (1997), S. 80. Trotz gewisser Unterschiede zwischen den Begriffspaaren „Einnahmen und Ausgaben" sowie „Einzahlungen und Auszahlungen" werden die Bezeichnungen in der vorliegenden Arbeit synonym verwendet. Zur möglichen Unterscheidung vgl. Wöhe (2002), S. 828.

178 Vgl. Velthuis/Wesner (2005), S. 62 f.

179 Vgl. Callsen-Bracker/Hirth (2009), S. 5; von Weizsäcker/Krempel (2004), S. 2.

180 Vgl. Mölls/Kern/Krag (2008), S. 38.

181 Vgl. Velthuis/Wesner (2005), S. 63.

182 Vgl. von Weizsäcker/Krempel (2004), S. 6.

183 Zur Problematik der Ermittlung adäquater Sicherheitsäquivalente vgl. Kürsten (2002), S. 137 ff.

damit die Angestellten in einem Unternehmen ein Bewusstsein für diesen Zusammenhang erlangen. Aus diesem Grund ist es richtig, dass die Sicherheitsäquivalenzmethode im Rahmen des wertorientierten Managements sowohl in der Theorie als auch in der Praxis von untergeordneter Bedeutung ist.[184]

Auch in börsennotierten Unternehmen ist der auf DCF-Basis ermittelte Unternehmenswert und nicht der Börsenkurs als Zielgröße heranzuziehen. Der über Free Cashflows ermittelte Unternehmenswert börsennotierter Unternehmen sollte bei einer längerfristigen Betrachtung dem Börsenwert in etwa entsprechen.[185] Aufgrund der Irrationalität der Aktienmärkte gilt dies jedoch nicht stichtagsbezogen.[186] Börsenkurse weisen häufig Schwankungen auf, die ökonomisch nicht nachvollziehbar und daher nicht bewusst steuerbar sind.[187] Da interne Zielvorgaben nur sinnvoll sind, wenn diese auch bewusst beeinflusst werden können,[188] ist folglich der auf DCF-Basis ermittelte Unternehmenswert zu bevorzugen.

3.2.2.2 Werttreiberhierarchien und Balanced Scorecard zur Operationalisierung des Unternehmenswertes

Bei allen unternehmerischen Entscheidungen ist das Ziel der Unternehmenswertsteigerung zu berücksichtigen und es sind Tätigkeiten zu dessen positiver Beeinflussung durchzuführen.[189] In entsprechend geführten Unternehmen ist zunächst zu quantifizieren, welche Unternehmenswertsteigerung in einem definierten Zeitraum erreicht werden soll.[190] Um dieses auf Gesamtunternehmensebene angestrebte Ziel erreichen zu können, müssen alle Mitarbeiter einen Beitrag zur Zielerreichung leisten.[191] Es erscheint jedoch nicht sinnvoll, den aggregierten Unternehmenswert auf die einzelnen Bereiche bzw. Handlungsträger aufzuteilen und diesen individuelle Zielvorgaben für den von ihnen zu erwirtschaftenden Anteil

---

[184] Vgl. Weber/Bramsemann/Heineke/Hirsch (2005), S. 175.

[185] Vgl. Coenenberg/Salfeld (2007), S. 18.

[186] Vgl. Coenenberg/Salfeld (2007), S. 18.

[187] Vgl. Roßbach (2001), S. 3; Coenenberg/Salfeld (2007), S. 53.

[188] Vgl. Erke/Bungard (2006), S. 159.

[189] Vgl. Reimann (1988), S. 10; Schmidbauer (1999), S. 365; Weber/Bramsemann/Heineke/Hirsch (2004), S. 19; Happel (2001), S. 35; Hebertinger/Schabel/Velthuis (2005), S. 159.

[190] Vgl. Coenenberg/Salfeld (2007), S. 17.

[191] Vgl. Neher (2010), S. 200.

am aggregierten Unternehmenswert zu kommunizieren. Vielmehr sind von Seiten des Controllings alle Stellhebel aufzuzeigen, durch deren positive Beeinflussung Wertsteigerungseffekte generiert werden können, und diese den Unternehmenswert beeinflussenden Variablen sind zur Definition von Zielen einzelner Bereiche bzw. Handlungsträger heranzuziehen.[192] Letztlich lässt sich der Unternehmenswert durch Maßnahmen erhöhen, die zu einer Steigerung des Betriebsergebnisses führen, eine Reduzierung der Kapitalbindung in Anlage- und Umlaufvermögen bedingen oder den Kapitalkostensatz senken.[193] Um einen detaillierten Überblick zu erhalten, werden diese Werthebel sukzessive in ihre immer feineren Bestimmungsgrößen heruntergebrochen, die als Werttreiber bezeichnet werden.[194] Werttreiber können somit als Faktoren aufgefasst werden, die entweder in einem formal- oder sachlogischen Zusammenhang zur Steuerungsgröße stehen[195] und deren Beeinflussung folglich zu einer Veränderung des Unternehmenswertes führt.[196] Solche Werttreiber sind bspw. das Marktvolumen und die Preise, deren jeweilige Erhöhung c.p. zu einer Steigerung des Unternehmenswertes beiträgt, bzw. die Materialkosten, deren Reduktion sich entsprechend positiv auswirkt.[197] Werden die in einem Unternehmen identifizierten Werttreiber zusammengefasst und entsprechend verknüpft, dann entsteht eine sogenannte Werttreiberhierarchie,[198] die als Steuerungsinstrument dient.[199] Allerdings lassen sich keine universellen Werttreiberhierarchien identifizieren, sondern sie bedürfen einer branchen- bzw. unternehmensspezifischen Ausgestaltung.[200]

Auf einem ähnlichen Gedankengut basiert die Balanced Scorecard, die der Umsetzung von Strategien dienen soll.[201] Da der langfristige Erfolg und somit eine

---

[192] Vgl. Männel (2006), S. 1.

[193] Vgl. Coenenberg/Salfeld (2007), S. 73.

[194] Vgl. Bramsemann/Heineke (2004), S. 62.

[195] Vgl. Kajüter (2005), S. 344.

[196] Vgl. Brunner (1999), S. 66; Kajüter (2005), S. 343.

[197] Vgl. Koller/Goedhart/Wessels (2010), S. 418.

[198] Vgl. für eine exemplarische Werttreiberhierarchie Rappaport (1999), S. 201. Synonym werden für Werttreiberhierarchien auch die Begriffe Werttreiberbäume und Werttreibermodelle verwendet, vgl. Kajüter (2005), S. 344.

[199] Vgl. Bramsemann/Heineke (2004), S. 62.

[200] Vgl. Karrer (2006), S. 166; Koller/Goedhart/Wessels (2010), S. 417 f.

[201] Vgl. Franz (2004), S. 97.

Steigerung des Unternehmenswertes nicht nur von gegenwärtigen finanziellen Erfolgen abhängt, soll solchen Faktoren gleichberechtigt Aufmerksamkeit geschenkt werden, welche die zukünftige Leistung positiv beeinflussen.[202] Daher werden mit der Balanced Scorecard neben der Finanzperspektive eine Kundenperspektive, eine Lern- und Entwicklungsperspektive sowie eine Perspektive der internen Geschäftsprozesse berücksichtigt.[203] Jeder Perspektive werden verschiedene Ziele zugeordnet, deren Erreichungsgrade neben der finanziellen Performance auch das Potenzial für zukünftigen Erfolg repräsentieren.[204]

3.2.2.3 Kritik am Unternehmenswert als Oberziel

Der Unternehmenswert als Oberziel wird häufig dahingehend kritisiert, dass durch die Shareholderfokussierung eine ausreichende Berücksichtigung anderer Anspruchsgruppen außen vor bleibe.[205] Diese bereits in der Einleitung aufgegriffene Grundsatzkritik soll hier nicht ausführlich thematisiert werden. In der vorliegenden Arbeit wird keineswegs das Verständnis vertreten, dass die Ansprüche weiterer Stakeholder unbedeutend sind, jedoch wird eine Befriedigung der Eigenkapitalgeber als Grundvoraussetzung für die Befriedigung anderer Stakeholderansprüche angesehen.[206] Die wertorientierte Unternehmensführung benötigt wie jedes Managementkonzept den von *Küng* geforderten „Menschenanstand" seitens der Manager, damit eine Sozialverträglichkeit der Unternehmen gewährleistet wird.[207] Der Unternehmenswert als Oberziel und eine damit einhergehende Fokussierung auf die Eigenkapitalgeber wird bei Vorhandensein eines entsprechenden Menschenanstandes als unproblematisch erachtet.

Aber auch bei Akzeptanz einer Eigenkapitalgeberorientierung lässt sich der Unternehmenswert als Oberziel in wertorientierten Managementkonzepten kritisieren. Der Unternehmenswert ist durch ein hohes Maß an Subjektivität gekenn-

---

202 Vgl. Kaplan/Norton (1997), S. 8.

203 Vgl. Kaplan/Norton (1997), S. 8.

204 Vgl. Kaplan/Norton (2007), S. 150.

205 Vgl. Laier (2011), S. 82.

206 Vgl. Winter (2007), S. 99 f.; Albach (2001), S. 643 ff.

207 Das entsprechende Plädoyer für Menschenanstand ist zu finden bei Küng (2010), S. 13 ff.

zeichnet,[208] so dass das Messen seiner Veränderung viele Spielräume bietet, objektiv nicht möglich ist und damit die generell an Unternehmensziele gestellte Forderung nach deren Messbarkeit nicht ausreichend erfüllt.[209] Die mangelnde objektive Überprüfbarkeit ist insbesondere vor dem Hintergrund der bereits dargestellten Principal-Agent-Beziehung problematisch. Damit die Eigentümer kontrollieren können, dass mit dem von ihnen zur Verfügung gestellten Kapital bestmöglich gewirtschaftet wird, ist es für sie wichtig, dass in dem Unternehmen Ziele verfolgt werden, deren Erreichung für sie überprüfbar ist.[210] Einperiodische Wertbeitragskennziffern, die in den theoretischen Konzepten vorrangig als Kontrollkennzahlen Anwendung finden, weswegen deren ausführliche Diskussion erst in Abschnitt 3.2.3.2.1 erfolgt, werden in wertorientiert geführten Unternehmen daher häufig auch als Zielgröße propagiert.[211] Grund hierfür ist, dass diese Kennzahlen auf den Zahlen eines von Wirtschaftsprüfern testierten Jahresabschlusses basieren und zum Ausdruck bringen, inwieweit in einer einzelnen Periode ein Übergewinn erzielt und damit die Renditeforderung der Eigenkapitalgeber erwirtschaftet wurde.[212] Obwohl eine positive Wertbeitragskennziffer nicht zwangsweise kompatibel mit einer möglichst hohen Steigerung des Unternehmenswertes ist,[213] die von längerfristig orientierten Eigenkapitalgebern und folglich auch von der Unternehmensleitung grundsätzlich zu bevorzugen ist,[214] erscheinen Wertbeitragskennziffern als Zielgröße dahingehend sinnvoll, dass sie objektiv überprüfbar und somit als ein relevantes Nebenziel anzusehen sind.

Als Oberziel wertorientierter Managementkonzepte eignen sich die einperiodischen Kennziffern nicht, obwohl in Abschnitt 3.2.1.1 festgestellt wurde, dass in den Kapitalkosten die Ansprüche der Eigenkapitalgeber zum Ausdruck kommen. Demnach würde bei einer ersten Betrachtung eine periodenbezogene Erwirtschaftung der Eigenkapitalkosten ein sinnvolles Oberziel und nicht nur ein Nebenziel

---

[208] Vgl. Moxter (1983), S. 23.

[209] Vgl. Haubrock/Öhlschlegel-Haubrock (2009), S. 43.

[210] Vgl. Kruse (2001), S. 171.

[211] Vgl. Kopel/Riegler (2006), S. 86.

[212] Vgl. Groll (2003), S. 6 ff.

[213] Vgl. Weber/Heineke (2007), S. 1445; Laier (2011), S. 82. Zu einer ausführlichen Erläuterung dieses Zusammenhangs vgl. Abschnitt 3.2.3.2.2.

[214] Vgl. Rappaport (2006), S. 69.

darstellen. In dem Ziel „Steigerung des Unternehmenswertes“ kommt das grundsätzliche Streben der Eigenkapitalgeber nach einer Maximierung der Rendite auf ihr eingesetztes Kapital zum Ausdruck.[215] Da dieses Ziel schwer zu operationalisieren ist, findet der Eigenkapitalkostensatz Anwendung, der eine konkretisierte und damit operationalisierbare Mindestanforderung an die Rendite ist.[216] Dieser wird bei der Ermittlung des Unternehmenswertes als Bestandteil des Diskontierungsfaktors herangezogen, wodurch das Risiko als Entscheidungskriterium einbezogen und der Zeitpunkt der Zahlung berücksichtigt wird.[217]

Sofern das im wertorientierten Management unterstellte Postulat, dass Rendite und Risiko die relevanten Entscheidungskriterien der Eigenkapitalgeber sind, als korrekt unterstellt wird und es möglich ist, in den Kapitalkosten die für die Kapitalgeber relevanten Risiken adäquat zu erfassen, ist die Steigerung des Unternehmenswertes demnach aus Eigenkapitalgebersicht ein sinnvolles Oberziel. Die Erwirtschaftung positiver einperiodischer Wertbeiträge stellt ein adäquates Nebenziel dar, welches den Anteilseignern vor dem Hintergrund existierender Principal-Agent-Konflikte ermöglicht, innerhalb jeder Periode auf eine entsprechend objektive Weise zu überprüfen, ob sinnvoll mit ihrem Kapital gearbeitet wurde.

3.2.3 Planung, Kontrolle und Incentivierung als die wesentlichen Säulen des wertorientierten Managements

Damit die einzelnen Akteure eines Unternehmens ihre Handlungen auf ein übergeordnetes Ziel ausrichten, bedarf es eines Steuerungssystems.[218] Die wesentlichen Bestandteile eines wertorientierten Steuerungssystems sind die wertorientierte Planung, Kontrolle sowie Incentivierung.[219] Diese drei Säulen des wertorientierten Managements lassen sich der internen Perspektive zuordnen[220] und sie sind Untersuchungsgegenstand der vorliegenden Arbeit.

---

[215] Vgl. Behringer (2011), S. 78.

[216] Vgl. Behringer (2011), S. 78.

[217] Es erfolgt eine Berücksichtigung des „price of time“ und des „price of risk“, vgl. Sharpe (1964), S. 425.

[218] Vgl. Weber/Bramsemann/Heineke/Hirsch (2004), S. 22.

[219] Vgl. Velthuis/Wesner (2005), S. 12 ff.

[220] Vgl. Arbeitskreis Internes Rechnungswesen (2010), S. 800.

3.2.3.1 Planung mithilfe der DCF-Methode

3.2.3.1.1 Allgemeine Darstellung

Unter Planung wird allgemein die Bestimmung und Auswahl zukünftiger Handlungen, die zur Erreichung von vorher definierten Zielen benötigt werden, verstanden.[221] Im Kontext der wertorientierten Unternehmensführung ist es die Aufgabe des Managements, Handlungen zu suchen und auszuwählen, die zu einer Steigerung des Unternehmenswertes bestmöglich beitragen.[222] Hierbei soll es „eine kurzfristige Erfolgsmaximierung vermeiden und stattdessen den langfristigen Erfolg des Unternehmens sicherstellen."[223] Da insbesondere strategische Entscheidungen und damit primär Investitionsentscheidungen den Unternehmenswert beeinflussen, werden vorrangig diese im Kontext der Literatur zur wertorientierten Planung diskutiert.[224] Selbstverständlich ist aber auch im Rahmen der kurzfristigen Planung das Ziel der Unternehmenswertsteigerung bestmöglich zu berücksichtigen. Mitunter sind in der kurzfristigen Planung jedoch andere Ziele, wie bspw. die Sicherstellung der Zahlungsfähigkeit, von höherer Dringlichkeit und somit auch von höherer Priorität, obwohl durch sie eine Steigerung des Unternehmenswertes konterkariert werden kann.[225]

Im Rahmen der wertorientierten Planung sind eine absolute und eine relative Wertanalyse der Handlungen durchzuführen.[226] Im Rahmen der absoluten Wertanalyse ist zu erörtern, ob eine geplante Handlung zu einer Steigerung des Unternehmenswertes beiträgt.[227] Ein mithilfe der DCF-Methode ermittelter positiver Kapitalwert einer Investition bzw. eines Projektes erhöht den Unternehmens-

---

[221] In der Literatur umfasst die Planung häufig sowohl die Zielfestlegung als auch die Auswahl der zur Zielerreichung notwendigen Handlungen, vgl. Wild (1974), S. 13; Ossadnik (2008), S. 3. Im Rahmen der vorliegenden Arbeit wird die Zielfestlegung bewusst als losgelöster Bestandteil angesehen, da die Ziele im wertorientierten Management von zentraler Bedeutung sind und daher getrennt von der Planung betrachtet werden sollten. Vgl. zu einem entsprechenden Vorgehen Kajüter (2007a), S. 35 f. Eine Unterteilung in Zielvorgabe und Planung wird zudem vorgenommen von Hahn/Hungenberg (2001), S. 46. Die Entscheidung ist jedoch als ein Bestandteil der Planung anzusehen, vgl. Mag, (1999), S. 15.

[222] Vgl. Baum/Coenenberg/Günther (2004), S. 257.

[223] Weber/Bramsemann/Heineke/Hirsch (2005), S. 176.

[224] Vgl. Pfaff/Bärtl (1999), S. 87 f.

[225] Vgl. Franz/Hochstein (2011), S. 153.

[226] Vgl. Gleißner (2002), S. 417.

[227] Vgl. Gleißner (2002), S. 417.

wert.[228] Entsprechend dem Vorgehen bei der Ermittlung des Unternehmenswertes werden die der jeweiligen Entscheidung zuzuordnenden Ein- und Auszahlungen auf den gegenwärtigen Zeitpunkt diskontiert.[229]

Aufgrund der in den meisten Unternehmen existierenden Kapitalknappheit ist zudem im Rahmen der relativen Wertanalyse herauszufinden, welche der verschiedenen Handlungsmöglichkeiten den größten Beitrag zum Unternehmenswert leisten.[230] Die knappen finanziellen Ressourcen sind dann in die Geschäftsbereiche bzw. Investitionen zu lenken, die aus Gesamtkonzernsicht den größten Beitrag zu einer Unternehmenswertsteigerung leisten.[231]

Obwohl in der Regel die Gesamtkapitalkosten als Mindestforderung an die Rendite von Investitionen betrachtet werden,[232] wird in der Planung mitunter „eine Mindestrendite vorgegeben, die (...) einen pauschalen prozentualen Aufschlag auf die Kapitalkosten beinhaltet."[233] Ein solches Vorgehen lässt sich dahingehend argumentieren, dass bspw. die Overhead-Kosten der Zentrale von den operativen Einheiten erwirtschaftet werden müssen.[234]

3.2.3.1.2 Kritische Würdigung

Die Analyse von Handlungsalternativen unter Anwendung der DCF-Methode stellt eine adäquate Möglichkeit der Entscheidungsunterstützung dar, um aus Eigenkapitalgebersicht die bestmögliche Alternative auszuwählen. Es ist aber fraglich, ob alleine der höchste Kapitalwert ausreicht, um aus Aktionärssicht tatsächlich die beste Alternative zu bestimmen. Welche weiteren Faktoren aus Eigenkapitalgebersicht bei der Alternativenauswahl noch einzubeziehen sind, lässt sich endgültig erst nach der Analyse der Eigenkapitalgeberansprüche in Kapitel vier

---

[228] Vgl. Franz/Winkler (2006a), S. 39.

[229] Vgl. Franz/Winkler (2006a), S. 39.

[230] Vgl. Gleißner (2002), S. 417.

[231] Vgl. Steinle/Krummaker/Lehmann (2007), S. 204.

[232] Vgl. Rudolph (1986), S. 892; Stührenberg/Streich/Henke (2003), S. 16; Börsig (2000), S. 167.

[233] Arbeitskreis Internes Rechnungswesen (2010), S. 814.

[234] Zur fehlenden Erwirtschaftung von FCF seitens der Zentrale vgl. Deimel (2006), S. 211.

bestimmen und dann bei der Erarbeitung eines wertorientierten Managementkonzepts berücksichtigen.

Da die Kapitalgeber in der Regel jedoch in jeder Periode die Erwirtschaftung ihrer Renditeforderung verlangen,[235] ist im Rahmen der Planung zusätzlich darauf zu achten, durch die ausgewählten Handlungen die entsprechenden einperiodischen Kennzahlen so zu beeinflussen, dass die Kapitalgeber zufrieden gestellt werden.[236] Um eine Steigerung des Shareholder Values sowie eine Erwirtschaftung positiver einperiodischer Wertbeiträge zu erreichen, hat in dem Unternehmen ein Verständnis darüber vorzuliegen, welcher Zusammenhang zwischen den kurz- und langfristigen Zielen existiert. Zwischen den beiden Zielen existiert keine eindeutige Zielbeziehung, sondern es kann eine Zielkomplementarität vorliegen, genauso gut ist aber auch eine Zielkonkurrenz denkbar.[237] So ist es möglich, dass innerhalb einer Periode Aufwendungen, die zukünftig zu Erfolg führen und den Unternehmenswert positiv beeinflussen, sich negativ auf den Erfolg der aktuellen Periode und somit auf die einperiodische Wertbeitragskennzahl auswirken; dies ist zum Beispiel bei Forschungsaufwendungen der Fall.[238] Eine Alternative darf somit niemals nur auf ihren periodenbezogenen Wertbeitrag hin analysiert werden, da sich eine Alternativenauswahl unter Zuhilfenahme dieses Kriteriums negativ auf das Oberziel auswirken kann. Sofern eine Alternative einen geringeren positiven Wertbeitrag in der aktuellen Betrachtungsperiode erwirtschaftet, aber einen höheren Beitrag zum Unternehmenswert leistet, ist sie einer Alternative mit einem höheren positiven Wertbeitrag und einem geringeren Beitrag zum Unternehmenswert – aus Sicht längerfristig orientierter Eigenkapitalgeber – vorzuziehen.[239]

---

[235] Vgl. Abschnitt 3.2.2.3.

[236] Für ein entsprechendes Vorgehen verschiedener Unternehmen vgl. Arbeitskreis Internes Rechnungswesen (2010), S. 808 f.

[237] Vgl. Rappaport (2011), S. 65; Locarek-Junge/Imberger (2006), S. 556.

[238] Zur Behandlung von Forschungsaufwendungen vgl. Wagenhofer (2009), S. 220. Auf die Möglichkeit und der dennoch in der Realität nur unzureichend vorzufindenden Berücksichtigung solcher Aufwendungen im Rahmen der Conversions wird im nächsten Abschnitt ausführlich eingegangen.

[239] Vgl. Rappaport (2011), S. 64 f.

3.2.3.2 Kontrolle mithilfe einperiodischer Kennzahlen

3.2.3.2.1 Allgemeine Darstellung

Allgemein wird durch die Kontrolle überprüft, inwieweit die realisierten Größen (Ist-Größen) von den im Rahmen der Planung angestrebten Größen (Soll-Größen) abweichen.[240] In klassischen gewinn- und rentabilitätsorientierten Konzepten wird zur finanziellen Erfolgskontrolle vorrangig der realisierte mit dem geplanten Gewinn verglichen.[241] Für Aktionäre ist der dem externen Rechnungswesen zu entnehmende Gewinn jedoch von untergeordneter Bedeutung, da sie nur vom ökonomischen Gewinn profitieren.[242] In wertorientiert geführten Unternehmen wird daher beabsichtigt, in jeder Periode „ökonomischen Mehrwert zu schaffen – d.h. Erträge zu erwirtschaften, die über den Opportunitätskosten des gesamten verwendeten Kapitals liegen."[243] Um den ökonomischen Mehrwert zu messen, finden wertorientierte Kennziffern Anwendung.[244] Wertorientierte Kennziffern lassen sich unterteilen in Rentabilitätskennziffern und in absolute Überschussgrößen, die auch als Wertbeitragskennzahlen bezeichnet werden.[245] Ein weiteres Systematisierungskriterium bietet die Kennzahlenbasis; wertorientierte Kennzahlen basieren entweder auf dem Gewinn oder dem Cashflow.[246] Die folgende Abbildung zeigt die bekanntesten wertorientierten Kennzahlen für jede mögliche Kombination der genannten Systematisierungskriterien:

Basis für Kennzahlen:	Wertbeitrag	Rentabilität
Gewinn	EVA	ROCE
Cashflow	CVA	CFROI

Tabelle 1: Systematisierung von wertorientierten Kennzahlen[247]

[240] Vgl. Ossadnik (2008), S. 10; Mag (1999), S. 54.

[241] Vgl. Hagenloch (2009), S. 98.

[242] Vgl. Bühner (1990), S. VI. Die Begrifflichkeit des „ökonomischen Gewinns" ist nicht neu, sondern wurde bereits in den 60er Jahren von Dieter Schneider angewendet, vgl. Schneider (1963), S. 457 ff.; Schneider (1966), S. 571 ff.

[243] Coenenberg/Salfeld (2007), S. 11.

[244] Vgl. Hochstein/Penger (2011), S. 125.

[245] Vgl. Ewert/Wagenhofer (2000), S. 7.

[246] Vgl. Ewert/Wagenhofer (2000), S. 7.

[247] In enger Anlehnung an Ewert/Wagenhofer (2000), S. 7.

Alle Kennzahlen bringen den operativen Erfolg innerhalb einer Periode zum Ausdruck.[248] Der Economic Value Added (EVA) sowie der Cash Value Added (CVA) stellen absolute Wertbeitragskennzahlen dar.[249] Zur Ermittlung von Wertbeiträgen werden den jeweiligen Ergebnisgrößen die Gesamtkapitalkosten gegenübergestellt.[250] Ist das Ergebnis positiv, so wurden innerhalb einer Periode neben den Fremdkapitalkosten auch die Eigenkapitalkosten erwirtschaftet.[251]

Der EVA wird von *Stewart* selbst definiert als „operating profits less the cost of all capital employed to produce those earnings."[252] Es werden folglich von dem Net Operating Profit after Taxes (NOPAT), einer steuerbereinigten Gewinngröße vor Zinsen, die Gesamtkapitalkosten, die sich aus der verwendeten Kapitalgröße CAPITAL multipliziert mit dem WACC berechnen, abgezogen.[253] Daraus ergibt sich folgende Formel für die Berechnung des EVA:[254]

$$EVA = NOPAT - WACC * CAPITAL$$

Im Falle eines positiven Ergebnisses handelt es sich um einen Residualgewinn, der den in der betrachteten Periode zusätzlich generierten Wertbeitrag repräsentiert.[255] Somit dient der EVA zur Evaluation der in der Betrachtungsperiode vom Management ergriffenen Maßnahmen.[256] Die zur Berechnung des EVA herangezogenen Größen sind eng an bilanzielle Erfolgsgrößen und Buchwerte geknüpft.[257] Allerdings werden die aus dem Jahresabschluss entnommenen Zahlen im Zuge eines mehrstufigen Konvertierungsprozesses um bewertungstechnische, finanzielle und steuerliche Einflüsse bereinigt.[258] Ziel des Konvertierungsprozes-

---

248 Für den EVA vgl. Stewart (1991), S. 2.

249 Vgl. Weber/Bramsemann/Heineke/Hirsch (2004), S. 39.

250 Vgl. Hochstein/Penger (2011), S. 125.

251 Vgl. Weber/Bramsemann/Heineke/Hirsch (2004), S. 55 ff.

252 Stewart (1991), S. 2.

253 Vgl. Franz/Winkler (2006b), S. 418; Ballwieser (2000), S. 163.

254 Vgl. Franz/Winkler (2006a), S. 46.

255 Vgl. Coenenberg/Salfeld (2007), S. 267; Sharma/Kumar (2010), S. 201.

256 Vgl. Stern (1994), S. 46.

257 Vgl. Richter/Honold (2000), S. 265; Ballwieser (2000), S. 164.

258 Vgl. Kajüter (2007b), S. 447. Es existieren 164 verschiedene Conversions, jedoch sind von einem einzelnen Unternehmen nicht alle Conversions durchzuführen, sondern in der Regel ist es ausreichend, wenn 20 bis 30 dieser Konvertierungsmöglichkeiten Anwendung finden, vgl. Stewart (1994), S. 73 f.

ses ist es, wirtschaftliche und nicht bilanzrechtliche sowie -politische Überlegungen für die Ermittlung des Periodenerfolgs zugrunde zu legen.[259] So ist z.B. im Rahmen der Shareholder Conversions die Kapitalbasis um Aufwendungen zu erhöhen, die in der Rechnungslegung aus Vorsichtsgründen nicht aktiviert werden dürfen, die aus Sicht der Eigenkapitalgeber jedoch Investitionen darstellen.[260] Der NOPAT ist gleichzeitig um die entsprechenden Aufwendungen zu bereinigen.[261] Bspw. sind die für die Schulung von Mitarbeitern zu tätigenden Aufwendungen weder nach HGB noch nach IFRS aktivierungsfähig und sie reduzieren somit das Jahresergebnis zum Zeitpunkt der Entstehung.[262] Bei der Ermittlung des EVA wäre es theoretisch möglich, solche Aufwendungen im Rahmen der Shareholder Conversions zu berücksichtigen, so dass sie das aktuelle Jahresergebnis nicht beeinflussen würden.[263] Gleichzeitig sind die damit einhergehende fiktive Aktivierung und die korrespondierenden fiktiven Abschreibungen in den Folgejahren bei der Ermittlung des EVA zu berücksichtigen, was bei korrekter Ausübung der Conversions eine zusätzliche Buchführung erforderlich machen würde. Aufgrund des enormen Aufwands eines solchen Vorgehens werden entsprechende Anpassungsmaßnahmen in der Unternehmenspraxis nur in einem sehr begrenzten Umfang durchgeführt,[264] weswegen sich festhalten lässt, dass der EVA ausschließlich eine den vergangenen Erfolg bewertende,[265] einperiodische Erfolgskennziffer darstellt.[266]

Der Cash Value Added (CVA) ist ein cashflowbasiertes Residualergebniskonzept.[267] Er wird wie folgt ermittelt:[268]

---

[259] Vgl. Schultze (2003), S. 121.

[260] Vgl. Weißenberger (2011), S. 281.

[261] Vgl. Weißenberger (2011), S. 281.

[262] IAS 38.69 verbietet explizit die Aktivierung von Weiterbildungsmaßnahmen. Solche Maßnahmen fallen zwar nicht unter die expliziten Bilanzierungsverbote nach § 248 Abs. 2 HGB, aber Weiterbildungsmaßnahmen stellen keinen Vermögensgegenstand dar, weswegen die abstrakte Aktivierungsfähigkeit gemäß § 246 Abs. 1 HGB nicht erfüllt wird, vgl. Mindermann (2010), S. 169.

[263] Vgl. Weißenberger (2011), S. 281.

[264] Vgl. Weißenberger (2011), S. 283.

[265] Vgl. Coenenberg/Salfeld (2007), S. 253.

[266] Vgl. Michel (1996), S. 99. Eine Darstellung der dem EVA entgegenzubringenden Kritik ist zu finden bei Laier (2011), S. 119 ff.

[267] Vgl. Lewis (1995), S. 125.

$$CVA = (BCF - \text{ökonomische Abschreibung}) - BIB * WACC$$

Die Differenz aus Brutto Cashflow (BCF) und ökonomischer Abschreibung bildet den nachhaltigen Cashflow.[269] Von dieser Erfolgsgröße werden die Gesamtkapitalkosten, die sich aus der Multiplikation der Kapitalgröße Bruttoinvestitionsbasis (BIB) mit dem WACC ergeben, abgezogen.[270] Für die Ermittlung des nachhaltigen Cashflows und der Bruttoinvestitionsbasis wird auf die Zahlen des Jahresabschlusses zurückgegriffen und es werden ähnliche Anpassungen wie bei der Ermittlung des EVA vorgenommen.[271]

Der Return on Capital Employed (ROCE) sowie der Cashflow Return on Investment (CFROI) unterscheiden sich von den Wertbeitragskennzahlen dahingehend, dass es sich um Rentabilitätskennziffern handelt.[272] Zur Überprüfung des Erfolgs muss die ermittelte Rentabilitätskennziffer ins Verhältnis zu den Kapitalkosten gesetzt werden.[273] Sofern sie größer ist als die Kapitalkosten, wurde ein positiver Wertbeitrag erzielt.[274] Der ROCE ist nicht eindeutig definiert.[275] Meistens wird für seine Berechnung der EBIT (Earnings before Interest and Taxes) ins Verhältnis zum Capital Employed gesetzt:[276]

$$ROCE = \frac{EBIT}{Capital\ Employed}$$

Da es für das Capital Employed kein eindeutiges Ermittlungsschema – wie für die Kapitalbasen CAPITAL und Bruttoinvestitionsbasis – existiert,[277] kann das Capital Employed mit dem Capital gleichgesetzt werden. Sofern anstelle des EBIT der

---

[268] Vgl. Plaschke (2003), S. 161.

[269] Hierbei unterscheidet sich die ökonomische Abschreibung von der handelsrechtlichen dahingehend, dass eine zinsbringende Anlage der Abschreibungsbeträge berücksichtigt wird, weswegen sie kleiner ausfällt als die bilanzielle Abschreibung, vgl. Hochstein/Penger (2011), S. 126.

[270] Vgl. Franz/Winkler (2006a), S. 48.

[271] Vgl. Franz/Winkler (2006a), S. 46 ff.; Hochstein/Penger (2011), S. 126. Eine kritische Würdigung des CVA liefert Laier (2011), S. 134 ff.

[272] Vgl. Kloock/Coenen (1996), S. 1101; Ewert/Wagenhofer (2008), S. 529 ff.

[273] Vgl. Borchers (2006), S. 274; Coenenberg/Salfeld (2007), S. 263.

[274] Vgl. Beck (2003), S. 110.

[275] Vgl. Beck (2003), S. 109.

[276] Vgl. Kajüter (2007b), S. 445.

[277] Vgl. Beck (2003), S. 109.

NOPAT verwendet wird, stellt der ROCE die zum EVA korrespondierende Rentabilitätskennziffer dar.[278]

Für die Ermittlung des CFROI werden definitionsgemäß die Ergebnisgröße und Kapitalbasis herangezogen, die auch bei der Berechnung des CVA Anwendung finden.[279] Der CFROI stellt somit die zum CVA korrespondierende Rentabilitätskennziffer dar und wird folgendermaßen ermittelt:[280]

$$CFROI = \frac{BCF - ökonomische\ Abschreibung}{BIB}$$

In der Unternehmenspraxis ist der EVA die am häufigsten Anwendung findende wertorientierte Kontrollkennziffer.[281] In vielen Unternehmen kommt zu Kontrollzwecken allerdings nicht nur eine wertorientierte Kennziffer zum Tragen, sondern es werden sowohl absolute Überschussgrößen als auch Renditegrößen verwendet.[282]

3.2.3.2.2 Kritische Würdigung

Obwohl in wertorientiert geführten Unternehmen eine Steigerung des Unternehmenswertes und somit aus konzeptioneller Sicht ein langfristiger Erfolg angestrebt wird, zielen die verschiedenen Kennziffern nur auf die Erwirtschaftung der Kapitalkosten innerhalb einer Periode ab. Dies wurde in Abschnitt 3.2.2.3 als Nebenziel definiert und eine entsprechende Kontrolle des Zielerreichungsgrades ist demnach vor allem aus Perspektive der Eigenkapitalgeber erforderlich. Allerdings kann durch eine Steigerung einperiodischer Wertkennziffern die Steigerung des Unternehmenswertes konterkariert werden.[283] So ist z.B. denkbar, dass Forschungsaufwendungen ausbleiben, da diese die Erfolgsgröße in der aktuellen Pe-

---

[278] Zu einer zusammengehörigen Betrachtung von ROCE und EVA vgl. Meyer (2006), S. 651.

[279] Vgl. Plaschke (2003), S. 161.

[280] Vgl. Plaschke (2003), S. 145. Zur kritischen Würdigung des CFROI vgl. Laier (2011), S. 139 ff.; Männel (2001), S. 48 ff.

[281] Zur Verbreitung der Kennzahlen vgl. Stührenberg/Streich/Henke (2003), S. 66 ff.; Aders/Hebertinger/Schaffer/Wiedemann (2003), S. 720.

[282] Vgl. Arbeitskreis Internes Rechnungswesen (2010), S. 809. Zu den Vor- und Nachteilen absoluter und relativer Kennzahlen vgl. Gleißner/Femerling (2008), S. 252.

[283] Vgl. Rappaport (2011), S. 65; Locarek-Junge/Imberger (2006), S. 556.

riode negativ belasten und sich erst in der Zukunft rentieren.[284] Sofern die diskontierten zukünftigen Cashflows größer sind als die derzeitigen Ausgaben, wären entsprechende Aufwendungen aus Sicht der Eigenkapitalgeber vorteilhaft, würden aber bei einer alleinigen Erfolgskontrolle auf Basis einperiodischer Kontrollkennziffern und den in der Praxis nur unzureichenden Conversions vermutlich ausbleiben, wenn das einperiodische Ziel sonst nicht erreicht wird. Empirische Studien belegen, dass für Kapitalmarktakteure den langfristigen Erfolg und damit den Unternehmenswert beeinflussende Faktoren wichtiger sind als Gewinnmitteilungen.[285] Daher ist eine ausschließliche Erfolgskontrolle auf Basis einperiodischer Wertbeitragskennziffern zu vermeiden. Dass ein entsprechendes Vorgehen dennoch sehr häufig vorzufinden ist, liegt u.a. an einem mangelnden Verständnis des Zusammenhangs zwischen Unternehmenswert und Wertbeitragskennziffern. In der Literatur werden positive Wertbeitragskennziffern häufig als Wertsteigerungen bezeichnet,[286] was suggeriert, dass eine positive Wertbeitragskennziffer eine Steigerung des Unternehmenswertes bedingt. Von einem entsprechenden Zusammenhang wird auch in Geschäftsberichten deutscher Konzerne ausgegangen.[287] Des Weiteren ist die Verwendung einperiodischer Wertbeitragskennziffern als Erfolgsmaßstab auch damit zu begründen, dass deren Berechnung weniger komplex ist als die Ermittlung einer Veränderung des Unternehmenswertes.[288] Zudem rechtfertigt die diesen Wertkennziffern inhärente höhere Objektivität im Vergleich zu einer auf Basis der DCF-Methode ermittelten Veränderung des Unternehmenswertes, dass sie aufgrund existierender Principal-Agent-Beziehungen von hoher Bedeutung sind.[289] Jedoch dürfen sie nicht alleine den Erfolg eines wertori-

[284] Der von Forschungsaufwendungen ausgehende positive Effekt auf den Unternehmenswert wurde durch verschiedene Studien bestätigt, vgl. Eberhart/Maxwell/Siddique (2008), S. 27.

[285] Vgl. Wallmeier (2009), S. 220. Implizit auch zu finden bei Kröger (2005), S. 14 ff.

[286] Vgl. exemplarisch Körber (2006), S. 206.

[287] Im sich auf das Jahr 2008 beziehenden Geschäftsbericht der Allianz sind bspw. die folgenden Sätze zu finden: „Da der EVA® eine zentrale Kennziffer zur Geschäftssteuerung ist, verbanden wir ihn mit einem wesentlichen Teil der Top-Management-Entlohnung. Wir haben uns für ein Anreizsystem entschieden, das dazu beiträgt, die fortlaufende Steigerung des Unternehmenswertes zu einem Anliegen der gesamten Organisation zu machen." Allianz (2009), S. 114.

[288] Vgl. Weber/Bramsemann/Heineke/Hirsch (2004), S. 43.

[289] Aufgrund der bekannt gewordenen Bilanzskandale der letzten Jahre (z.B. Enron und WorldCom) legen Eigenkapitalgeber immer mehr Wert auf geprüfte und realisierte Kennzahlen, vgl. Marten/Quick/Ruhnke (2007), S. 2.

entiert geführten Unternehmens definieren. Die mögliche Gestaltung einer adäquaten Erfolgskontrolle erfolgt in Abschnitt 6.4.3.

3.2.3.3 Ausgestaltung wertorientierter Incentivesysteme

3.2.3.3.1 Allgemeine Darstellung

Wie bereits in Abschnitt 3.1 dargestellt, liegen in Unternehmen, deren Anteile sich zu Teilen im Streubesitz befinden, Principal-Agent-Beziehungen vor.[290] Durch unterschiedliche Interessen seitens der Eigenkapitalgeber (Prinzipale) und der von ihnen beauftragten Manager (Agenten) können sich Principal-Agent-Konflikte ergeben.[291] Solche Principal-Agent-Konflikte sind durch Incentivesysteme (Anreizsysteme) zu reduzieren oder wenn möglich sogar vollständig zu vermeiden.[292] Liegt die Zielsetzung der Eigentümer in der Steigerung des Unternehmenswertes, dann sind folglich Anreize zu setzen, damit dieses Ziel auch von Seiten des Managements verfolgt wird.[293] Entsprechend der Anreiz-Beitrags-Theorie[294] hat das Incentivesystem auf die Motivation der Mitarbeiter abzuzielen, damit diese ihren größtmöglichen Beitrag zur Unternehmenswertsteigerung leisten.[295] Damit die Manager motiviert sind, den Unternehmenswert zu steigern, ist ihr Gehalt an die Entwicklung des Aktionärsvermögens zu koppeln.[296] Diese Pa-

---

[290] Selbstverständlich können in Unternehmen, deren Anteile sich nicht im Streubesitz befinden, auch Principal-Agent-Beziehungen vorliegen. Voraussetzung ist lediglich, dass der zur Unternehmensführung beauftragte Manager nicht Alleineigentümer ist.

[291] Vgl. Picot/Reichwald/Wigand (2003), S. 55.

[292] Vgl. Ebers/Gotsch (2006), S. 265.

[293] Vgl. Baum/Coenenberg/Günther (2004), S. 261; Kajüter (2007a), S. 42; von Rosenstiel (1999), S. 48 f. Aus dem Zusammenspiel von Motiven und Anreizen ergibt sich Motivation, die großen Einfluss auf das Verhalten des Menschen hat, vgl. von Rosenstiel (1999), S. 49. Ein Überblick über die motivationalen Grundlagen von Anreizsystemen ist zu finden bei von Rosenstiel (1999), S. 47 ff. Die wichtigsten motivations-psychologischen Ansätze zur Analyse von Arbeitsmotivation sind zu finden bei Brandstätter/Frey (2004), S. 297 ff.

[294] Vgl. das Werk von Barnard (1938) sowie March/Simon (1976), S. 81 ff.

[295] Vgl. Rappaport (2011), S. 92; Laux (1999), S. 31; Hachmeister (2002), Sp. 1386; Siegert (1999), S. 27. Zu weiteren – nicht vollständig verallgemeinerbaren – Anforderungen an Incentivesysteme vgl. Dörfler (1993), S. 23 ff.

[296] Vgl. Bühner (1990), S. 123; Core/Guay/Larcker (2003), S. 27; Aders/Hebertinger/Schaffer/Wiedemann (2003), S. 723. Neben einer Kopplung des Gehalts an die Entwicklung des Aktionärsvermögens und ähnlichen monetären Anreizen besteht noch die Möglichkeit der Gewährung nicht-monetärer Anreize, vgl. Holtbrügge (2007), S. 166.

rallelisierung der Manager- und Eigentümerinteressen wird als „Alignment" bezeichnet.[297]

Auf eine entsprechende Parallelisierung zielt auch das Aktiengesetz ab, welches eine Gewinnbeteiligung sowie Aktienbezugsrechte als variable Vergütungsbestandteile für Vorstände vorsieht.[298] Hierdurch wird der in der wertorientierten Managementliteratur geforderten Orientierung der Managementvergütung an der Aktienkursentwicklung Rechnung getragen.[299] Aber die Vergütung auf Basis der Aktienkursentwicklung stellt letztlich nur eine (im Folgenden zu kritisierende) Möglichkeit für ein Alignment dar. Werden andere Bezugsgrößen als der Aktienkurs herangezogen, so gilt es bei der Gestaltung des Incentivesystems darauf zu achten, dass sich die Vergütung nicht nur am kurzfristigen Erfolg orientiert, sondern dass langfristig orientierte Erfolgskennzahlen herangezogen werden, um dem Ziel der Unternehmenswertsteigerung Rechnung zu tragen.[300] Zudem sind wertorientierte Anreizsysteme so auszugestalten, dass der variable Anteil am Gesamtgehalt vergleichsweise hoch ist, da dies nur für die besten Arbeitnehmer attraktiv ist.[301] So macht bspw. bei der Franz Haniel & Cie. GmbH der Anteil der variablen Vergütung am Gesamtgehalt auf unteren Führungsebenen etwa 40% und auf der oberen Führungsebene ca. 60% aus.[302] Im Rahmen der Bestimmung der Höhe des Anteils der variablen Vergütung am Gesamtgehalt ist jedoch auch zu berücksichtigen, dass die einzelnen Mitarbeiter ihr Humankapital nur sehr eingeschränkt diversifizieren können. Daher hat das Risiko, welchem sie durch die variable Vergütung ausgesetzt sind, akzeptabel zu sein.[303] Obwohl es im Sinne der Aktionäre

[297] Vgl. Siegert (1999), S. 28.

[298] Vgl. §87IAktG.

[299] Vgl. Bühner (1990), S. 123 ff. Als Möglichkeiten einer aktienkursbasierten Vergütung werden die folgenden genannt und erläutert:
- Bonus in Abhängigkeit von der Aktienkursentwicklung
- Unentgeltlich gewährte Belegschaftsaktien
- Kaufoptionen auf Aktien des eigenen Unternehmens
- Simultane Kauf- und Verkaufsoptionen

[300] Vgl. Baum/Coenenberg/Günther (2004), S. 263; Rappaport (2011), S. 93.

[301] Vgl. Siegert (1999), S. 28. Es gilt dabei jedoch zu bedenken, dass ein entsprechend gestaltetes Gehalt nur dann für die besten Arbeitnehmer interessant ist, wenn das Gesamtgehalt über dem Branchendurchschnitt liegt.

[302] Vgl. Siegert (1999), S. 33.

[303] Vgl. Siegert (1999), S. 33. Sofern die Arbeitnehmer das Risiko für sich als nicht tragbar ansehen, würden sie einem entsprechenden Vertrag vermutlich nicht zustimmen und einen anderen Arbeitgeber bevorzugen.

ist, ein Vergütungssystem zu schaffen, das die Manager motiviert, ihr Möglichstes zur Zielerreichung beizutragen, sind sie gleichzeitig daran interessiert, zukünftige Zahlungsüberschüsse verringernde und durch das Incentivesystem bedingte Auszahlungen möglichst gering zu halten. In der Literatur wird von einer geforderten Reduktion der „shareholder cost" gesprochen.[304] Insgesamt ist daher bei der Gestaltung des Vergütungssystems stets zwischen Kosten und Nutzen abzuwägen.[305]

Anders als in der Literatur zur wertorientierten Unternehmensplanung und -kontrolle, in der sich die DCF-Methode zu Planungszwecken und wertorientierte Kennziffern zu Kontrollzwecken als Konsenslösung durchgesetzt haben, gibt es keine entsprechende Einhelligkeit zur Gestaltung wertorientierter Vergütungssysteme.[306] Neben der gesetzlich festgelegten aktienkursbasierten Vergütung wirken sich in der Unternehmenspraxis vorrangig einperiodische Wertbeitragskennziffern auf die Höhe des variablen Gehalts der Führungskräfte aus,[307] sofern die Vergütungssysteme überhaupt mit der wertorientierten Steuerung verbunden werden.[308]

3.2.3.3.2 Kritische Würdigung

Incentivesysteme, die in der Literatur zur wertorientierten Unternehmensführung diskutiert werden, zielen fast ausschließlich auf materielle Anreize ab. Dies ist zwar grundsätzlich zu rechtfertigen, da in Studien belegt wurde, dass für die Mehrheit der Arbeitnehmer das Einkommen den größten Anreiz zur Leistungserhöhung darstellt.[309] Dennoch sollten immaterielle Anreize nicht komplett außen vor gelassen werden.[310] Deutlich stärker als eine grundsätzliche Fokussierung auf materielle Anreize ist die konkrete Ausgestaltung zu kritisieren, wonach die In-

---

[304] Vgl. Siegert (1999), S. 32. Dort wird auch erläutert, was zu beachten ist, um diese Kosten möglichst gering zu halten.

[305] Vgl. Plaschke (2003), S. 72.

[306] Vgl. Müller/Hirsch (2005), S. 84; Locarek-Junge/Imberger (2006), S. 546.

[307] Vgl. Arbeitskreis Internes Rechnungswesen (2010), S. 816; Pfaff (2004), S. 2.

[308] Häufig werden keine wertorientierten Kennziffern herangezogen, sondern vorrangig findet immer noch der Gewinn Anwendung, vgl. Baum/Coenenberg/Günther (2004), S. 262.

[309] Vgl. Schmidt (1999), S. 11.

[310] Vgl. Schmidt (1999), S. 12.

centivierung vorrangig auf dem Aktienkurs und einperiodischen Wertbeitragskennziffern basiert.[311] Eine Veränderung des Aktienkurses ist zwar objektiv überprüfbar und sie führt zu einer realen Veränderung des Aktionärsvermögens, weswegen eine Vergütung des Managements auf Basis von Aktienkursentwicklungen tatsächlich zu einem Alignment beiträgt, dennoch ist eine entsprechende Vergütung kritisch zu sehen.[312] Obwohl sich Aktienkurs und Unternehmenswert in der Regel langfristig entsprechen, unterscheiden sie sich mitunter über einen längeren Zeitraum deutlich. Dies ist insbesondere darauf zurückzuführen, dass der Aktienkurs durch Marktirrationalitäten beeinflusst wird.[313] Hängt die Vergütung des Managements vom Aktienkurs ab, so wird folglich die Höhe des Gehalts teilweise durch willkürliche Einflüsse festgelegt. Genauso wie in der Literatur eine Steigerung des Unternehmenswertes und nicht eine Steigerung des Börsenkurses als Ziel des wertorientierten Managements aller Unternehmen – also auch börsennotierter Aktiengesellschaften – deklariert wird, hat somit eine Veränderung des Unternehmenswertes bzw. eine Veränderung der ihn beeinflussenden Werttreiber und nicht nur eine Veränderung des Aktienkurses die Managementvergütung zu beeinflussen.[314]

Obwohl Unternehmen mitunter behaupten, dass sie durch eine Kopplung der Managementvergütung an einperiodische Wertbeitragskennziffern zu einer Steigerung des Unternehmenswertes beitragen,[315] ist dies nicht zwangsläufig der Fall.[316] Eine entsprechende Incentivierung kann die Unternehmensführung zu Handlungen motivieren, die sich zwar kurzfristig positiv auf den Erfolg eines Unternehmens auswirken, ihn aber langfristig gefährden.[317] Auch wenn die Erwirtschaftung der Kapitalkosten in jeder Periode als Nebenziel propagiert wurde, sollte der variable Anteil der Vergütung nicht ausschließlich auf entsprechenden Wertbei-

[311] Vgl. Rappaport (2011), S. 93 ff.

[312] Vgl. Rappaport (2011), S. 97 f.; Copeland/Koller/Murrin (2002), S. 91 f.

[313] Vgl. Abschnitt 3.2.2.1.

[314] Vgl. Locarek-Junge/Imberger, S. 557. Zur Notwendigkeit der Kopplung des variablen Vergütungsbestandteils an die tatsächlich auf eine Unternehmenswertsteigerung abzielenden Größen vgl. Plaschke (2003), S. 106.

[315] Vgl. Allianz (2009), S. 114.

[316] Vgl. Rappaport (2011), S. 93; Locarek-Junge/Imberger (2006), S. 556.

[317] Dies ist dann der Fall, wenn entsprechend dem in der Praxis standardmäßig vorzufindenden Vorgehen auf die theoretisch benötigten Anpassungen wie die Conversions beim EVA verzichtet wird, vgl. Stewart (1995), S. 81.

tragskennziffern basieren,[318] da durch diese das Kurzfristdenken des Managements gefördert werden kann.[319]

3.2.4 Zusammenfassende Kritik vor dem Hintergrund der Befriedigung der Eigenkapitalgeberansprüche in der standardmäßigen Vorgehensweise des wertorientierten Managements

Wie oben analysiert, wird in den derzeitigen wertorientierten Managementkonzepten unterstellt, dass die Eigenkapitalgeber nach einer Maximierung ihres Kapitals streben und somit möglichst hohe Zahlungsüberschüsse von einem Unternehmen erhalten möchten. Diese Zahlungsüberschüsse finden ihren Niederschlag im Unternehmenswert, welcher die Zielgröße im wertorientierten Management bildet. Durch den Kapitalkostensatz, mit welchem die zukünftigen Zahlungsströme diskontiert werden, wird nicht nur dem Zeitpunkt des Zahlungszuflusses Rechnung getragen, sondern durch diesen sollen auch die mit der Kapitalanlage einhergehenden Risiken berücksichtigt werden. Das sehr allgemeine Ziel der maximalen Steigerung des Unternehmenswertes wird ergänzt um ein konkreteres Nebenziel, welches in der Erwirtschaftung der Eigenkapitalkosten innerhalb jeder Periode besteht. Sofern die Kapitalgeber tatsächlich nach einer Maximierung ihres Kapitaleinsatzes streben und in den risikoadjustieren Kapitalkosten ihre Ansprüche adäquat Berücksichtigung finden, ist das derzeit im wertorientierten Management postulierte Zielsystem aus Eigenkapitalgebersicht zu befürworten. Werden diese Ziele als adäquat angesehen, gilt es zu hinterfragen, ob die Zielerreichung durch die derzeitige Ausgestaltung des wertorientierten Managements bestmöglich gewährleistet wird. Die folgende Grafik veranschaulicht zusammenfassend die Berücksichtigung der einzelnen Ziele im Rahmen der Planung, Kontrolle und Incentivierung:

[318] Vgl. Rappaport (2011), S. 93; Kröger (2005), S. 16.

[319] Vgl. Michel (1996), S. 97.

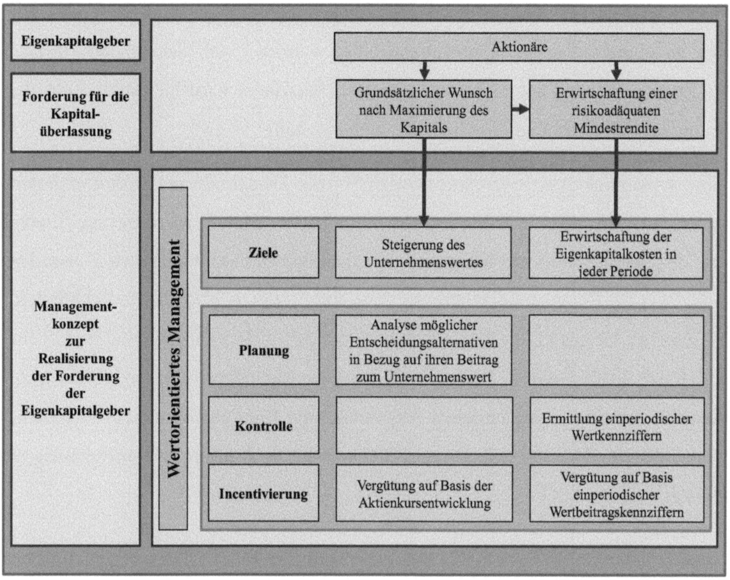

Abbildung 8: Status-quo des wertorientierten Managements

Die Literatur zur Planung im Kontext des wertorientierten Managements fokussiert sich darauf, dass Handlungsalternativen nach ihrem Beitrag zum Unternehmenswert auszuwählen sind. Um möglichst auch dem Nebenziel, der Erwirtschaftung der Eigenkapitalkosten in jeder Periode, gerecht zu werden, hat die Planung dieses Ziel zusätzlich adäquat zu berücksichtigen.

Wertorientierte Kontrollkennzahlen evaluieren vorrangig den periodenbezogenen Erfolg und damit die Erreichung des Nebenziels. Da ein möglichst hoher, über solche Kennzahlen definierter Erfolg zu einer Reduktion des Unternehmenswertes und somit zu einer Verfehlung des Oberziels führen kann, sollte sich das wertorientierte Management stärker dahingehend entwickeln, dass ein größtmöglicher Beitrag zu einer Steigerung des Unternehmenswertes den Erfolg ausmacht.

Im Rahmen der wertorientierten Incentivierung soll durch eine aktienbasierte Vergütung den Managern ein Anreiz zu einer größtmöglichen Steigerung des Unternehmenswertes geliefert werden. Die Gründe, welche gegen eine Verwendung des Börsenkurses als Zielgröße anzuführen sind, sprechen genauso gegen eine (alleinige) Orientierung der variablen Managementvergütung am Aktienkurs.

Durch die in der Praxis häufig vorzufindende Orientierung der variablen Vergütung an einperiodischen Kontrollkennzahlen werden zwar ausreichend Anreize zur Erwirtschaftung des Nebenziels gesetzt, allerdings wird hierdurch nicht die bestmögliche Erreichung des Oberziels sichergestellt.

Diese wesentlichen Kritikpunkte werden bei der Gestaltung des wertorientierten Managementkonzepts in Kapitel sechs aufgegriffen. Damit der derzeitige Status-quo des wertorientierten Managements dahingehend weiterentwickelt werden kann, dass die Eigenkapitalgeberansprüche so gut wie möglich befriedigt werden, ist zunächst das grundsätzlich unterstellte Postulat, welches die Kapitalmarkttheorie heranzieht und auf welchem das komplette Managementkonzept basiert, zu hinterfragen und die tatsächlichen Ansprüche, die Kapitalgeber an ein Unternehmen stellen, sind herzuleiten. Diesem Ziel kommt die Analyse im folgenden Kapitel nach.

4 Zustandekommen der Ansprüche längerfristig orientierter Eigenkapitalgeber

4.1 Entscheidungsverhalten der Eigenkapitalgeber als Ausgangspunkt zur Ermittlung ihrer Ansprüche an Unternehmen

Es besteht Einigkeit darüber, dass Kunden zufrieden sind, „wenn zwischen den subjektiven Erwartungen des Kunden und der tatsächlich erlebten Leistung mindestens Kongruenz besteht oder die Kundenerwartungen übererfüllt werden."[320] Dementsprechend ist davon auszugehen, dass Eigenkapitalgeber zufrieden sind, sofern ihre Erwartungen, die sie bei der Kapitalüberlassungsentscheidung an die entsprechende Anlage stellen, erfüllt oder übererfüllt werden. Es sollte folglich kein Unterschied zwischen dem „Entscheidungswert", welcher den Wert darstellt, den die Kapitalgeber einer Anlagenalternative zum Zeitpunkt der Anlagenentscheidung beimessen, und dem „Erfahrungswert", dem Wert, den die Kapitalgeber durch das Halten der Anlage erfahren, existieren.[321] Um dies zu gewährleisten und die Unternehmensführung an den Ansprüchen der Eigenkapitalgeber ausrichten zu können,[322] benötigen Manager Kenntnis über die Erwartungen der Eigenkapitalgeber. Folglich müssen sie verstehen, welche Determinanten den Entscheidungswert beeinflussen und auf welche Weise Kapitalgeber Informationen, die sich auf diese Einflussvariablen beziehen, verarbeiten, um zu einem Gesamtwert zu gelangen, den sie für einen Anlagenvergleich und letztlich für eine Kapitalüberlassungsentscheidung heranziehen.

Die folgende Grafik veranschaulicht zusammenfassend, welche Informationen benötigt werden, um das Zustandekommen des Entscheidungswertes nachbilden zu können und somit durch eine an den tatsächlichen Ansprüchen der Eigenkapitalgeber ausgerichtete Unternehmensführung bestmöglich dazu beizutragen, dass der Erfahrungswert dem Entscheidungswert entspricht.

---

[320] Helm/Günter (2006), S. 12.

[321] Vgl. Kahneman/Tversky (2000), S. 16.

[322] Die Begriffe Erwartung und Anspruch werden im Folgenden synonym verwendet, da die Kriterien, welche zur Befriedigung der Erwartung herangezogen werden, das Anspruchsniveau definieren, vgl. Dörenbach (1982), S. 70.

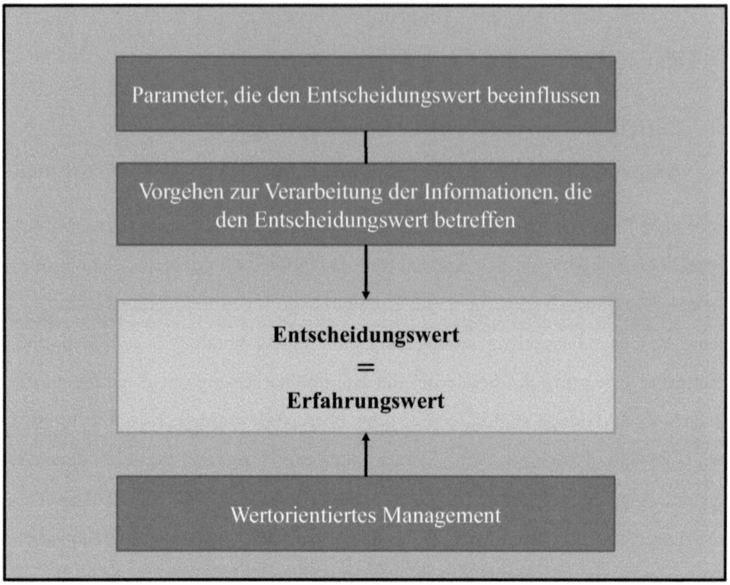

Abbildung 9: Entscheidungs- und Erfahrungswert

Da sich die Anteile börsennotierter Unternehmen zu Teilen im Streubesitz befinden, ist es praktisch unmöglich, die einzelnen Aktionäre nach ihren Erwartungen zu befragen.[323] Daher müssen allgemeine Erwartungen abgeleitet werden. Zu diesem Zweck wird im wertorientierten Management derzeit die Kapitalmarkttheorie herangezogen, die ihrerseits wiederum auf der Entscheidungstheorie basiert.[324]

Im Folgenden wird herausgearbeitet, dass sich diese Theorien eignen, um die grundlegenden Entscheidungsparameter zu bestimmen, sie allerdings nicht ausreichen, um die Verarbeitung dieser Parameter und damit das Zustandekommen des Entscheidungswertes möglichst gut zu erklären. Unter Einbeziehung aktueller verhaltenswissenschaftlicher Forschungsergebnisse wird analysiert, wie Kapitalgeber ihr Anspruchsniveau ermitteln, um darauf aufbauend analysieren zu können, auf welche Weise Unternehmen dieses möglichst gut herleiten können.

---

323 Vgl. Arbeitskreis Finanzierung (1996), S. 547.

324 Vgl. Abschnitt 4.2.1.

4.2 Bestimmung der den Entscheidungswert beeinflussenden Parameter

4.2.1 Präskriptive Entscheidungstheorie und Kapitalmarkttheorie als Ausgangsbasis zur Bestimmung der grundsätzlich relevanten Entscheidungsparameter der Kapitalgeber

4.2.1.1 Entscheidungstheorie

Sofern Kapitalgeber beabsichtigen, einen Teil ihres Vermögens einem Unternehmen zur Verfügung zu stellen, müssen sie zwischen verschiedenen Anlagealternativen die aus ihrer Sicht geeignetste auswählen. Ein Kapitalgeber trifft eine Entscheidung für eine Anlage auf Basis dessen, was er von dieser erwartet.[325] Die Erwartungen der Kapitalgeber werden somit durch die Entscheidung zum Ausdruck gebracht, so dass das Entscheidungsverhalten der Kapitalgeber zur Ermittlung ihrer Erwartungen heranzuziehen ist. Da „die Frage, wie Individuen Entscheidungen unter Unsicherheit treffen, (...) immer noch nicht abschließend geklärt"[326] ist und experimentelle Forschungsarbeiten, mit denen das Verhalten individueller Anleger erklärt werden sollten, scheiterten,[327] kann ein Unternehmen die Erwartungen seiner Kapitalgeber nicht vollständig korrekt prognostizieren, sondern nur unter vereinfachenden Annahmen möglichst allgemeingültige Ansprüche von Kapitalgebern aus deren Entscheidungsverhalten an das entsprechende Unternehmen ableiten.[328] Um innerhalb eines Unternehmens nachzuvollziehen, wie eine solche Entscheidung abläuft, erscheint es bei einer ersten Betrachtung sinnvoll zu sein, zu diesem Zweck die Entscheidungstheorie heranzuziehen, da sich diese mit dem Entscheidungsverhalten von Individuen und Gruppen beschäftigt.[329] Sie erläutert das Zustandekommen optimaler Entscheidungen in einem gegebenen Rahmen (präskriptive bzw. normative Entscheidungstheorie) und liefert Beschreibungen sowie Erklärungen für abweichendes Verhalten (deskriptive Entscheidungstheorie).[330]

---

325 Vgl. Westhoff (1985), S. 44.

326 Callsen-Bracker/Hirth (2009), S. 1.

327 Vgl. Schmidt (2004), S. 224.

328 Vgl. Hein (2002), S. 268.

329 Vgl. Löw (2008), S. 24.

330 Vgl. Bamberg (2007), Sp. 383.

Die „klassische" präskriptive Entscheidungstheorie,[331] auf welche derzeit in der Literatur zum wertorientierten Management vorrangig zurückgegriffen wird, basiert auf der Annahme vollständiger Rationalität.[332] Eine rational handelnde Person wählt innerhalb eindeutig definierter Umweltzustände aus einer gegebenen Anzahl von Alternativen die für sie optimale aus.[333] Zieht man das Bernoulli-Prinzip heran, welches im Kontext der Entscheidungsfindung unter Unsicherheit von wesentlicher Bedeutung ist, dann ist die Alternative optimal, die den größten Nutzen verspricht.[334] Das Neue an seinem Ansatz war somit, dass bei Entscheidungen unter Unsicherheit nicht die Erwartungswerte von unsicheren Größen die Grundlage von Entscheidungen bilden, sondern dass ein Entscheider als Zielfunktion den Erwartungsnutzen maximiert.[335] Hergeleitet werden kann das Bernoulli-Prinzip als logische Konsequenz aus sechs verschiedenen Axiomen vernünftigen Verhaltens.[336]

Die Möglichkeit, die Alternative mit dem größten Nutzenwert auswählen zu können, resultiert aus der Existenz einer dem Entscheider bekannten, individuellen Nutzenfunktion auf Basis derer er die Konsequenzen der einzelnen Alternativen in eine Rangfolge bringen kann.[337] Durch diese individuelle Nutzenfunktion wird zudem die Risikoeinstellung der Akteure zum Ausdruck gebracht.[338] Da aufgrund der Unvorhersehbarkeit der Zukunft die Konsequenzen der Alternativen von dem Eintritt einzelner Umweltzustände abhängen, bezieht der rationale Entscheider die Wahrscheinlichkeiten der einzelnen Umweltzustände mit in sein Kalkül ein.[339]

---

[331] Für einen Überblick zu Weiterentwicklungen der Theorie vgl. Mazanek (2006), S. 32 ff.

[332] Vgl. March/Simon (1976), S. 129. Eine ausführliche Beschreibung von Rationalität ist zu finden bei Merkl-Davies/Brennan (2011), S. 419 f. Zu verschiedenen Rationalitätsbegriffen vgl. zudem Dörenbach (1982), S. 19 ff.

[333] Vgl. March/Simon (1976), S. 129.

[334] Vgl. Bernoulli (1954), S. 24. Zu einer ausführlichen Erläuterung des Bernoulli-Prinzips vgl. Bitz (1981), S. 153 ff.

[335] Vgl. Callsen-Bracker/Hirth (2009), S. 2; Markowitz (1991), S. 207 f.

[336] Vgl. von Neumann/Morgenstern (1944), S. 24 ff.; Callsen-Bracker/Hirth (2009), S. 3. Vergleichbarkeit, Transitivität, Stetigkeit, Beschränkung, Dominanz und Substituierbarkeit stellen die sechs Axiome dar.

[337] Vgl. March/Simon (1976), S. 130; Simon (1993), S. 22.

[338] Vgl. Friedman/Savage (1948), S. 289 ff.; Hein (2002), S. 193.

[339] Vgl. March/Simon (1976), S. 130.

4.2.1.2 Kapitalmarkttheorie

Obwohl die Kapitalmarkttheorie auf den Erkenntnissen der präskriptiven Entscheidungstheorie basiert,[340] liefert sie selbst auch einen Beitrag zu einem optimalen Entscheidungsverhalten und stellt demzufolge selbst eine präskriptive Theorie dar.[341] Unter Zuhilfenahme der Erkenntnisse der präskriptiven Entscheidungstheorie steht „im Zentrum der Kapitalmarkttheorie (…) die Bewertung (Asset Pricing) und die optimale Zusammenstellung (Asset Management) von Instrumenten, die an Kapitalmärkten gehandelt werden."[342] Zu diesem Zweck analysiert sie die Beziehung zwischen unternehmerischen Risiken und Renditen,[343] welche die zentralen Größen darstellen, die die Preisbildung auf Finanzmärkten beeinflussen.[344] Mithilfe der Kapitalmarkttheorie lassen sich effiziente Wertpapierportfolios und optimale Portfolios aus Sicht einzelner Entscheidungsträger bestimmen und auswählen.[345] Die Kapitalmarktakteure erwarten der Theorie folgend eine Rendite, die von der Rendite risikoloser Anlagemöglichkeiten und linear von dem mit dem Kauf verbundenen systematischen Risiko abhängt.[346] Kapitalgeber haben die Möglichkeit, ihre Portfolios vollständig zu diversifizieren, weswegen sie keine Kompensation für die Übernahme unsystematischer Risiken fordern.[347]

Somit wird in der Literatur zum wertorientierten Management konstatiert, dass die Erwartungen der Kapitalgeber von der zukünftigen Rendite risikoloser Anlagen sowie von den zukünftigen systematischen Risiken des Anlagenobjektes bestimmt werden. Diese Risiken werden auf Basis einer unterstellten linearen Beziehung in die Höhe der Renditeforderung eingepreist.[348] Unsystematische Risiken sind für den Kapitalgeber folglich irrelevant und haben daher – im Sinne der Theorie – im wertorientierten Management keine Berücksichtigung zu finden.

---

340 Insbesondere baut sie auf dem Axiomensystem der Erwartungsnutzentheorie auf, vgl. Roßbach (2001), S. 3. Rationale Erwartungen der Marktteilnehmer und die These der Informationseffizienz sind das Fundament der Kapitalmarkttheorie, vgl. Roßbach (2001), S. 4.

341 Vgl. Weber (1990), S. 71.

342 Rudolf (2007), Sp. 876.

343 Vgl. Löw (2008), S. 6.

344 Vgl. Roßbach (2001), S. 3 f.; Perridon/Steiner (2007), S. 19 ff.

345 Vgl. Weber (1990), S. 69.

346 Vgl. Roßbach (2001), S. 4.

347 Vgl. Stührenberg/Streich/Henke (2003), S. 6; zu den Vorteilen der Diversifikation vgl. grundlegend Markowitz (1952), S. 77 ff.

348 Vgl. Schierenbeck/Lister (2001), S. 327.

4.2.1.3 Einschränkungen der Anwendbarkeit dieser komplexitätsreduzierenden Theorien

Die präskriptive Entscheidungstheorie stammt aus der mathematisch-ökonomischen Forschung und psychologische Aspekte finden in der ursprünglichen Variante keine Berücksichtigung.[349] Genauso wenig fließen psychologische Erkenntnisse in die Kapitalmarkttheorie mit ein. Die im wertorientierten Management Anwendung findenden Erkenntnisse beider Theorien wurden zwar theoretisch korrekt hergeleitet, aber sie führen zu den typischen Problemen, die komplexitätsreduzierende Modelle zwangsläufig mit sich bringen und sie sind mit der Wirklichkeit daher nicht in Einklang zu bringen.[350] Die Entscheidungstheorie basiert auf Prämissen, die in der Realität in der Regel nicht vorzufinden sind.[351] Es ist daher unmöglich, sie auf reales menschliches Verhalten anzuwenden,[352] weswegen sie für dessen Beschreibung nicht geeignet ist.[353] Gleiches gilt für die Kapitalmarkttheorie. Auch deren Annahmen sind realitätsfern und in der Praxis daher nicht vorzufinden.[354] Modelle, mit deren Hilfe sich zwar theoretisch optimale Entscheidungen herleiten lassen, die jedoch auf unrealistischen Annahmen beruhen, sind nicht geeignet, um an ihnen reales Verhalten auszurichten.[355] Folglich ist das wertorientierte Management dahingehend zu kritisieren, dass es auf diesen realitätsfernen Theorien und Modellen basiert. Sofern Unternehmen die Ansprüche von Eigenkapitalgebern ausschließlich auf Basis dieser Modelle herleiten und daran die Unternehmensführung ausrichten, wird sich ihr Handeln in der Regel nicht an den realen Ansprüchen orientieren. Mitunter würden sie diese dann deutlich besser treffen, wenn Manager ihrem Instinkt folgen würden, da dieser menschliches Verhalten stärker zum Gegenstand hat.[356]

Da allerdings neuere Forschungsarbeiten nicht belegen, dass Kapitalgeber ihre Entscheidung der Kapitalüberlassung von anderen Parametern als Rendite und

[349] Vgl. Lee (1971), S. 15.

[350] Vgl. zu dieser Problematik entfernt Holzheu (1993), S. 267.

[351] Vgl. Burger/Buchhart (2002), S. 2.

[352] Vgl. Simon (1993), S. 22.

[353] Vgl. Hein (2002), S. 194.

[354] Vgl. Büschgen/Börner (2003), S. 2.

[355] Vgl. Langenheder (1975), S. 7.

[356] Vgl. Wiendick (1990), S. 55.

Risiko abhängig machen,[357] zudem multiattributive Analysen von Anlegerpräferenzen zeigten, dass Sicherheit (und somit die Vermeidung von Risiko) sowie Rendite aus Kapitalgebersicht die wesentlichen von Unternehmen zu steuernden Entscheidungsgrößen sind,[358] erscheint es legitim, dass Unternehmen diese beiden Größen als die relevanten zu steuernden Entscheidungsgrößen ansehen.[359] Auch die unterstellte Kausalität zwischen Rendite und Risiko kann grundsätzlich akzeptiert werden; ein höheres Risiko führt zu einer höheren Renditeforderung. Problematisch und im Folgenden widerlegbar erscheint die alleinige Bedeutung systematischer Risiken für Kapitalgeber. Zudem eignen sich die Entscheidungs- und Kapitalmarkttheorie nicht, um mithilfe dieser nachzuvollziehen, welche sich auf die Entscheidungsparameter beziehenden Informationen für die Kapitalgeber relevant sind und wie sie diese verarbeiten, um zu einem Entscheidungswert zu gelangen. Es existieren verhaltenswissenschaftliche Forschungsergebnisse, die auf realistischeren Annahmen basieren und daher zur Beantwortung dieser Fragestellung anzuwenden sind.[360]

4.2.2 Plausibilitätsüberlegungen zur Herleitung der Relevanz unsystematischer Risiken im Entscheidungsverhalten der Kapitalgeber

Laut der Kapitalmarkttheorie beeinflussen ausschließlich systematische Risiken die Höhe der Renditeforderung. Die aus der Theorie resultierende Irrelevanz unsystematischer Risiken ist aber einer starken Kritik ausgesetzt.[361] Auf Basis von Plausibilitätsüberlegungen wird im Folgenden hergeleitet, dass diese Kritik berechtigt ist und auch unsystematische Risiken für Eigenkapitalgeber relevant sind.

Würde die Irrelevanz unsystematischer Risiken als korrekt unterstellt, dann würde ein Investor solche Risiken im Rahmen seiner Entscheidungsfindung nicht be-

---

[357] Vgl. Schmidt (2004), S. 224/Callsen-Bracker/Hirth (2009), S. 1.

[358] Vgl. Hein (2002), S. 268. Die darüber hinausgehenden Entscheidungskriterien Liquidierbarkeit und Verwaltbarkeit sind für die Anlageberatung relevant, aber nicht bedeutend für die eigenkapitalgeberorientierte Unternehmensführung.

[359] Es ist etwas als wahr anzunehmen, solange keine Gegenevidenz auftritt, vgl. Schmidt (1996), S. 279.

[360] Folglich sind zu diesem Zweck nicht die der präskriptiven Entscheidungstheorie entstammenden Entscheidungsregeln, die einen rational handelnden Akteur unterstellen, heranzuziehen. Zu den Entscheidungsregeln vgl. Kahle (1997), S. 123 ff.

[361] Vgl. Chatterjee/Lubatkin/Schulze (1999), S. 556; Lubatkin/Schulze/McNulty/Yeh (2003), S. 81 ff.

rücksichtigen und er wäre zwischen zwei Anlagen, die das gleiche systematische Risiko aber unterschiedliche unsystematische Risiken aufweisen, indifferent.[362] In diesem Fall brächte eine Steuerung unsystematischer Risiken durch ein in Kapitel zwei beschriebenes Risikomanagement den Aktionären keinen Mehrwert und wäre nicht in ihrem Sinne,[363] da die Anteilseigner unsystematische Risiken zu geringeren Kosten reduzieren und letztlich eliminieren können.[364]

Um zu der Aussage der Irrelevanz unsystematischer Risiken bei Kapitalüberlassungsentscheidungen zu gelangen, unterstellt die Kapitalmarkttheorie perfekt diversifizierte Portfolios der Kapitalgeber.[365] Die meisten Anleger verfügen jedoch über schlecht diversifizierte Portfolios,[366] aufgrund derer unsystematische Risiken für einen Großteil der Anteilseigner somit relevant sind.[367]

Die Annahme der Relevanz unsystematischer Risiken wird zudem durch ihre Einbeziehung in Unternehmensratings gestützt.[368] Unternehmensspezifische Risiken finden aufgrund von Basel II bei der Renditeforderung von Fremdkapitalgebern explizit Berücksichtigung,[369] da gerade diese Risiken als existenzgefährdend eingestuft werden.[370] Es gibt keine Gründe, wegen derer Risiken, die für Banken von Bedeutung sind, für Eigenkapitalgeber irrelevant sind, zumal Banken ihre Kreditvergabe ähnlich diversifizieren können wie der Aktionär seinen Kapitaleinsatz.[371]

Dass die in Ratings einbezogenen Risikokategorien – und somit auch unsystematische Risiken – für Eigenkapitalgeber von Bedeutung sind, lässt sich ergänzend mit einer Studie von *Uzík/Nelles* belegen. In dieser wird dargelegt, dass der Kapitalmarkt in der Regel reagiert, sobald sich das Rating eines Unternehmens verschlechtert bzw. es auf die Watchlist gelangt, weil Indizien dafür sprechen, dass

---

[362] Vgl. Madrian/Auerbach (2009), S. 88.

[363] Vgl. Laas (2004), S. 25; Börner/Bogendörfer (2010), S. 1561.

[364] Vgl. Laas (2004), S. 24 und dort zitierte Quellen.

[365] Vgl. von Weizsäcker/Krempel (2004), S. 5.

[366] Vgl. Müller/Kornmeier (2002), S. 459.

[367] Vgl. Gleißner (2002), S. 425; Amit/Wernerfelt (1990), S. 522 ff.

[368] Vgl. Everling/Gleißner (2008), S. 297.

[369] Vgl. Romeike (2002), S. 13.

[370] Vgl. Gaenslen (2008), S. 111.

[371] Vgl. von Nitzsch/Rouette/Stotz (2005), S. 418. Zur Möglichkeit der Diversifikation im Kreditgeschäft vgl. zudem Barrer (2000), S. 124.

dieses Unternehmen in naher Zukunft einer schlechteren Ratingklasse zugeordnet werden muss.[372]

Die These der Irrelevanz unsystematischer Risiken ist somit nicht haltbar.[373] Im Verlauf der weiteren Arbeit wird daher unterstellt, dass neben systematischen Risiken auch unsystematische Risiken für Eigenkapitalgeber bei ihrer Kapitalüberlassungsentscheidung von Bedeutung sind und ihre Renditeforderung beeinflussen.

4.2.3 Rendite, systematische und unsystematische Risiken als relevante Parameter bei Kapitalanlageentscheidungen

Aus den bisherigen Erkenntnissen kann gefolgert werden, dass ein Investor von einem Unternehmen eine Rendite fordert, die sich aus der zukünftigen Rendite risikoloser Anlagemöglichkeiten und einem Aufschlag aufgrund der systematischen und unsystematischen Risiken, die mit der Anlage einhergehen, zusammensetzt. Für diesen Risikozuschlag dürfen rational handelnde Kapitalmarktakteure auch nur zukünftige Risiken in ihre Bewertung mit einbeziehen.[374] Inwieweit diese Annahme aufrecht zu erhalten ist und wie Kapitalgeber rendite- und risikobezogene Informationen wahrnehmen und verarbeiten, um zum Entscheidungswert zu gelangen, soll im nächsten Abschnitt auf Basis verhaltenswissenschaftlicher Forschungsergebnisse analysiert werden.

4.3 Analyse der Verarbeitung sich auf die Entscheidungsparameter beziehender Informationen zur Bildung des Entscheidungswertes

4.3.1 Grenzen allgemeingültiger Aussagen

Bei der Bewertung einer Kapitalanlage sind – den bisherigen Ausführungen folgend – für die Aktionäre die der entsprechenden Kapitalanlage inhärenten Risiken von Bedeutung, weswegen die Risikowahrnehmung und -beurteilung zu untersu-

[372] Vgl. Uzík/Nelles (2007), S. 179 f.

[373] Vgl. Chatterjee/Lubatkin/Schulze (1999), S. 556; Lubatkin/Schulze/McNulty/Yeh (2003), S. 81 ff.

[374] Vgl. Eisenführ/Weber (2003), S. 7.

chen ist, um nachvollziehen zu können, wie die Aktionäre zu ihrem Entscheidungswert gelangen. Die Risikowahrnehmung und -beurteilung unterscheidet sich von anderen Wahrnehmungs- und Beurteilungsprozessen dahingehend, dass individuelle Präferenzen und Überzeugungen von besonderer Bedeutung sind.[375] Eine Vielzahl von Faktoren beeinflusst in einem sehr unterschiedlichen Maße die individuelle Wahrnehmung und Beurteilung von Risiken,[376] was durch die folgende Abbildung zum Ausdruck gebracht wird:

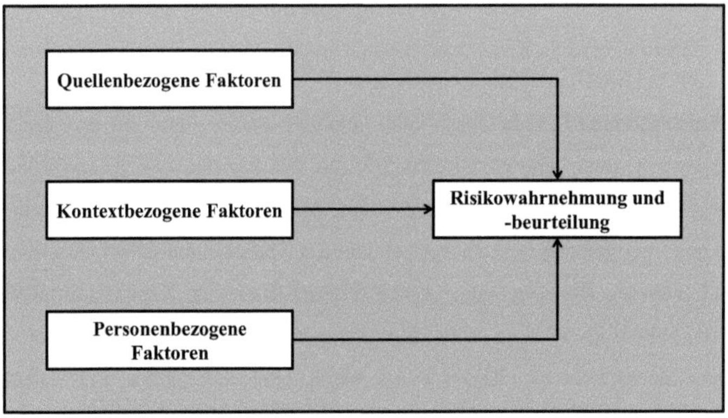

Abbildung 10: Einflussfaktoren auf die Risikowahrnehmung[377]

Eine mögliche Einteilung der verschiedenen Einflussfaktoren ist – wie obige Grafik zeigt – die in quellen-, personen- und kontextbezogene Faktoren. Als quellenbezogen werden die Faktoren bezeichnet, die mit der zu beurteilenden Quelle direkt zusammenhängen.[378] Im Unternehmenskontext lassen sich hierunter alle für die Risikowahrnehmung relevanten Faktoren fassen, die vom Unternehmen selbst abhängen, wie z.B. die Fähigkeiten des Managements. Des Weiteren existieren die kontextbezogenen Faktoren, welche die Lage, in der ein Risiko beurteilt wird,

[375] Vgl. Pfister/Böhm (2005), S. 310 ff.; Holzheu (1993), S. 269. Dafür, dass Risiko das Resultat eines Wahrnehmungs- und Beurteilungsprozesses ist, vgl. Holzheu/Wiedemann (1993), S. 11.

[376] Vgl. Hopwood (1974), S. 149 ff.; Jungermann/Slovic (1993), S. 104; Holzheu/Wiedemann (1993), S. 11; Brachinger/Weber (1997), S. 235.

[377] In enger Anlehnung an Klotmann (2003), S. 39.

[378] Vgl. Klotmann (2003), S. 36 ff.

beschreiben.[379] In wirtschaftlich turbulenten Zeiten – wie bspw. während der Finanzkrise – wird Risiken eine höhere Bedeutung beigemessen als in wirtschaftlich stabilen Zeiten.[380] Darüber hinaus sind für die Risikowahrnehmung und -beurteilung durch ein Individuum personenbezogene Faktoren relevant.[381] Das Wissen, die Werte sowie die Risikopräferenz der jeweiligen Person sind daher bei Investitionsentscheidungen von Bedeutung.[382] Bei der Wahrnehmung und Beurteilung des einem Unternehmen inhärenten Risikos durch Individuen sind folglich nicht nur Faktoren relevant, die mit dem Unternehmen direkt in Verbindung zu bringen sind, sondern auch darüber hinausgehende Faktoren, was die Individualität und somit auch die Subjektivität eines Risikourteils veranschaulicht.

Aufgrund der Individualität der Risikowahrnehmung und -beurteilung ist es unmöglich, allgemeingültige Aussagen darüber zu treffen, wie Kapitalgeber eine risikoadjustierte Renditeforderung bilden.[383] Daher müssen Unternehmen Annahmen treffen, um zu einem Ergebnis zu gelangen. Dennoch sollten zu diesem Zweck nicht die präskriptive Entscheidungstheorie und Kapitalmarkttheorie herangezogen werden. Anders als bei der **Bestimmung** relevanter Einflussfaktoren im Rahmen der Kapitalüberlassungsentscheidung, bei der es keine befriedigenden Forschungsergebnisse gibt, die alternative Parameter als Rendite und Risiko hervorbringen, sieht es bei der **Verarbeitung** dieser Entscheidungsparameter aus. Da das Entscheidungsverhalten von Kapitalgebern sehr stark durch psychologische Faktoren beeinflusst wird,[384] sind diese Erkenntnisse auch heranzuziehen, um bestmöglich nachzuvollziehen, wie Kapitalgeber Risiken wahrnehmen und in eine risikoadjustierte Renditeforderung transformieren. Durch die Anwendung verhaltenswissenschaftlicher Forschungsergebnisse wird der Forderung nach einer stärkeren Einbeziehung solcher Ergebnisse in unternehmerisches Handeln[385] genauso

---

[379] Vgl. Klotmann (2003), S. 36 ff.; Gerrig/Zimbardo (2008), S. 154 ff.

[380] Vgl. Bloss/Ernst/Häcker/Eil (2009), S. 74.

[381] Vgl. Klotmann (2003), S. 36 ff.; Ball/Eckel/Heracleous (2010), S. 167 ff.

[382] Vgl. Jungermann/Slovic (1993), S. 104; Callsen-Bracker/Hirth (2009), S. 9. Zudem ziehen die einzelnen Individuen unterschiedliche Quellen zur Beurteilung der Risiken heran.

[383] Vgl. Jungermann/Slovic (1993), S. 104.

[384] Vgl. Bungard/Schultz-Gambard (1990), S. 141; Goldberg/von Nitzsch (2000), S. 24.

[385] Vgl. z.B. Hopwood (1974), S. 1 f.

nachgekommen wie der nach einer Weiterentwicklung der Kapitalmarkttheorie um eben solche Erkenntnisse.[386]

Obwohl es keine allgemeingültigen Aussagen zur Risikowahrnehmung und -beurteilung geben kann, versucht die verhaltenswissenschaftliche Wirtschaftsforschung („Behavioral Economics") Regelmäßigkeiten menschlichen Verhaltens herauszufinden.[387] Psychisch verursachte Verhaltensmuster führen zu einem Verhalten, welches ungleich dem ist, das von einem rational handelnden Akteur zu erwarten wäre.[388] Diese kognitiven Unzulänglichkeiten können zu systematischen Verzerrungen am Kapitalmarkt führen und aus Systematiken, welche in der Vergangenheit existierten, können Rückschlüsse auf zukünftige Verhaltensweisen der Kapitalmarktakteure geschlossen werden.[389] Dies ist damit zu begründen, dass es sich um institutionalisierte Verarbeitungsmuster handelt.[390]

4.3.2 Verhaltenswissenschaftliche Erkenntnisse zur Erwartungsbildung von Kapitalgebern

Der Teil der verhaltenswissenschaftlichen Wirtschaftsforschung, der explizit das Geschehen auf Finanzmärkten zum Gegenstand hat, wird als „Behavioral Finance"-Forschung bezeichnet.[391] Wird die Behavioral Finance-Forschung herangezogen, kann aufgrund der unüberschaubaren Menge an Forschungsarbeiten kein Anspruch auf Vollständigkeit erhoben werden, weswegen eine Auswahl an Forschungsergebnissen zu treffen ist.[392] In der vorliegenden Arbeit wird insbesondere auf grundlegende verhaltenswissenschaftliche Forschungsergebnisse zurückgegriffen, die auch Basis der Behavioral Finance Forschung sind. Da sie auch in

---

[386] Vgl. Oehler (1992), S. 113; Roßbach (2001), S. 29.

[387] Vgl. Haucap (2010), S. 2.

[388] Vgl. Goldberg/von Nitzsch (2000), S. 13.

[389] Vgl. Maas/Weibler (1990), S. 73 u. 96; Goldberg/von Nitzsch (2000), S. 25. Es gibt Kritiker, die keine Systematik in den Verhaltensanomalien sehen, vgl. hierzu Roßbach (2001), S. 29; Jungermann/Pfister/Fischer (2005), S. 349. Selbstverständlich existieren auch unsystematische Verhaltensanomalien, aber die folgenden Ausführungen verdeutlichen, dass es ausreichend Belege für die Existenz systematischer Verhaltensanomalien gibt.

[390] Vgl. Holzheu (1993), S. 270.

[391] Vgl. Goldberg/von Nitzsch (2000), S. 25. Die Behavioral Finance stellt keinen Gegensatz, sondern eine Ergänzung zur Kapital- und Finanzmarkttheorie dar, vgl. Jungermann/Pfister/Fischer (2005), S. 349.

[392] Vgl. Goldberg/von Nitzsch (2000), S. 13.

anderen Bereichen Anwendung finden, wird im Folgenden allgemein von verhaltenswissenschaftlichen Forschungsergebnissen gesprochen. Dass solche grundlegenden Forschungsergebnisse herangezogen werden, lässt sich damit begründen, dass sich auf dem Forschungsfeld zwar „stets neue Aspekte ergeben, die aber am Ende immer wieder zu den ursprünglichen Ansätzen führen.“[393] Zudem erfreuen sich die in der vorliegenden Arbeit Anwendung findenden Erkenntnisse einer breiten wissenschaftlichen Akzeptanz.

4.3.2.1 Bounded Rationality und Satisficing nach *Simon*

Fundament verhaltenswissenschaftlich fundierter Forschung zur Entscheidungsfindung ist das Konzept der „Bounded Rationality“ von *Simon,* das durch verschiedene Forschungsarbeiten bestätigt wurde.[394] In diesem Konzept wird die bis dato in ökonomischen Theorien unterstellte Annahme vollkommener Rationalität aufgehoben.[395] Als Gründe hierfür führt *Simon* die folgenden auf:[396]

- Rationalität würde erfordern, dass die Möglichkeit besteht, zwischen allen existierenden Alternativen zu wählen. Allerdings ist man sich in der Realität immer nur über bestimmte Alternativen bewusst.[397]
- Rationalität fordert zudem die vollständige Kenntnis der Konsequenzen aller Alternativen. Eine solche vollständige Kenntnis der Konsequenzen ist in der Realität jedoch nicht vorhanden.[398]
- Da die Konsequenzen der Alternativen in der Zukunft liegen, können diese nur durch Einfallsreichtum bzw. unter Zuhilfenahme der Vorstellungskraft bewertet werden, weswegen keine perfekten Entscheidungswerte bestimmt werden können.[399]

---

[393] Goldberg/von Nitzsch (2000), S. 13.

[394] Vgl. Simon (1986), S. 113; Solso (2005), S. 405.

[395] Vgl. Dörenbach (1982), S. 51.

[396] Vgl. Simon (1997), S. 93 f.

[397] Vgl. Simon (1997), S. 94.

[398] Vgl. Simon (1997), S. 93.

[399] Vgl. Simon (1997), S. 93.

Die Punkte verdeutlichen, dass Kapitalgeber nicht in der Lage sind, die Zukunft realistisch vorherzusagen, sondern dass sie die einzelnen für sie in Betracht kommenden Alternativen auf eine durch Einfallsreichtum gekennzeichnete Weise individuell bewerten. Bei der Entscheidung für eine Kapitalanlage ziehen Anleger ferner nicht alle vorhandenen Alternativen in Betracht, weswegen die Rendite, die sie von einer bestimmten Kapitalanlage fordern, nicht von den Renditen aller existierenden Kapitalanlagemöglichkeiten abhängt, sondern nur von einer begrenzten Auswahl.

Da ein Entscheider in der Realität nie über vollkommene Informationen verfügt, die jedoch in der präskriptiven Entscheidungstheorie verlangt werden, wird er mitunter eine Alternative auswählen, die im Kontext rationalen Entscheidens nicht die optimale gewesen wäre.[400] Bei der Bewertung der Alternativen gehen Entscheider dennoch nicht irrational, sondern begrenzt rational vor.[401] „Human behavior is intendedly rational, but only boundedly so."[402] Dieses begrenzt rationale Verhalten führt dazu, dass Menschen einzelne Alternativen nur anhand weniger Merkmale beurteilen.[403]

Da Menschen über unvollständige Informationen verfügen und somit die Entscheidungsfindung respektive die Bewertung von Alternativen mit Kosten verbunden sind, streben Individuen nicht nach einer optimalen Lösung („optimizing"), sondern nach einer zufriedenstellenden („satisficing").[404] „Satisficing describes the consumer practice to already accept the first satisfying choice instead of extensively searching for the optimal choice."[405] Die befriedigende Lösung ist

---

[400] Vgl. March/Simon (1976), S. 130.

[401] Vgl. Thaler (1986), S. 280. Dieses auch als „quasi rational" bezeichnete Verhalten ist durch eine systematische Vorgehensweise gekennzeichnet, vgl. Thaler (1986), S. 280. In der Sozialpsychologie werden Entscheidungen häufig als ausschließliche Konsequenz von Affekten angesehen. Hiervon ist die begrenzte Rationalität zu unterscheiden, da sie zwischen einer vollständigen Rationalität und solch affektbasiertem Handeln anzusiedeln ist, vgl. Bogumil/Schmid (2001), S. 40.

[402] Simon (1997), S. 88.

[403] Vgl. Raab/Unger/Unger (2010), S. 120; Roth (2009), S. 121. Dies ist ein weiterer Beleg für die Legitimität, lediglich Rendite und Risiko als relevante Determinanten bei einer Kapitalanlageentscheidung anzusehen.

[404] Vgl. Simon (1992), S. 39; Gigerenzer/Goldstein (1996), S. 651; Laux (2005), S. 55; Bogumil/Schmid (2001), S. 40; Raab/Unger/Unger (2010), S. 120.

[405] Matzke (2009), S. 25.

individuell verschieden und hängt vom jeweiligen Anspruchsniveau ab.[406] Um zu einer solchen befriedigenden Lösung zu gelangen, verwenden Menschen Heuristiken,[407] wie sie im Folgenden beschrieben werden.

4.3.2.2 Urteilsheuristiken nach *Kahneman/Tversky*

Da Individuen nur sehr begrenzt fähig sind, risikobezogene Informationen adäquat zu gewinnen und handlungsbezogen zu verwerten,[408] können sie nur einen Teil existierender Informationen für die Anlageentscheidung heranziehen.[409] Heuristiken helfen, die Urteilsfindung zu vereinfachen[410] und sind somit ein Ausdruck begrenzter Rationalität.[411] Eine Heuristik ist eine allgemeine, einfach anwendbare und dem Entscheider zumeist unbewusste Regel, „die es gestattet, Urteile und Entscheidungen auch unter ungünstigen Informationsbedingungen schnell und einigermaßen treffsicher zu fällen.“[412] Obwohl durch die Anwendung von Heuristiken auf vereinfachende Weise zügig Entscheidungen getroffen werden,[413] erfolgen diese dennoch nicht willkürlich und die Fehler halten sich trotz eines nicht rationalen Entscheidungsverhaltens in Grenzen.[414]

Die in der Wissenschaft am häufigsten genannten und empirisch überprüften Urteilsheuristiken sind die auf *Kahneman* und *Tversky* zurückgehende Repräsentativitäts-, Verfügbarkeits- sowie Ankerheuristik,[415] die eine hohe praktische Relevanz besitzen,[416] da sie zu einem systematischen Verhalten führen.[417] Mithilfe dieser Heuristiken wurden Verhaltensmuster transparent gemacht, die sich auf

---

[406] Vgl. Bogumil/Schmid (2001), S. 41.

[407] Vgl. Leister/Chiappin (2010), S. 34.

[408] Vgl. Holzheu (1993), S. 270 ff.

[409] Vgl. March/Simon (1976), S. 15.

[410] Vgl. Tversky/Kahneman (1974), S. 1124; Attenweiler/Kardes (2003), S. 63.

[411] Vgl. Raab/Unger/Unger (2010), S. 120.

[412] Raab/Unger/Unger (2010), S. 120. Vgl. dazu zudem Gigerenzer (2002), S. 37.

[413] Vgl. Schulz-Hardt/Vogelgesang/Mojzisch (2007), S. 203.

[414] Vgl. Simon/Newell/Shaw (1989), S. 16.

[415] Vgl. Tversky/Kahneman (1974), S. 1124 ff. Für die Bedeutung vgl. Wiswede (2007), S. 30; Schulz-Hardt/Vogelgesang/Mojzisch (2007), S. 203; Attenweiler/Kardes (2003), S. 62.

[416] Vgl. Raab/Unger/Unger (2010), S. 121.

[417] Vgl. Shefrin/Statman (2003), S. 57.

Finanzmärkte übertragen lassen.[418] Entscheidungen von Kapitalgebern können bei Kenntnis dieser Heuristiken besser nachvollzogen werden,[419] da diese Anwendung finden, wenn Kapitalgeber einen Entscheidungswert bilden.[420]

Repräsentativitätsheuristik:

Die Repräsentativitätsheuristik besagt, dass „repräsentative" – also typische – Ereignisse als wahrscheinlicher eingeschätzt werden als untypische.[421] Dieser Heuristik zufolge erfolgt die Bewertung einer Alternative auf Basis von Ähnlichkeitsbeziehungen.[422] Ein Objekt wird einer passenden Kategorie zugeordnet und entsprechend seiner Kategorie beurteilt.[423] Kapitalgeber erwarten folglich von einem Unternehmen eher eine Rendite und ein Risikoniveau, die vergleichbar mit Renditen und Risikoniveaus ähnlicher Unternehmen sind, als für eine entsprechende Branche untypische Ergebnisse.

Verfügbarkeitsheuristik:

Der Verfügbarkeitsheuristik entsprechend geht es bei der Bewertung von Alternativen nicht um die tatsächlich verfügbare Menge an Informationen,[424] sondern es werden solche Informationen bevorzugt bei der Bewertung herangezogen, „die dem Gedächtnis am leichtesten zugänglich sind."[425] Selbstverständlich haben Entscheider die Möglichkeit, diverse Informationen zu beschaffen, um die Rendite einer Kapitalanlage möglichst genau abzuschätzen, aber sie werden insbesondere die in ihre Entscheidung einbeziehen, die leicht zugänglich sind. Da sich Entscheider an neuere Ereignisse leichter erinnern als an ältere,[426] ist zudem davon

[418] Vgl. Goldberg/von Nitzsch (2000), S. 27.

[419] Vgl. Kahneman (2000), S. XI.

[420] Vgl. Tversky/Kahneman (1974), S. 1124.

[421] Vgl. Tversky/Kahneman (1974), S. 1124.

[422] Vgl. Wiswede (2007), S. 30.

[423] Vgl. Schulz-Hardt/Vogelgesang/Mojzisch (2007), S. 204.

[424] Vgl. Wiswede (2007), S. 30.

[425] Wiswede (2007), S. 30.

[426] Vgl. Giersch (2009), S. 103.

auszugehen, dass aktuell veröffentlichten Unternehmensinformationen bei der Bewertung vergleichsweise viel Bedeutung beigemessen wird.

Ankerheuristik:

Sollen Menschen sich auf die Zukunft beziehende Entscheidungen treffen, ist für sie ein Startwert, der als Anker bezeichnet wird, von Bedeutung.[427] Bei der Ermittlung eines Entscheidungswertes handelt es sich demnach mehr um eine Anpassung dieses Ankerwertes als um die Bildung eines neuen Zukunftswertes.[428] Neue Informationen werden auf Basis des vorhandenen Bildes beurteilt.[429] Eine unzureichende Anpassung des Startwertes an vorhandene Informationen wird auch vorgenommen, wenn der als Anker herangezogene Startwert irrelevant für den zu ermittelnden Wert ist und relevantere Informationen zugänglich wären.[430] Die Informationen, die Menschen aufnehmen und somit in eine Anpassung des Ankerwertes einfließen lassen, sind solche, die zu vorab wahrgenommenen Sachverhalten passen, und es wird versucht, konträre Auskünfte zu verdrängen.[431] Es ist demnach davon auszugehen, dass Kapitalgeber bei der Bildung ihrer Erwartung an eine Anlage das bisherige Bild, das sie bezüglich der Rendite und des Risikos eines Unternehmens haben, mit in ihre Erwartungsbildung einfließen lassen.[432] Die zukünftige Renditeforderung seitens der Eigenkapitalgeber hängt folglich von bisher erzielten Renditen ab, gleiches gilt für das Risikoniveau.

4.3.2.3 Rule Rationality nach *Aumann*

Als eine Weiterentwicklung des Konzepts zur begrenzten Rationalität kann das Konzept der „Rule Rationality" des Nobelpreisträgers *Aumann* angesehen werden. Hiernach verhalten sich Individuen ebenfalls nicht rational im Sinne klassischer Theorien und streben somit nicht nach der Entscheidung, die den höchsten Nutzen

[427] Vgl. Wiswede (2007), S. 31; Tversky/Kahneman (1974), S. 1128.

[428] Vgl. Tversky/Kahneman (1974), S. 1128 f.

[429] Vgl. Maas/Weibler (1990), S. 81.

[430] Vgl. Raab (2006), S. 113 f.

[431] Vgl. Maas/Weibler (1990), S. 77.

[432] Vgl. Kruschwitz/Löffler (2008), S. 806 f.

generiert. Im Rahmen der Entscheidungsfindung bedienen sich Menschen der „Rule Rationality", die *Aumann* selbst als eine Synthese zwischen Rationalität und Irrationalität beschreibt.[433] Dem Konzept zufolge wenden Individuen im Rahmen der Entscheidungsfindung Regeln an, die – anders als klassische Entscheidungsregeln – nicht zwangsläufig auf das absolute Maximum abzielen, sondern zu befriedigenden Ergebnissen führen. Häufig werden Regeln adaptiert, die in der Gesellschaft generell als erfolgreich angesehen werden.[434] Der Anspruch, der an diese Regeln gestellt wird, ist, dass sie den Entscheider meistens, nicht notwendigerweise immer unterstützen, eine zufriedenstellende Auswahl zu treffen.[435] Sofern es also Methoden gibt, die sich einer breiten Anwendung erfreuen und Kapitalgebern den Anschein vermitteln, an eine Anlage zu stellende risikoadäquate Renditeforderungen gut zu ermitteln, werden sie sich mit einer entsprechenden Methodik zufrieden geben.

Der Unterschied zu den Heuristiken von *Kahneman/Tversky* ist darin zu sehen, dass die Ausführungen von *Aumann* ein stärkeres Bewusstsein der Anwendung von Regeln seitens der Entscheider implizieren. Sofern die Anwendung der oben dargestellten Heuristiken unterstellt wird, ist nicht davon auszugehen, dass Menschen ein geplantes Vorgehen bei der Bewertung von Alternativen wählen. Entsprechend der Rule Rationality ist es durchaus möglich, dass die Kapitalgeber bewusst eine bestimmte Bewertungsregel einsetzen. Es ist davon auszugehen, dass in der Realität sowohl Anleger zu finden sind, die ihre Anlageentscheidung ohne Anwendung einer konkreten Regel durchführen, genauso wird es aber auch solche geben, die sich bewusst entsprechender Methoden bedienen.

4.4 Zwischenfazit

Das Ziel dieses Kapitels lag in der Bestimmung der Erwartungen, die Kapitalgeber an ein Unternehmen stellen. Diese wurden auf Basis des Entscheidungsverhaltens hergeleitet. Ausgangspunkt bildete die präskriptive Entscheidungstheorie, die

[433] Vgl. Aumann (2008), S. 2.

[434] Vgl. Aumann (2008), S. 2. „Habits, routines, and customs are how actors make decisions. They are matters of law, tradition, and they get passed along by examples." Pressman (2006), S. 501.

[435] Vgl. Aumann (2008), S. 3.

eine rationale Entscheidungsfindung zum Gegenstand hat. Rationale Entscheidungen auf Kapitalmärkten sind Gegenstand der Kapitalmarkttheorie, so dass sich letztlich mithilfe der präskriptiven Entscheidungstheorie sowie der Kapitalmarkttheorie die Entscheidungsfindung rationaler Akteure auf Aktienmärkten abbilden lässt und bestimmt werden kann, von welchen Faktoren sie ihre Entscheidungen abhängig machen. Obwohl neuere Forschungsergebnisse und eine damit einhergehende verstärkte verhaltenswissenschaftliche Orientierung zu starker Kritik an der Kapitalmarkttheorie führen bzw. diese entkräften, sind Rendite und Risiko weiterhin als die zentralen Entscheidungsparameter von Eigenkapitalgebern anzusehen. Die aus der Kapitalmarkttheorie stammende Annahme perfekt diversifizierter Portfolios seitens der Aktionäre lässt sich jedoch nicht aufrechterhalten, so dass für diese neben den systematischen auch unsystematische Risiken von Bedeutung sind.

Da nur zukünftige Renditen den Kapitalgebern einen persönlichen Vermögenszuwachs bescheren und nur zukünftige Risiken ihr Vermögen beeinflussen können, dürften rational handelnde Kapitalgeber nur diese relevanten Faktoren in ihre Entscheidung einbeziehen, um zu einem optimalen Ergebnis zu gelangen. Begrenzt rational handelnde Kapitalmarktakteure, wie sie in der Realität ausschließlich zu finden sind, streben allerdings nicht nach einer optimalen, sondern nach einer zufriedenstellenden Lösung. Um zu einer solch zufriedenstellenden Lösung und somit zu einem Entscheidungswert zu gelangen, wenden Menschen entweder unbewusst oder bewusst vereinfachende Regeln an. Unbewusst bedienen sie sich insbesondere der Repräsentativitäts-, Verfügbarkeits- und Ankerheuristik. Für die Erwartungen, die Eigenkapitalgeber an Unternehmen stellen, lässt sich aus diesen Regeln ableiten, dass sie eine Rendite und ein Risikoniveau erwarten, die denen vergleichbarer Anlageobjekte entsprechen. Zudem hängen ihre die Zukunft betreffenden Erwartungen von in der Vergangenheit realisierten Renditen und Risikoniveaus ab. Obwohl das Entscheidungsverhalten der Kapitalgeber nur für eine Analyse der Verarbeitung sich auf die Entscheidungsparameter beziehender Informationen dienen sollte, wird durch die Einbeziehung vergangenheitsbezogener Daten zwangsläufig auch der Umfang der Einflussparameter erweitert. Sofern Kapitalgeber bewusst Regeln für ihre Entscheidungsfindung anwenden, greifen sie vorrangig auf weitverbreitete Bewertungsmethoden zurück, so dass sie Erwartungen an ein Unternehmen stellen, die sich mit solchen Methoden ermitteln lassen.

Das in diesem Kapitel gewählte Vorgehen lässt sich dahingehend kritisieren, dass vollständig geschlossene Theorien die Ausgangsbasis bildeten, diese zur alleinigen Anwendung aufgrund ihrer realitätsfernen Annahmen aber verworfen wurden. Bei der Anpassung der Analyse des Entscheidungsverhaltens wurde auf eine Auswahl an verhaltenswissenschaftlichen Forschungsergebnissen zurückgegriffen, wodurch keineswegs das vollständige Spektrum des Entscheidungsverhaltens seitens der Kapitalgeber korrekt abgebildet werden kann. Letztlich wurden somit neue Annahmen getätigt, ohne dass eine neue in sich geschlossene Theorie entworfen wurde. Um allerdings den Zielen einer anwendungsorientierten Wissenschaft gerecht werden zu können, ist es unabdingbar, reales Verhalten beschreibende Forschungsergebnisse bei der Weiterentwicklung ökonomischer Theorien zu berücksichtigen, obwohl sich durch diese Verhaltensvielfalt eine Unendlichkeit an möglichen Ausprägungen ergibt,[436] so dass die vorgenommene Auswahl zu treffen war.

Unter Zuhilfenahme der gewonnen Erkenntnisse wird im nächsten Kapitel analysiert, inwieweit Kapitalkostenmodelle Unternehmen unterstützen können, die Ansprüche der Eigenkapitalgeber zu ermitteln.

[436] Vgl. Thaler (1986), S. 283.

5 Adäquanz von Kapitalkostenmodellen zur Ermittlung der Eigenkapitalgeberansprüche durch Unternehmen

5.1 Notwendigkeit Risiken berücksichtigender Kapitalkostenmodelle

Im vorherigen Kapitel wurde herausgearbeitet, dass Rendite und Risiko die Parameter sind, welche die Erwartungen der Eigenkapitalgeber beeinflussen. Höhere Risiken führen zu einer höheren Renditeforderung, weswegen festgehalten werden kann, dass die Erwirtschaftung einer risikoadäquaten Verzinsung ein sinnvolles Ziel aus Sicht der Anteilseigner darstellt.[437] In Personengesellschaften und Kapitalgesellschaften mit wenigen Eigentümern kann die Mindestverzinsung aus Sicht der Anleger durch Befragung ermittelt werden.[438] Sofern sich die Unternehmensanteile zum Teil im Streubesitz befinden, ist dies nicht mehr möglich.[439] Unternehmen versuchen in diesem sehr üblichen Fall eine – vom Risiko abhängige – Renditeforderung unter Anwendung von Kapitalkostenmodellen zu antizipieren.[440] Unabhängig von der Güte eines Modells ist es aufgrund der im vorherigen Kapitel analysierten Individualität der Risikowahrnehmung und -beurteilung unmöglich, mithilfe der ermittelten risikoadjustierten Renditeforderung die Erwartungen aller Kapitalgeber zu treffen. Aufgrund dieser Unmöglichkeit lässt sich diskutieren, inwieweit Risiken überhaupt bei der Ermittlung von Kapitalkosten im wertorientierten Management Berücksichtigung finden sollten oder ob nicht die Anwendung eines risikolosen Zinssatzes vorteilhafter wäre. Die Notwendigkeit eines Verzichts auf die Einbeziehung von Risiken im Kapitalkostensatz im Rahmen der Kontrolle und der an sie gekoppelten Vergütung wird bspw. von *Velthuis* propagiert.[441] Er empfiehlt für die Erfolgsbeurteilung die Verwendung eines risikolosen Zinssatzes, da sich seiner Meinung nach eine Unternehmensbeteiligung

---

[437] Zu diesem Ziel vgl. bspw. Arbeitskreis Internes Rechnungswesen (2010), S. 799; Bühner (1990), S. V.

[438] Vgl. Bühner (1990), S. 42.

[439] Vgl. Arbeitskreis Finanzierung (1996), S. 547.

[440] Vgl. Rudolph (1986), S. 892; Gleißner (2006b), S. 55; Jähnchen (2009), S. 16. Je nach Art der Kapitalkostenermittlung würde der Begriff „Kapitalkostenmethode“ besser passen als „Kapitalkostenmodell“. Da sich der Begriff „Kapitalkostenmodell“ in der Literatur allerdings als Konsens herauskristallisiert hat, wird dieser auch in der vorliegenden Arbeit verwendet.

[441] Vgl. Velthuis (2005), S. 1. Das Konzept sieht zwar auch die Verwendung des risikofreien Zinssatzes im Rahmen der Planung vor, die Notwendigkeit ergibt sich jedoch ausschließlich für die Kontrolle und die Incentivierung, vgl. Velthuis/Wesner (2005), S. 56 ff.

aus Sicht der Anleger lohnt und ein Unternehmen Wert schafft, sofern es den Anlegern einen höheren Vermögenszuwachs beschert als eine risikofreie Kapitalanlage.[442] Obwohl diese Argumentation nachvollziehbar ist, passt sie nicht zu der im vorherigen Kapitel herausgearbeiteten Notwendigkeit der Zufriedenstellung der Kapitalgeber durch die bestmögliche Erfüllung ihrer Erwartungen. Eigentümer sind erst dann zufrieden, wenn die risikoadjustierten Renditeforderungen erwirtschaftet werden. Um intern den Erfolg einzelner Verantwortungsbereiche zu beurteilen, soll daher kontrolliert werden, ob die Rendite, die es aus Sicht der Kapitalgeber zu erwirtschaften galt, auch tatsächlich realisiert wurde. Sofern dies nicht der Fall ist, erscheint es nicht legitim, den entsprechenden Bereich als erfolgreich zu bezeichnen, da Erfolg die Erreichung von Zielen verlangt.[443] Hätte der entsprechende Bereich die risikofreien Kapitalkosten erwirtschaftet, nicht jedoch den von den Kapitalgebern darüber hinaus geforderten Risikozuschlag, würde dies bei Verwendung eines risikofreien Kapitalkostensatzes dennoch zum Ausweis eines positiven Wertbeitrags führen. Ein positiver Wertbeitrag suggeriert in der Regel eine Zielerreichung,[444] weswegen nicht davon ausgegangen werden kann, dass innerhalb des entsprechenden Bereichs, in welchem diese Kennzahl kommuniziert wird, ein Bewusstsein für eine Zielverfehlung vorliegt. Es kann sich demnach sehr leicht das Verständnis manifestieren, dass die Erwirtschaftung risikoloser Renditen ausreicht und das renditebezogene Ziel des Unternehmens darstellt. Bei Verwendung eines risikofreien Kapitalkostensatzes ergibt sich somit das Problem, dass das Verständnis für den Zusammenhang zwischen der Renditeforderung der Kapitalgeber und den Risiken des Unternehmens verloren gehen kann. Da die Risiken die Höhe der von den Kapitalgebern geforderten Rendite beeinflussen, muss daher innerhalb eines Unternehmens auch ein diesbezügliches Bewusstsein vorliegen. Trotz der Unmöglichkeit einer aus Sicht aller Kapitalgeber adäquaten Transformation von Risiken in Renditeforderungen und einer damit einhergehenden korrekten Ermittlung von Kapitalkosten sollen die Risiken demnach sowohl im Rahmen der Planung, der Kontrolle als auch der Incentivierung in den Kapitalkosten ihre Berücksichtigung finden.

---

[442] Vgl. Velthuis/Wesner (2005), S. 85.

[443] Vgl. Hungenberg/Wulf (2007), S. 13. Zu ähnlicher Kritik vgl. zudem Weißenberger/Blome (2005), S. 41.

[444] Vgl. Sterzenbach (2008), S. 118.

5.2 Anforderungen an Kapitalkostenmodelle zur Anwendung im wertorientierten Management

Kapitalkostenmodelle werden häufig diskutiert und damit einhergehend auch kritisiert,[445] allerdings geschieht dies auf eine vergleichsweise undifferenzierte Weise. Um sie im Kontext des wertorientierten Managements zielgerichtet analysieren zu können, haben Kriterien Anwendung zu finden, die sich aus den Aufgaben von Kapitalkostenmodellen im wertorientierten Management ergeben.

Nur sehr wenige Kapitalkostenmodelle wurden explizit zur Schätzung der risikoabhängigen Renditeforderung seitens der Eigenkapitalgeber entwickelt.[446] Damit sich ein Modell grundlegend für eine Anwendung im wertorientierten Management eignen kann, ist es notwendig, dass mithilfe des Modells eine **Ergebnisgröße** ermittelt wird, die sich als **risikoabhängige Renditeforderung der Eigenkapitalgeber** interpretieren lässt. Da, wie bereits im vorherigen Abschnitt thematisiert, durch die Kapitalkosten die Kausalität zwischen Rendite und Risiko zum Ausdruck gebracht wird, ist es erforderlich, dass durch die Kapitalkostenmodelle Renditeforderungen ermittelt werden, die diesen Zusammenhang nicht konterkarieren.

Eine weitere notwendige Anforderung für eine Anwendbarkeit eines Kapitalkostenmodells im wertorientierten Management stellt seine **theoretische** oder eine für Deutschland existierende **empirische Fundierung** dar.[447] Sofern keine der beiden gegeben wäre, würde dem Modell der Vorwurf der Willkür anhaften.[448]

Nur wenn ein Modell diese beiden notwendigen Anforderungen erfüllt, ist es grundsätzlich zur Anwendung im wertorientierten Management geeignet. Bei den Modellen, die sich als grundsätzlich geeignet erweisen, ist deren Vorteilhaftigkeit anhand weiterer Kriterien zu eruieren.

Mithilfe der Kapitalkostenmodelle sollen die Ansprüche der Eigenkapitalgeber, die diese an ein Unternehmen stellen, hergeleitet werden. Ein Kapitalkostenmodell ist folglich umso besser, je exakter die mit dem Modell hergeleiteten Rendi-

[445] Vgl. Gleißner (2005), S. 217 ff.; Kruschwitz/Löffler (2008), S. 810.

[446] Vgl. Steinle/Krummaker/Lehmann (2007), S. 207.

[447] Vgl. Steinle/Krummaker/Lehmann (2007), S. 211.

[448] Vgl. Becker/Pfeiffer (2007), S. 14.

ten den realen Ansprüchen der Kapitalgeber entsprechen. Im vorherigen Kapitel wurde herausgearbeitet, welche Parameter die Renditeforderungen der Kapitalgeber beeinflussen und wie die Kapitalgeber die sich auf diese Parameter beziehenden Informationen verarbeiten, um zu einem Entscheidungswert zu gelangen, der ihre Renditeforderung widerspiegelt. Folglich sollte ein Kapitalkostenmodell möglichst dieselben Parameter beinhalten. Zudem sollte es die Renditeforderungen auf eine Weise ermitteln, die in möglichst großem Einklang mit dem Vorgehen der Erwartungsbildung der Kapitalgeber steht. Somit lassen sich die folgenden Kriterien zur Analyse der Vorteilhaftigkeit grundsätzlich geeigneter Kapitalkostenmodelle bestimmen:

Kapitalgeber beziehen in ihre Renditeforderungen die **risikolose Opportunitätsrendite** sowie **systematische und unsystematische Risiken** des betrachteten Unternehmens mit ein. Ein Kapitalkostenmodell sollte folglich diese Parameter beinhalten.

Der Repräsentativitätsheuristik folgend erwarten Kapitalgeber eine „typische" Rendite sowie ein „typisches" Risikoniveau. Die Berücksichtigung der **Renditen und Risiken von vergleichbaren Unternehmen** ist daher für die Approximation der Ansprüche der Kapitalgeber empfehlenswert.

Aus der Verfügbarkeitsheuristik lässt sich herleiten, dass ein im wertorientierten Management Anwendung findendes Kapitalkostenmodell auf Daten basieren sollte, welche auch dem Kapitalgeber leicht zugänglich sind. Nur in diesem Fall ist davon auszugehen, dass die Daten, die in das Modell einfließen, auch von den Eigentümern zur Ermittlung ihrer Renditeforderung herangezogen werden. Sofern ein Modell auf internen Daten beruht und diese Daten den Kapitalgebern nicht zur Verfügung stehen, kann dies zu einer Diskrepanz zwischen der erwarteten Rendite seitens der Eigenkapitalgeber und der Hurdle Rate des Managements führen. Ein interner Erfolg würde somit nicht zwangsweise zu einer Erfüllung der Eigenkapitalgeberansprüche beitragen. Die **externe Verfügbarkeit der verwendeten Daten** stellt somit eine weitere Anforderung an ein optimales Kapitalkostenmodell dar.

Aufgrund der Ankerheuristik kann darauf geschlossen werden, dass in der Vergangenheit realisierte Renditen und Risiken in das zukünftige Anspruchsniveau der Kapitalgeber mit einfließen.[449] Folglich hat ein Kapitalkostenmodell nicht nur zukunftsbezogene Daten zu berücksichtigen, sondern auch einen **Vergangenheitsbezug** vorzuweisen. Bereits an dieser Stelle sei auf einen Punkt hingewiesen, welcher im weiteren Verlauf der Arbeit noch ausführlicher thematisiert wird. In Anbetracht der Tatsache, dass die in der Vergangenheit realisierten Renditen und Risiken für ein in die Zukunft gerichtetes Anspruchsniveau relevant sind, muss ein entsprechend hergeleitetes Anspruchsniveau nicht nur als eine Renditeforderung, sondern auch als eine Forderung hinsichtlich des zukünftigen Risikoniveaus angesehen werden.

Entsprechend der Rule Rationality ist ein Unternehmen in der Lage, die Ansprüche der Eigenkapitalgeber möglichst exakt herzuleiten, wenn es zur Bestimmung der Kapitalkosten eine **weit verbreitete Methodik** anwendet, die es den Kapitalgebern ermöglicht, an eine Anlage zu stellende risikoadäquate Renditeforderungen zufriedenstellend zu ermitteln. Die Anwendung einer Methode, die sich einer breiten Akzeptanz erfreut, ist ferner dahingehend relevant, dass die Eigenkapitalkosten und deren Erwirtschaftung verstärkt extern kommuniziert werden und im Rahmen der Geschäftsberichtsanalyse von zunehmender Bedeutung sind.[450] Sofern ein Unternehmen eine Methodik zur Ermittlung der Eigenkapitalkosten verwendet, die zu vollständig anderen Ergebnissen führt als die Anwendung einer standardmäßigen Methode, die von anderen Unternehmen herangezogen wird, geht dadurch die Vergleichbarkeit verloren.

Wie im vorherigen Kapitel dargestellt, verwenden nicht alle Kapitalgeber bewusst eine Bewertungsmethode zur Ermittlung ihrer Renditeforderungen. Ein Teil der Kapitalgeber bedient sich lediglich unbewusst der verschiedenen Heuristiken. Da innerhalb eines Unternehmens keine Kenntnisse darüber vorliegen können, wie groß der Anteil der Kapitalgeber ist, der lediglich auf Basis der Heuristiken eine Entscheidung trifft und wie viel Prozent bewusst eine Bewertungsmethode anwenden,[451] ist ein Kapitalkostenmodell als optimal anzusehen, wenn es einerseits

---

[449] Vgl. Kruschwitz/Löffler (2008), S. 806 f.

[450] Vgl. Geginat/Morath/Wittmann/Knüsel (2006), S. 28.

[451] Würde ein Unternehmen über entsprechendes Wissen verfügen, könnte es verschiedene Modelle zur Ermittlung der Renditeforderungen der unterschiedlichen Anteilseignergruppen verwenden und die so berechneten Kapitalkosten entsprechend der Bedeutung der Anteilseignergruppen gewichten.

mit den Heuristiken vereinbar ist, gleichzeitig aber auch einer breit akzeptierten Vorgehensweise entspricht. Dieser Punkt stellt jedoch kein eigenes Prüfkriterium dar, da bei Erfüllung der anderen Kriterien dieser Forderung automatisch entsprochen wird und sich eine entsprechende Überprüfung somit auf einer anderen Ebene befinden würde. Dieser Gedanke ist daher lediglich aufzugreifen, sofern verschiedene Kapitalkostenmodelle einer gleichen Anzahl von Prüfkriterien entsprechen und ein weiteres Kriterium benötigt wird, um die Vorteilhaftigkeit eines Modells zu bestimmen.

Neben dem Anspruch, dass ein gutes Kapitalkostenmodell möglichst exakt dem Vorgehen entsprechen sollte, welches auch von den Kapitalgebern selbst angewendet wird, sollte es zudem ein möglichst hohes Maß an **Manipulationsresistenz** vorweisen. Diese Forderung ergibt sich aus dem Einsatz der Kapitalkosten im wertorientierten Management und der existierenden Principal-Agent-Beziehungen. Für die Definition von Erfolg und die Vergütung von Managern ist, wie in Kapitel drei dargestellt, die Höhe der Kapitalkosten im wertorientierten Management von wesentlicher Bedeutung. Sofern ein Kapitalkostenmodell große Ermessensspielräume bietet, ist davon auszugehen, dass diese in Unternehmen zu Gunsten des Managements ausgenutzt werden, was nicht im Interesse der Kapitalgeber sein kann.

Da sich die mithilfe des Kapitalkostenmodells ermittelte Renditeforderung in wertorientiert geführten Unternehmen auf die Vergütung einiger Mitarbeiter auswirkt, sollte das entsprechende Modell auch eine **Akzeptanz** seitens der Angestellten finden, denn nur wenn Mitarbeiter ein Vergütungssystem akzeptieren, kann dieses seiner Anreizfunktion gerecht werden.[452] Damit ein Vergütungssystem auf Akzeptanz stößt, ist es wichtig, dass die Ermittlung der darin einfließenden Größen auf eine nachvollziehbare Weise geschieht,[453] weshalb weniger komplexe Modelle den komplexeren vorzuziehen sind. Darüber hinaus ist für eine Akzeptanz in Unternehmen eine Robustheit der Ergebnisse von Bedeutung. Wie die letzten Jahre zeigen, existiert keine mit früheren Jahren vergleichbare Langfristigkeit von Zinssätzen, so dass sich Unternehmen auch den aus einer starken Dynamik der Finanzmärkte resultierenden Schwankungen von Eigenkapitalkos-

---

[452] Vgl. Kunz/Quitmann (2011), S. 67.

[453] Vgl. Steinle/Krummaker/Lehmann (2007), S. 211.

tensätzen stellen müssen. Da die Renditeforderungen der Eigenkapitalgeber jedoch in zentrale Zielgrößen einfließen und Ziele eine gewisse Konstanz vorzuweisen haben,[454] sollten folglich auch die mithilfe eines Kapitalkostenmodells zu ermittelnden Renditeforderungen eine entsprechende Konstanz bzw. Robustheit vorweisen.

Da kein Kapitalkostenmodell in der Lage sein kann, die Ansprüche der Eigenkapitalgeber vollständig korrekt herzuleiten, sollte auch die **Wirtschaftlichkeit** bei der Schätzung der Kapitalkosten eine Rolle spielen.[455] Es ist nicht im Sinne der Eigenkapitalgeber, dass die ihnen zufließenden Cashflows deutlich reduziert werden, damit die Forderungen, die sie an ein Unternehmen stellen, evtl. nur um Nuancen besser geschätzt werden. Daher hat der zusätzliche Aufwand, der mit einem überlegeneren Kapitalkostenmodell einhergeht, zu einer angemessenen Verbesserung des Schätzergebnisses beizutragen.

Sofern man von der derzeitigen Bedeutung der Kapitalkosten im wertorientierten Management ausgehen würde, wären noch weitere Anforderungen an Kapitalkostenmodelle zu stellen. Da momentan durch die Kapitalkosten bspw. die Risiken in der Planung erfasst werden sollen,[456] muss daraus konsequenter Weise geschlussfolgert werden, dass die Kapitalkosten alle einem Planungsobjekt inhärenten Risiken zu beinhalten haben. Diese und andere Aufgaben werden allerdings aus einer Interpretation der Aussagekraft der Kapitalkosten abgeleitet, die mit dieser Arbeit nicht in Einklang zu bringen ist. Um zu der Aussage zu gelangen, dass Kapitalkosten alle einem Planungsobjekt inhärenten Risiken zu beinhalten haben, muss unterstellt werden, dass ein rational handelnder Kapitalgeber alle zukünftigen Risiken mit in seine Renditeforderungen einbezieht und somit alle Risiken in den Kapitalkosten enthalten zu sein haben. Die Forderung nach der vollständigen Berücksichtigung aller zukünftigen Risiken in den Kapitalkosten und weitere Anforderungen würden folglich aus der Interpretation der derzeit unterstellten Aussagekraft der Kapitalkosten und nicht aus deren grundsätzlicher Aufgabe, die in der Erfassung der Ansprüche der Eigenkapitalgeber im wertorientierten Management

[454] Vgl. Schuhmacher/Geschwill (2009), S. 46.

[455] Vgl. Steinle/Krummaker/Lehmann (2007), S. 211.

[456] Vgl. Miles/Ezzell (1980), S. 720; Johnson (1999), S. 115; Röder/Müller (2001), S. 225; Burger/Buchhart (2002), S. 250; Gleißner (2004), S. 3.

besteht, abgeleitet. Da in dieser Arbeit analysiert wird, inwieweit sich die Kapitalkostenmodelle eignen, um die Ansprüche der Eigenkapitalgeber abzubilden, bleiben entsprechende Anforderungen, die sich aus der Interpretation der Aussagekraft der Kapitalkosten ergeben, außen vor.

Zusammenfassend ergeben sich daher die in der folgenden Tabelle dargestellten Anforderungen an Kapitalkostenmodelle:

<table>
<tr><th colspan="3">Anforderungen an Kapitalkostenmodelle</th></tr>
<tr><td rowspan="2">Anforderungen, die die grundsätzliche Eignung eines Kapitalkosten-modells im wertorientierten Management bestimmen</td><td colspan="2">Möglichkeit der Ermittlung einer als risikoabhängige Renditeforderung der Eigenkapitalgeber interpretierbaren Größe mithilfe des Modells</td></tr>
<tr><td colspan="2">Theoretische oder empirische Fundierung des Modells</td></tr>
<tr><td rowspan="8">Anforderungen, die die Güte eines Kapitalkostenmodells im wertorientierten Management bestimmen</td><td rowspan="5">Aus dem Entscheidungs-verhalten der Kapitalgeber abgeleitete Anforderungen</td><td>Risikolose Opportunitätsrendite sowie systematische und unsystematische Risiken als die Renditeforderung beeinflussende Größen</td></tr>
<tr><td>Einbeziehung von Renditen und Risiken vergleichbarer Unternehmen</td></tr>
<tr><td>Externe Verfügbarkeit von Daten</td></tr>
<tr><td>Vergangenheitsbezug</td></tr>
<tr><td>Starke Verbreitung der Methodik</td></tr>
<tr><td rowspan="3">Anwendungsbezogene Anforderungen</td><td>Manipulationsresistenz</td></tr>
<tr><td>Akzeptanz</td></tr>
<tr><td>Wirtschaftlichkeit</td></tr>
</table>

Tabelle 2: Anforderungen an Kapitalkostenmodelle

5.3 Analyse ausgewählter Kapitalkostenmodelle

Auf Basis der im vorherigen Abschnitt herausgearbeiteten Kriterien sollen im Folgenden die in der wissenschaftlichen Literatur am meisten Anerkennung findenden Modelle und Methoden zur Ermittlung der Kapitalkosten bezüglich ihrer Eignung zur Anwendung im wertorientierten Management analysiert werden. In einem ersten Schritt wird die grundsätzliche Eignung eines jeden Modells eruiert. Ist diese gegeben, dann wird in einem zweiten Schritt die Analyse der Güte des Modells durchgeführt.

5.3.1 Kapitalkostenermittlung auf Basis des Capital Asset Pricing Model sowie dessen Erweiterungen

5.3.1.1 Das klassische Capital Asset Pricing Model als führende Methode zur Bestimmung der Kapitalkosten

5.3.1.1.1 Allgemeine Darstellung des Modells

Das Capital Asset Pricing Model (CAPM) gilt seit Jahren als „State of the Art" zur Schätzung der Eigenkapitalkosten im wertorientierten Management.[457] Es basiert auf der Portfoliotheorie von *Markowitz* und wurde von *Treynor*, *Sharpe*, *Lintner* sowie *Mossin* entwickelt.[458] Auf sehr restriktiven Annahmen basierend,[459] stellt das CAPM ein Gleichgewichtsmodell dar,[460] das auf die Erklärung des Zusammenhangs von Preis und Risiko auf Kapitalmärkten abzielt,[461] so dass sich mithilfe des Modells der Preis von Wertpapieren im Gleichgewicht ableiten lässt.[462] Formal wird das CAPM wie folgt dargestellt:[463]

---

[457] Vgl. Bühner (1990), S. 42.

[458] Vgl. Sharpe (1964), S. 425 ff.; Lintner (1965), S. 587 ff.; Mossin (1966), S. 768 ff.; Benston/Smith (1976), S. 217; Levy (1980), S. 5; Nielsen (1990), S. 223; French (2008), S. 2. Es werden nicht immer alle Autoren als Entwickler des CAPM aufgeführt, was insbesondere darauf zurückzuführen sein wird, dass das aus dem Jahre 1961 stammende Werk von Treynor ein unveröffentlichtes Manuskript darstellt, vgl. French (2008), S. 19.

[459] Zu diesen Annahmen gehört u.a. ein vollkommener Kapitalmarkt. Zu den vollständigen Annahmen vgl. Pankoke/Petersmeier (2009), S. 111 f.

[460] Vgl. Roßbach (2001), S. 5.

[461] Vgl. Weber (1990), S. 71.

[462] Vgl. Roßbach (2001), S. 5.

[463] Vgl. Drukarczyk/Schüler (2009), S. 56; Vogler (2009), S. 382 f.

$$E(r_i) = r_f + [E(r_M) - r_f] * \beta_i$$

$$E(r_i) = r_f + Rp_M * \beta_i$$

mit:

$$\beta_i = \frac{cov(\tilde{r}_i, \tilde{r}_M)}{\sigma_M^2}$$

Dabei gilt:

$E(r_i)$	=	Erwartete Rendite des betrachteten Unternehmens
r_f	=	Risikofreier Zinssatz
$E(r_M)$	=	Erwartete Marktrendite
β_i	=	Sensitivität der Rendite des betrachteten Unternehmens gegenüber dem Marktrisiko
Rp_M	=	Marktrisikoprämie
$cov(\tilde{r}_i, \tilde{r}_M)$	=	Kovarianz der Rendite des betrachteten Unternehmens mit der Marktrendite
σ_M^2	=	Varianz der Marktrendite

Dem CAPM folgend hängt die von einer Anlage zu erwartende Rendite von dem zu erzielenden risikolosen Zinssatz, dem für alle riskanten Wertpapiere geltenden Marktpreis des Risikos[464] sowie der Kovarianz des betrachteten Wertpapiers mit der Rendite des Marktportfolios ab.[465] Der Zusammenhang zwischen Rendite und systematischen Risiken eines Anlagenobjektes ist dabei linear.[466] Dem Modell entsprechend beeinflussen ausschließlich die systematischen Risiken die Höhe der erwarteten Rendite, da diese – im Gegensatz zu den unsystematischen Risiken – nicht durch Diversifikation eliminiert werden können.[467] Diese zu erwartende Rendite drückt die gleichgewichtige Rendite des Wertpapiers aus. Solange sich die zu erzielende Rendite eines Wertpapiers von dieser unterscheidet, existieren

[464] Vgl. Lintner (1965), S. 587.

[465] Vgl. Drukarczyk/Schüler (2009), S. 56.

[466] Vgl. Lintner (1965), S. 587.

[467] Vgl. Sharpe (1964), S. 439 f.; Mossin (1966), S. 783.

Arbitragemöglichkeiten, aufgrund derer am Markt Transaktionen stattfinden, bis die gleichgewichtige Rendite erreicht wird.[468]

Im Kontext des wertorientierten Managements wird diese sich am vollkommenen Kapitalmarkt einstellende gleichgewichtige Rendite eines Wertpapiers als die von den Kapitalgebern geforderte Rendite interpretiert. Folglich soll der Eigenkapitalkostensatz nach der Formel für die Bestimmung der gleichgewichtigen Rendite ermittelt werden.[469] Demnach fließen in den Eigenkapitalkostensatz der risikolose Zinssatz, der Marktpreis des Risikos sowie das individuelle Risiko des Unternehmens ein.[470] Da für die Schätzung einer zukünftigen Rendite auf Basis des CAPM die die Zukunft betreffenden Daten bezüglich der Größen vorliegen müssen, welche die Höhe der Rendite festlegen, werden solche Daten auch für die Ermittlung des Eigenkapitalkostensatzes unter Anwendung des CAPM im Rahmen des wertorientierten Managements benötigt. Selbstverständlich kann es sich hierbei allenfalls um Schätzergebnisse handeln, wie sie für zukünftige durchschnittliche Risikoprämien bspw. von kommerziellen Informationsdiensten herausgegeben werden.[471] Häufig sind allerdings keine adäquaten Schätzergebnisse verfügbar, so dass in den meisten Fällen auf Werte der Vergangenheit zurückgegriffen wird.[472] Für die Ermittlung der Eigenkapitalkosten im wertorientierten Management bei Anwendung des CAPM wird daher das folgende Vorgehen unterstellt:

Die mit einer Staatsanleihe zu erzielende Rendite wird als Referenzwert für den risikolosen Zinssatz herangezogen.[473] Als grundsätzlich problematisch erweist sich die Auswahl der geeigneten Laufzeit der heranzuziehenden Staatsanleihe, da diese den Zinssatz signifikant beeinflusst. Diesem Problem nimmt sich die Svensson-Methode an,[474] die die Umrechnung von Spot Rates in einen einheitlichen

---

[468] Vgl. Specht/Gohout (2009), S. 108.

[469] Für ein entsprechendes Vorgehen im wertorientierten Management vgl. Bühner (1990), S. 43 f.

[470] Vgl. Pfaff/Bärtl (1999), S. 90 f.

[471] Vgl. Bühner (1990), S. 43.

[472] Vgl. Bühner (1990), S. 43; Schneller/Schwendener/Elsaesser (2010), S. 659; Kern/Mölls (2010), S. 440; Arnold/Lahmann/Schwetzler (2011), S. 433; Schmidbauer (2000), S. 154; Knoll/Vorndran/Zimmermann (2006), S. 380.

[473] Vgl. Küting/Eidel (1999), S. 226; Hachmeister/Wiese (2009), S. 55. Zur Möglichkeit der modellgestützten Ermittlung eines risikolosen Zinssatzes vgl. Obermaier (2008), S. 494 ff.

[474] Vgl. Svensson (1994), S. 1 ff.; Arnold/Lahmann/Schwetzler (2011), S. 433.

Zinssatz ermöglicht[475] und indirekt vom IDW zur Ermittlung des risikolosen Zinssatzes empfohlen wird.[476]

Als Marktrisikoprämie dient die durchschnittlich in der Vergangenheit realisierte Überrendite eines Aktienindexes über die risikolose Anlagemöglichkeit.[477] Es sollte ein möglichst breiter Aktienindex herangezogen werden, der möglichst viele risikobehaftete Anlagemöglichkeiten umfasst, um auf diese Weise dem theoretisch korrekten Marktportfolio möglichst ähnlich zu sein.[478] Damit sich Einzelereignisse wie der Erdölschock in den 70er-Jahren oder die „Dot.com-Bubble“ der jüngeren Vergangenheit nicht zu stark auf das Ergebnis auswirken können und um den statistischen Standardfehler möglichst klein zu halten, sollten Zeitreihen von mindestens 50 Jahren herangezogen werden.[479] Zur Berechnung des Durchschnittswertes stehen das arithmetische sowie das geometrische Mittel zur Auswahl.[480] Die größte statistische Robustheit weist ein gewichteter Mittelwert des arithmetischen und geometrischen Durchschnittwertes auf, weshalb dessen Anwendung empfohlen wird.[481]

Der Betafaktor, der das individuelle Risiko des Unternehmens repräsentiert, wird ebenfalls auf Basis historischer Werte ermittelt. Dieser ergibt sich, indem die Kovarianz zwischen der in der Vergangenheit am Kapitalmarkt mit einer Aktie des betrachteten Unternehmens erzielten Rendite und der Marktrendite durch die Varianz der Marktrendite dividiert wird.[482] Die oben getätigten Ausführungen zur

---

475 Vgl. Arnold/Lahmann/Schwetzler (2011), S. 433.

476 Vgl. Pankoke/Petersmeier (2009), S. 114. Im Wortlaut steht im Standard des IDW: „(...) empfiehlt es sich, den Basiszins ausgehend von aktuellen Zinsstrukturkurven und zeitlich darüber hinausgehenden Prognosen abzuleiten.“ IDW S1 (2008), Rn. 117.

477 Durch dieses Vorgehen ist es denkbar, dass die Marktrisikoprämie negativ wird, sofern in der Vergangenheit die mit Aktien zu erzielende Rendite unter der von Staatsanleihen lag. Zu argumentieren ist dies damit, dass in solchen Fällen Aktien mit weniger Risiken behaftet waren als Staatsanleihen. Dieser in Deutschland bisher nicht beobachtete Effekt würde dann letztlich daher resultieren, dass Staatsanleihen in diesem Fall kein adäquates Pendant mehr für den risikolosen Zinssatz darstellen und alternative Vorgehensweisen diskutiert werden müssten.

478 Vgl. Kern/Mölls (2010), S. 441.

479 Vgl. Schneller/Schwendener/Elsaesser (2010), S. 659.

480 Vgl. Schneller/Schwendener/Elsaesser (2010), S. 659.

481 Vgl. Blume (1974), S. 634 ff.; Schneller/Schwendener/Elsaesser (2010), S. 660. Die Gewichtung hängt von der Länge des Prognosezeitraums ab; das geometrische Mittel gewinnt bei einem längeren Prognosezeitraum an Bedeutung, vgl. Schneller/Schwendener/Elsaesser (2010), S. 664. Zur Verwendung arithmetischer und geometrischer Durchschnittswerte im Kontext des CAPM vgl. zudem Casey/Loistl (2008), S. 330 ff.; Albrecht (1997), S. 572 ff.

482 Vgl. IDW S1 (2008), Rn. 121; Kern/Mölls (2010), S. 441; Damodaran (2001), S. 197.

Relevanz der Länge der Zeitreihe gelten grundsätzlich ebenso für die in diesem Kontext benötigten historischen Werte. Da entsprechende Daten in der Regel aber nicht verfügbar sind, weil Unternehmen häufig nicht lange genug an der Börse gelistet sind, wird bei der Berechnung des Betafaktors meistens nicht auf Jahreswerte, sondern auf Monats- oder Tageswerte eines kürzeren Zeitraums zurückgegriffen,[483] wodurch sichergestellt wird, dass trotz des geringen Beobachtungszeitraums dennoch ausreichend Beobachtungswerte herangezogen werden.[484] Sofern Tageswerte Anwendung finden, wird ein Beobachtungszeitraum von zwei Jahren empfohlen, bei der Anwendung von Monatsrenditen einer von fünf Jahren.[485]

5.3.1.1.2 Analyse der Eignung des Modells zur Ermittlung der Eigenkapitalgeberrenditeforderungen im wertorientierten Management

Sowohl die Marktrisikoprämie als auch der Betafaktor tragen dazu bei, dass die mit einer Investition in Unternehmensanteile verbundenen Risiken entsprechend vergütet werden und der mittels des CAPM berechnete Eigenkapitalkostensatz somit über dem risikolosen Zinssatz liegt. Demnach kann die Ergebnisgröße als eine vom Risiko abhängige Renditeforderung angesehen werden, jedoch mit der Einschränkung, dass sie nicht von zukünftigen, sondern von in der Vergangenheit vom Kapitalmarkt wahrgenommenen Risiken abhängt. Die grundsätzliche Kausalität zwischen Rendite und Risiko wird dabei aber nicht konterkariert, weswegen die erste notwendige Anforderung als erfüllt angesehen wird.[486] Die Beliebtheit des CAPM wird auf dessen theoretische Geschlossenheit zurückgeführt.[487] Folglich ist die theoretische Fundierung des Modells gegeben. Da beide notwendigen Anforderungen als erfüllt angesehen werden können, ist in einem nächsten Schritt die Vorteilhaftigkeit des Modells zu analysieren.

---

483 Vgl. Arnold/Lahmann/Schwetzler (2011), S. 433.

484 Die Anzahl der Beobachtungswerte lässt sich demnach neben dem Beobachtungszeitraum über das Beobachtungsintervall beeinflussen, vgl. Kern/Mölls (2010), S. 444.

485 Vgl. Arnold/Lahmann/Schwetzler (2011), S. 433. Für eine Ermittlung auf Basis von Monatswerten anhand eines Beispiels vgl. Damodaran (2001), S. 197 f. Durch die Verwendung von Tages- und Monatswerten reduziert sich zudem die Gefahr, dass Strukturbrüche den Wert beeinflussen. Vgl. hierzu Kruschwitz/Löffler (2008), S. 808; Dörschell/Franken/Schulte/Brütting (2008), S. 1155.

486 Inwieweit neben den systematischen auch die unsystematischen Risiken Berücksichtigung finden, wird im Rahmen der Vorteilhaftigkeitsanalyse diskutiert.

487 Vgl. Tran (2011), S. 554.

Durch die Einbeziehung von Staatsanleihen und der in den letzten Jahren realisierten Marktrendite finden risikolose und risikobehaftete Opportunitätsrenditen Beachtung. Die Einbeziehung der Marktrendite vergangener Jahre in die Ermittlung der Kapitalkosten führt zudem dazu, dass die Rendite sowie die Risiken solcher Unternehmen Berücksichtigung finden, die in das für die Berechnung der Marktrendite herangezogene Marktportfolio einbezogen werden.[488] Wie einzelne Unternehmen das für ihre Berechnung Anwendung findende Marktportfolio definieren, ist im Detail individuell festzulegen.[489] Grundsätzlich kann ein Portfolio herangezogen werden, in welchem sich Unternehmen befinden, die aufgrund bestimmter Ähnlichkeiten in direkter Konkurrenz zum eigenen Unternehmen stehen und an deren Rendite und Risikosituation man sich zu messen hat.[490] Daher wird dem Kriterium der Berücksichtigung der Rendite und des Risikos vergleichbarer Unternehmen auf diese Weise Rechnung getragen. Um zu beurteilen, inwieweit das CAPM systematische und unsystematische Risiken berücksichtigt, bedarf es einer weiterführenden Analyse. Eine scheinbar fehlende Einbeziehung unsystematischer Risiken stellt einen häufigen Kritikpunkt in Bezug auf die Eignung des CAPM dar.[491] Wäre die Annahme korrekt, dass für Kapitalgeber aufgrund perfekt diversifizierter Portfolios ausschließlich systematische Risiken relevant sind, dann würden Abweichungen einer einzelnen Rendite vom Marktportfolio nur durch eine stärkere Reaktion auf systematische Risiken erklärt werden können. In diesem Fall würde die Verwendung historischer Betadaten tatsächlich nur das vergangene systematische Risiko eines Unternehmens zum Ausdruck bringen. Da Kapitalgeber in der Realität aber nicht über perfekt diversifizierte Portfolios verfügen und für sie entsprechend Abschnitt 4.2.2 unsystematische Risiken relevant sind, wirken sich diese auch auf den Börsenkurs aus und beeinflussten ihn folglich

---

[488] Vgl. Kruschwitz/Löffler (2008), S. 806 f.

[489] Die verschiedenen in der Praxis vorzufindenden Möglichkeiten resultieren daraus, dass die Einbeziehung aller risikobehafteten Kapitalanlagemöglichkeiten – wie es die korrekte Anwendung des CAPM erfordern würde – unmöglich ist, vgl. Kruschwitz/Löffler (2008), S. 806.

[490] Folglich ist die Verwendung eines möglichst umfassenden Marktportfolios, welches dem in der Modellentwicklung herangezogenen Portfolio am ehesten entsprechen würde, nicht zu befürworten, vgl. Dörschell/Franken/Schulte/Brütting (2008), S. 1157.

[491] Für eine fehlende Berücksichtigung der unsystematischen Risiken vgl. von Weizsäcker/Krempel (2004), S. 4; Kratz/Wangler (2005), S. 171.

in der Vergangenheit.[492] Aus diesem Grund können in der Vergangenheit existierende Abweichungen einer einzelnen Aktie vom Marktportfolio nicht nur durch andere systematische Risiken erklärt werden, sondern die Entwicklung des unternehmensspezifischen Aktienkurses hängt von den für den Kapitalgeber bedeutenden systematischen und unsystematischen Risiken ab. Somit werden bei einer Ermittlung des Betafaktors unter Verwendung in der Vergangenheit realisierter Aktienrenditen unsystematische Risiken berücksichtigt.[493] Die häufig vorzufindende Kritik der fehlenden Berücksichtigung unsystematischer Risiken in den Eigenkapitalkosten ist daher bei einer solchen – in der Realität anzutreffenden – Vorgehensweise falsch.[494] Die Anforderung der Einbeziehung systematischer und unsystematischer Risiken kann folglich als erfüllt angesehen werden. Gleiches gilt für die Verfügbarkeit der Daten. Sofern es sich um ein an der Börse gelistetes Unternehmen handelt, sind die in die Berechnung einzubeziehenden Daten öffentlich zugänglich. Zu bestätigen ist zudem die Forderung nach einem Vergangenheitsbezug. Bei der dargestellten standardmäßigen Anwendung des CAPM werden die in der Vergangenheit realisierte Marktrendite sowie die Entwicklung der betrachteten Kapitalanlage einbezogen. Die geforderte weite Verbreitung der Methodik ist beim CAPM definitiv zu bejahen.[495] Da das Modell auf öffentlich verfügbaren Daten basiert, ist die auf dem Modell basierende Ermittlung des Kapitalkostensatzes zumindest in Teilen als intersubjektiv nachprüfbar einzustufen.[496] Dennoch existieren bei der Bestimmung des risikolosen Zinssatzes, der Marktrendite und des Betafaktors große Ermessensspielräume,[497] so dass die Kapitalkosten von Subjektivität gekennzeichnet sind, obwohl häufig von objektivierten Risikoprä-

---

[492] Vgl. Abschnitt 4.2.2. Zur Wirkung unsystematischer Risiken auf den Aktienkurs vgl. zudem Smithson/Associates/Simkins (2005), S. 15.

[493] Vgl. Kern/Mölls (2010), S. 441. Für die Arbitrage Pricing Theory (APT) liefern Hamerle/Rösch eine auf das CAPM übertragbare statistische Begründung, vgl. Hamerle/Rösch (1998), S. 38 ff.

[494] Trotz der expliziten Annahme einer auf vergangenen Daten basierenden Ermittlung des Betafaktors im wertorientierten Management wird die fehlende Berücksichtigung des unsystematischen Risikos bspw. unterstellt von Schmidbauer (2000), S. 154 u. 159.

[495] Vgl. Kuhner (2007), S. 828 ff.

[496] Vgl. Kuhner (2007), S. 825 ff.

[497] Die Ermessensspielräume ergeben sich bspw. durch die Auswahl der Laufzeit einer Staatsanleihe, deren Rendite für den risikolosen Zinssatz verwendet wird, durch die Wahl des Beobachtungszeitraums, der für die Beta-Ermittlung herangezogen wird, durch die Auswahl des Aktienportfolios, welches die Rendite des Marktportfolios repräsentiert. Beispiele, für sich aufgrund der Ermessenspielräume ergebende Unterschiede in den Kapitalkosten, liefern Daske/Gebhardt (2006), S. 532.

mien gesprochen wird.[498] Daher ist die Manipulationsresistenz insgesamt als eingeschränkt zu bezeichnen. Da die reine Methodik der Kapitalkostenermittlung gut nachvollziehbar ist und aufgrund der Vielzahl von Jahren, die in die Ermittlung der Renditeforderung einbezogen werden, Schwankungen der Kapitalkostensätze vergleichsweise klein sind, kann daraus geschlossen werden, dass eine mittels des CAPM berechnete Renditeforderung der Eigenkapitalgeber auf eine Akzeptanz seitens der Mitarbeiter trifft. Die Verfügbarkeit der Daten ermöglicht eine Ermittlung des Eigenkapitalkostensatzes ohne großen wirtschaftlichen Aufwand, so dass auch das Kriterium der Wirtschaftlichkeit als erfüllt angesehen werden kann.

Betrachtet man das in der Praxis vorzufindende und auf das CAPM zurückzuführende Vorgehen zur Ermittlung der Eigenkapitalkosten, dann zeigt die Analyse, dass diese Methodik einen Großteil der an ein Kapitalkostenmodell zu stellenden Anforderungen erfüllt. Daher kann diese Vorgehensweise als eine durchaus geeignete (und dennoch als eine im Folgenden zu kritisierende) Methode angesehen werden, um die Renditeforderungen der Eigenkapitalgeber möglichst genau zu schätzen.

5.3.1.2 Das Capital Asset Pricing Model auf Basis fundamentaler Betas

5.3.1.2.1 Allgemeine Darstellung des Modells

Hierbei handelt es sich nicht um eine konkrete Methode, sondern es gibt verschiedene Verfahren, die für eine Ermittlung des Betafaktors nicht auf den Aktienkurs, sondern auf unternehmensbezogene Daten zurückgreifen und allesamt als „CAPM auf Basis fundamentaler Betas" bezeichnet werden.[499] Ein fundamentaler Betafaktor ist folglich ein solcher, der auf Basis historischer oder prognostizierter unternehmensbezogener Fundamentaldaten ermittelt wird.[500] In der Regel finden dem Geschäftsbericht zu entnehmende Informationen Anwendung. So wird bspw. eine Abhängigkeit des unternehmensbezogenen Betafaktors von dem Verschuldungsgrad des entsprechenden Unternehmens konstatiert.[501] In einer anderen Arbeit

---

[498] Vgl. von Weizsäcker/Krempel (2004), S. 4 f.

[499] Vgl. Jähnchen (2009), S. 4. Die erste Arbeit, die diesem Themenkomplex zugeordnet werden kann, stammt von Beaver, Kettler und Scholes, vgl. Beaver/Kettler/Scholes (1970), S. 654 ff.

[500] Vgl. Jähnchen (2009), S. 84.

[501] Vgl. Jähnchen (2009), S. 85.

wird der Betafaktor durch die Kovarianz der Eigenkapitalrendite eines Unternehmens mit der Eigenkapitalrendite aller zu einem Marktportfolio gehörenden Unternehmen bestimmt.[502] Ein solches Vorgehen ist den Arbeiten zuzuordnen, die ein sog. Accounting Beta propagieren. Zur Ermittlung eines Accounting Beta wird allgemein eine Zeitreihenregression in Bezug auf eine Erfolgsgröße eines Unternehmens und die entsprechende Erfolgsgröße eines Vergleichsindexes herangezogen:[503]

$$\beta_{Acc} = \frac{Cov(Y_i, Y_M)}{Var(Y_M)}$$

Dabei gilt:

β_{Acc}	=	Accounting Beta
Y_i	=	Erfolgsgröße des Unternehmens i
Y_M	=	Durchschnittliche Erfolgsgröße des Marktportfolios

5.3.1.2.2 Analyse der Eignung des Modells zur Ermittlung der Eigenkapitalgeberrenditeforderungen im wertorientierten Management

Letztlich geht es bei allen zu dieser Gruppe gehörenden Verfahren darum, einen Proxy für den Betafaktor zu ermitteln.[504] Entsprechend dem Vorgehen zur Bestimmung der Eigenkapitalkosten auf Grundlage des CAPM könnte auch die Rendite auf Basis fundamentaler Betafaktoren zur Bestimmung von Eigenkapitalkostensätzen herangezogen werden. Sofern der fundamentale Betafaktor einen adäquaten Stellvertreter für das unternehmensbezogene Risiko darstellen würde, wäre die Ergebnisgröße zwar nicht direkt, jedoch indirekt als eine vom Risiko abhängige Renditeforderung anzusehen. Die wenigen sich auf den deutschen Kapitalmarkt beziehenden Untersuchungen brachten jedoch keine empirische Evidenz fundamentaler Betafaktoren hervor; zwischen den für die einzelnen Untersuchungen herangezogenen Fundamentaldaten und den systematischen Risiken konnte

502 Vgl. Becker (2000), S. 71.

503 Vgl. Jähnchen (2009), S. 88; Zimmermann (1997), S. 269.

504 Vgl. entfernt Nöll/Wiedemann (2008), S. 289.

folglich kein Zusammenhang nachgewiesen werden.[505] Somit werden die notwendigen Anforderungen an ein im wertorientierten Management Anwendung findendes Kapitalkostenmodell nicht erfüllt und eine Vorteilhaftigkeitsanalyse ist demnach nicht durchzuführen.

5.3.2 Arbitrage Pricing Theory

5.3.2.1 Allgemeine Darstellung des Modells

Ross bezeichnet die von ihm entwickelte Arbitrage Pricing Theory (APT) als eine Alternative zum CAPM.[506] Wie das CAPM versucht die APT das Zustandekommen einer Rendite zu erklären und vorherzusagen. Sie wird gegenüber dem CAPM aber dahingehend als ein Fortschritt bezeichnet, dass sie „die Beziehung zwischen Risiko und Rendite nicht aus einer ökonomischen Gleichgewichtsbedingung, sondern lediglich aus einer No Arbitrage-Bedingung ableitet."[507] Die APT liefert eine theoretische Herleitung dafür, dass es verschiedene Faktoren geben kann, die die Höhe der Rendite beeinflussen.[508] Für die Bestimmung der Eigenkapitalkosten ergibt sich daher die folgende sehr allgemein gehaltene Formel:[509]

$$E(r_i) = r_f + (\beta_{i1} * Rp_1) + (\beta_{i2} * Rp_2) + \cdots + (\beta_{in} * Rp_n)$$

Dabei gilt:

$E(r_i)$	=	Erwartete Rendite des betrachteten Unternehmens
r_f	=	Risikofreier Zinssatz
$Rp_1 \dots Rp_n$	=	Risikoprämie für Risikofaktor 1 bis n
$\beta_{i1} \dots \beta_{in}$	=	Sensitivität der Rendite des betrachteten Unternehmens gegenüber den verschiedenen Risikofaktoren

---

505 Vgl. Jähnchen (2009), S. 103.

506 Vgl. Ross (1976), S. 341.

507 Von Weizsäcker/Krempel (2004), S. 5. Eine No Arbitrage-Bedingung ist weniger restriktiv als eine ökonomische Gleichgewichtsbedingung.

508 Vgl. Pratt/Grabowski (2008), S. 244.

509 Vgl. Pratt/Grabowski (2008), S. 244.

Für die verschiedenen Risikofaktoren, die die erwartete Rendite einer Aktie beeinflussen, existiert jeweils ein Marktpreis. Die spezifische Rendite einer speziellen Aktie hängt von der Sensitivität dieses Anlagenobjektes gegenüber den verschiedenen Risikofaktoren ab.[510] Alle Aktien sind folglich von den gleichen Risikoquellen abhängig, sie reagieren lediglich unterschiedlich sensitiv auf diese.[511] Die APT wird teilweise dahingehend interpretiert, dass sich in der Marktrendite verschiedene Risiken niederschlagen und diese bei Verwendung der APT explizit ausgewiesen werden.[512] Bei entsprechender Interpretation müssten CAPM und APT folglich das gleiche Gesamtergebnis hervorbringen. Andere Autoren interpretieren die dem CAPM entstammende Marktrendite lediglich als einen der verschiedenen Faktoren, die die Rendite einer einzelnen Aktie beeinflussen können.[513] Unabhängig der Interpretation liefert die APT keine Hinweise auf konkrete Einflussfaktoren,[514] weswegen sie als eine konzeptionelle Hülse bezeichnet wird, die es mit ökonomischem Inhalt zu füllen gilt.[515] Um diese Faktoren zu spezifizieren, sind empirische Analysen heranzuziehen.[516]

5.3.2.2 Analyse der Eignung des Modells zur Ermittlung der Eigenkapitalgeberrenditeforderungen im wertorientierten Management

Da die Ausgestaltung dieser Risikofaktoren durch empirische Untersuchungen zu ermitteln ist, diese Studien aber keine einheitlichen Ergebnisse hervorbringen,[517] existiert keine eindeutige, auf der APT basierende Methode zur Bestimmung der Eigenkapitalkostensätze.[518] Es gibt demnach keine allgemeingültige Ergebnisgröße, die als risikoabhängige Renditeforderung interpretiert werden kann, so dass

[510] Vgl. Zimmermann (1996), S. 167.

[511] Vgl. Wallmeier (2000), S. 29.

[512] Vgl. Wallmeier (2000), S. 28.

[513] Vgl. Zimmermann (1996), S. 167.

[514] Vgl. Hamerle/Rösch (1998), S. 39; Pratt/Grabowski (2008), S. 247.

[515] Vgl. Zimmermann (1996), S. 167.

[516] Vgl. Kruschwitz/Löffler (1997), S. 648.

[517] Vgl. Hamerle/Rösch (1998), S. 45.

[518] Unter der APT lassen sich daher verschiedene Modellansätze subsumieren, vgl. Hamerle/Rösch (1998), S. 39.

bereits diese notwendige Anforderung nicht erfüllt wird und jede weitere Gütebeurteilung unterbleiben kann.

5.3.3 3 Factor Model

5.3.3.1 Allgemeine Darstellung des Modells

Während die APT theoretisch herleitet, dass mehrere Faktoren existieren, die ein preisbeeinflussendes Risiko darstellen,[519] liefert das auf *Fama* und *French* zurückgehende 3 Factor Model auf Basis empirisch beobachteter Daten konkrete Parameter, die für die Höhe der Rendite verantwortlich gemacht werden:[520]

$$E(r_i) = r_f + (\beta_i * Rp_M) + (s_i * Rp_{SMB}) + (h_i * Rp_{HML})$$

Dabei gilt:

$E(r_i)$	=	Erwartete Rendite des betrachteten Unternehmens
r_f	=	Risikofreier Zinssatz
β_i	=	Sensitivität der Rendite des betrachteten Unternehmens gegenüber dem Marktrisiko
Rp_M	=	Marktrisikoprämie
s_i	=	„small-minus-big"-Koeffizient
Rp_{SMB}	=	Erwartete „small-minus-big"-Risikoprämie
h_i	=	„high-minus-low"-Koeffizient
Rp_{HML}	=	Erwartete „high-minus-low"-Risikoprämie

Neben der Marktrendite des CAPM beeinflussen die Firmengröße sowie das Buchwert-Marktwert-Verhältnis die Rendite von Aktien.[521] Die Firmengröße wird

519 Vgl. Ziegler/Schröder/Schulz/Stehle (2007), S. 361.

520 Vgl. Fama/French (1996), S. 55 f.; Pratt/Grabowski (2008), S. 248.

521 Vgl. Fama/French (1993), S. 3.

über den SMB-Faktor zum Ausdruck gebracht.[522] Dieser bemisst die Renditedifferenz zwischen Unternehmen mit einer hohen Marktkapitalisierung und einer niedrigen Marktkapitalisierung.[523] Kleinere Firmen stellen u.a. ein höheres Risiko dar, weil der Misserfolg eines Produktes aufgrund der fehlenden Produktvielfalt eher zu existenzgefährdenden Schwierigkeiten führen kann, als dies bei einem größeren Unternehmen in der Regel der Fall ist.[524] Insgesamt ist eine Investition in kleinere Unternehmen daher mit mehr Unsicherheit verbunden, weswegen dieses Risiko mit einer entsprechend höheren Rendite kompensiert werden muss. Das Buchwert-Marktwert-Verhältnis wird über den HML-Faktor zum Ausdruck gebracht. Der HML-Faktor bemisst die Renditedifferenz zwischen Unternehmen mit einem hohen und mit einem niedrigen Marktwert-Buchwert-Verhältnis.[525] Unternehmen mit einem hohen Buchwert-Marktwert-Verhältnis verfügen häufig über keinen Markennamen und damit auch über kaum intellektuelles Kapital, eine schwache Organisation oder Marktdurchdringung und stehen häufig einer Restrukturierung gegenüber, deren Erfolg fraglich ist, weshalb auch dieses zu übernehmende Risiko mit einer entsprechenden Rendite zu kompensieren ist.[526] Die Betaparameter repräsentieren die Sensitivität des Betrachtungsobjektes gegenüber den drei die Rendite erklärenden Faktoren.[527] Die mit einer Aktie zu erzielende Rendite hängt somit von der Marktrendite, dem SMB- und dem HML-Faktor sowie ihrer jeweiligen Sensitivität gegenüber diesen Faktoren ab.[528]

---

[522] Zur Operationalisierung dieser Größe stellen sie auf die Marktkapitalisierung ab, vgl. Fama/French (1993), S. 7 f.

[523] Vgl. Vogler (2009), S. 383; Schlecker (2009), S. 96.

[524] Vgl. Bieri/Spremann (2010), S. 134.

[525] Vgl. Vogler (2009), S. 383.

[526] Vgl. Bieri/Spremann (2010), S. 134.

[527] Vgl. Viebig (2010), S. 389.

[528] Vgl. Fama/French (1996), S. 55. Für ihre Untersuchung führen Fama/French eine lineare Querschnitts-Regression durch, vgl. Ziegler/Schröder/Schulz/Stehle (2007), S. 356. Um die Faktoren SMB und HML zu erhalten, ziehen sie die an der NYSE, Amex und NASDAQ gehandelten Aktien heran und ordnen sie den Gruppen „kleine Unternehmen“ bzw. „große Unternehmen“ sowie der in drei Gruppen unterteilten Kennzahl Buchwert/Marktwert-Ratio zu, so dass es letztlich sechs Portfolios gibt, vgl. Bieri/Spremann (2010), S. 132 f.

5.3.3.2 Analyse der Eignung des Modells zur Ermittlung der Eigenkapitalgeberrenditeforderungen im wertorientierten Management

Die Ergebnisgröße, die das Modell hervorbringt, ist eine von verschiedenen Risiken abhängige Rendite, so dass diese notwendige Anforderung erfüllt wird. Da das Modell von Fama und French allerdings auf empirisch erhobenen Daten basiert und nicht das Resultat einer theoretischen Analyse darstellt,[529] Untersuchungen für den deutschsprachigen Raum die Ergebnisse jedoch nicht bestätigen konnten,[530] wird die zweite notwendige Anforderung nicht erfüllt. Eine weitere Vorteilhaftigkeitsanalyse entfällt daher auch für dieses Modell.

5.3.4 Market-derived Capital Pricing Model

5.3.4.1 Allgemeine Darstellung des Modells

Das Market-derived Capital Pricing Model (MCPM) wurde originär zur Ermittlung von Eigenkapitalkostensätzen konzipiert.[531] Die Höhe der Kapitalkostensätze wird dem Modell zu Folge von dem „National Confiscation Risk", dem „Corporate Default Risk" sowie dem „Equity Return Risk" beeinflusst, da die Anleger für die Übernahme dieser Risiken eine Kompensation verlangen.[532] Unter dem „National Confiscation Risk" wird die Gefahr eines Vermögensverlusts subsumiert, der auf politische Entscheidungen zurückzuführen ist.[533] Dieses Risiko ist auch mit dem Kauf von Staatsanleihen verbunden, weswegen die Übernahme dieses Risikos durch den Zinssatz von Staatsanleihen zum Ausdruck gebracht wird.[534] Das „Corporate Default Risk" ergibt sich aus der potenziellen Gefahr von Fehlern seitens des Managements, aus denen ein Vermögensverlust resultieren kann.[535] Mit dem Kauf einer Anleihe eines Unternehmens geht auch die Übernahme des ent-

---

529 Vgl. Pratt/Grabowski (2008), S. 248. Es ist allerdings konsistent mit der im vorherigen Abschnitt erläuterten APT, vgl. Fama/French (1993), S. 55; Fama/French (1996), S. 55. Dann darf die APT allerdings nicht dahingehend interpretiert werden, dass die Faktoren quasi nur eine Aufteilung des systematischen Risikos darstellen, denn Fama/French arbeiten Faktoren heraus, die neben der Marktrendite noch preisbestimmend sind.

530 Vgl. Ziegler/Schröder/Schulz/Stehle (2007), S. 357 f.

531 Vgl. McNulty/Yeh/Schulze/Lubatkin (2002), S. 114 ff.

532 Vgl. McNulty/Yeh/Schulze/Lubatkin (2002), S. 117.

533 Vgl. McNulty/Yeh/Schulze/Lubatkin (2002), S. 117.

534 Vgl. McNulty/Yeh/Schulze/Lubatkin (2002), S. 117.

535 Vgl. McNulty/Yeh/Schulze/Lubatkin (2002), S. 117.

sprechenden Risikos einher. Sofern von der Verzinsung einer Unternehmensanleihe die Verzinsung einer Staatsanleihe mit gleicher Laufzeit abgezogen wird, erhält man die Kompensation für die Übernahme des „Corporate Default Risk".[536] Von dem „National Confiscation Risk" und dem „Corporate Default Risk" sind auch Fremdkapitalgeber betroffen. Eigenkapitalgeber tragen zusätzlich noch das „Equity Return Risk", welches die Nachrangigkeit des Eigenkapitals gegenüber dem Fremdkapital im Falle einer Insolvenz abbildet.[537] Die Höhe der Rendite, die die Eigenkapitalgeber für die Übernahme dieser Rendite fordern, ist deutlich komplexer zu ermitteln. Hierfür schlagen *McNulty*, *Yeh*, *Schulze* und *Lubatkin* ein vierstufiges Verfahren vor:[538]

1. **Ermittlung des zukünftigen Break-Even-Aktienkurses**

In diesem Schritt gilt es, den Aktienkurs zu ermitteln, der mindestens erreicht werden muss, damit die den Eigenkapitalgebern zufließenden Erträge genauso hoch sind wie die Verzinsung, die beim Kauf einer Anleihe des entsprechenden Unternehmens erzielt worden wäre.[539] Die den Eigenkapitalgebern zufließenden Erträge setzen sich zusammen aus den Erträgen des Kursgewinns sowie den Erträgen aus Dividenden:

$$\begin{aligned} \textit{Erträge der Eigenkapitalgeber} = \textit{Erträge aus Kursgewinn} \\ + \textit{Erträge aus Dividenden} \end{aligned}$$

Unter Annahme einer Konstanz der Dividendenpolitik der letzten Jahre wird die Dividendenrendite für die der Unternehmensanleihe entsprechenden Laufzeit geschätzt. Subtrahiert man diese Dividendenrendite von dem Schuldzins einer Unternehmensanleihe, dann erhält man die durch den Aktienkurs zu erzielende Rendite:

$$Aktienkursrendite \geq Schuldzins - Dividendenrendite$$

536 Vgl. McNulty/Yeh/Schulze/Lubatkin (2002), S. 117.

537 Vgl. McNulty/Yeh/Schulze/Lubatkin (2002), S. 117.

538 Vgl. McNulty/Yeh/Schulze/Lubatkin (2002), S. 118 ff. Die Vorgehensweise der Ermittlung des „Equity Return Risk" stellt eine Zusammenfassung der entsprechenden Seiten dar.

539 Die geplante Haltedauer der Aktie wird mit der Laufzeit einer Anleihe gleichgesetzt.

Unter Einbeziehung dieses Wertes lässt sich der Kurs ermitteln, der mindestens bis zum Ende der Laufzeit der für die Berechnung zugrunde gelegten Unternehmensanleihe erzielt werden muss:

$$Zielaktienkurs = Aktueller\ Aktienkurs * (1 + minimal\ erwartete\ Rendite)^n$$

2. **Schätzung der künftigen Kursschwankungen**

   Als Nächstes wird die Volatilität des Aktienkurses berechnet, da das Nichterreichen des im vorherigen Schritt ermittelten Zielaktienkurses für die Kapitalgeber ein Risiko darstellt, welches sie entgolten haben möchten. Für die Berechnung dieser Wahrscheinlichkeit wird auf das Black-Scholes-Modell zurückgegriffen.[540] Mithilfe dieses Modells kann die Volatilität des Aktienkurses ermittelt werden.

3. **Ermittlung des Preises einer Put-Option zur Bestimmung der Kosten für eine Absicherung des Kursverlustes**

   Die Kenntnis über die Volatilität des Aktienkurses wird genutzt, um – erneut unter Anwendung des Black-Scholes-Modells – den Preis für eine Put-Option zu ermitteln, durch welche sich Aktionäre gegen fallende Kurse absichern können. Der Break-Even-Aktienkurs wird bei der Berechnung als Basispreis der Option verwendet. Der Preis dieser Put-Option stellt folglich die Kosten für eine Versicherung eines Fallens des Aktienkurses unter den Break-Even-Aktienkurs dar.

4. **Herleitung der jährlichen überschüssigen EK-Rendite**

   Die für den Kauf der Versicherung in Form einer Put-Option anfallenden Kosten sollen im letzten Schritt in eine jährliche Prämie überführt werden:

$$\ddot{U}berschüssige\ Eigenkapitalrendite = \frac{\frac{Optionspreis}{Kassakurs}}{\frac{1}{Anleihenrendite} - \frac{1}{Anleihenrendite} * (1 + Anleihenrendite)^t}$$

540 Zum Black-Scholes-Modell vergleiche im Original Black/Scholes (1973), S. 637 ff. Anwendungsorientierte Erläuterungen zu diesem komplexen Modell sind u.a. zu finden bei Brealey/Myers/Allen (2008), S. 599 ff.

Diese Überschussrendite, die auf die Nachrangigkeit des Eigenkapitals zurückzuführen ist, wird zu der Rendite von Unternehmensanleihen hinzuaddiert. Der sich dann ergebende Wert stellt den Eigenkapitalkostensatz dar.[541]

5.3.4.2 Analyse der Eignung des Modells zur Ermittlung der Eigenkapitalgeberrenditeforderungen im wertorientierten Management

Da das MCPM originär zur Ermittlung von Eigenkapitalkostensätzen konzipiert wurde, ist es bei diesem Modell nicht nötig, zu eruieren, inwieweit sich die Ergebnisgröße des Modells auch als Renditeforderung seitens der Eigenkapitalgeber interpretieren lässt. Zudem beeinflussen verschiedene Risiken die Höhe der Renditeforderung, so dass die Anforderung der Ermittlung einer als risikoabhängige Renditeforderung interpretierbare Ergebnisgröße als einwandfrei erfüllt angesehen werden kann. Es handelt sich um ein theoretisch hergeleitetes Modell. Wie jedem theoretischen Modell kann auch dem MCPM Kritik entgegen gebracht werden,[542] jedoch wird durch diese Kritik nicht die grundsätzliche theoretische Fundierung in Frage gestellt. Somit werden die notwendigerweise an ein Kapitalkostenmodell zu stellenden Anforderungen erfüllt und es ist dessen Vorteilhaftigkeit zu bestimmen.

Zur Bestimmung des „National Confiscation Risk" werden Staatsanleihen herangezogen. In Anbetracht dessen, dass sie zur Ermittlung eines Risikos Anwendung finden, stellen Staatsanleihen im Kontext des MCPM kein Synonym für risikolose Anlagen dar. Da Staatsanleihen bei einer Ermittlung der Kapitalkosten mithilfe des CAPM in Deutschland allerdings standardmäßig als repräsentativ für die risikolose Opportunitätsrendite angesehen werden und dieser Ansicht auch bei einer Bewertung des CAPM gefolgt wurde, ist zwangsläufig zu unterstellen, dass die risikolose Opportunitätsrendite auch bei einer Ermittlung der Eigenkapitalkostensätze mithilfe des MCPM Berücksichtigung findet. Entsprechend der Ausführungen in Abschnitt 4.2.2, denen zufolge der Fremdkapitalkostensatz und auch die Renditeforderungen der Eigenkapitalgeber sowohl durch systematische als auch durch unsystematische Risiken beeinflusst werden, gibt es keinerlei Gründe, die dafür sprechen, dass sich nicht auch beide Risikokategorien auf die Höhe der Verzinsung von Anleihen niederschlagen. Somit ist zu unterstellen, dass die Höhe des

[541] Vgl. McNulty/Yeh/Schulze/Lubatkin (2002), S. 119 f.

[542] Vgl. Uzík/Weiser (2003), S. 708.

„Corporate Default Risk“ neben den systematischen Risiken auch durch die unsystematischen Risiken beeinflusst wird.

Die Renditen und Risiken vergleichbarer Unternehmen werden nicht explizit berücksichtigt, jedoch wirkt sich der Aktienmarkt auf die Höhe der Rendite einer Unternehmensanleihe aus.[543] Da der Aktienmarkt durch die Renditen und Risiken von Konkurrenzunternehmen beeinflusst wird, fließen diese somit indirekt in die Höhe eines auf Basis des MCPM ermittelten Eigenkapitalkostensatzes mit ein. Die für eine Anwendung des MCPM benötigten Daten, wie die Dividenden der letzten Jahre, der Aktienkurs, der Zinssatz einer Unternehmensanleihe, der Basispreis einer Option sowie deren Restlaufzeit und der Kassakurs, sind extern verfügbar. Vergangenheitsbezogene Daten werden insoweit berücksichtigt, dass der aktuelle Aktienkurs sowie der aktuelle Zinssatz für Staatsanleihen und Untenehmensanleihen immer auch ein Resultat ihrer Historie sind. Es werden jedoch keine vergangenheitsbezogenen Daten explizit berücksichtigt. Die Anforderung an die Verbreitung der Methode wird nicht erfüllt, denn das MCPM stellt derzeit nur eine selten Anwendung findende Methode dar,[544] was u.a. der dem Modell inhärenten Komplexität geschuldet ist. Genauso wie beim CAPM existieren Manipulationsmöglichkeiten bezüglich der Auswahl der Laufzeit der in das Modell einfließenden Anleihen. Da sich die Laufzeit auf die Rendite der Anleihen auswirkt, wird dadurch auch der Eigenkapitalkostensatz beeinflusst, so dass auch die Anforderung der Manipulationsresistenz wie beim CAPM nicht erfüllt wird. Besonders kritisch zu beurteilen ist die Komplexität des MCPM, die eine breite Akzeptanz im Unternehmen kaum möglich macht. Insbesondere das im Rahmen der Ermittlung des Eigenkapitalkostensatzes Anwendung findende Black-Scholes-Modell ist vergleichsweise kompliziert, so dass keine offensichtlich nachvollziehbare Renditeforderung ermittelt wird. Gegen eine hohe Akzeptanz im Unternehmen spricht zudem die Einbeziehung eines stichtagsbezogenen Aktienkurses bei der Ermittlung des Zielaktienkurses, woraus sich das „Equity Return Risk“ und somit letztlich auch der Eigenkapitalkostensatz ergeben. Dadurch sind in sehr kurzen Zeitabständen sich deutlich unterscheidende Renditeforderungen möglich, weswegen keine Robustheit der Ergebnisse vorliegt, deren Notwendigkeit bei der

[543] Vgl. Schlecker (2009), S. 117 f.

[544] Vgl. Steinle/Krummaker/Lehmann (2007), S. 208.

Entwicklung der Anforderungskriterien begründet wurde. Daher wird die Forderung nach der Akzeptanz des Modells nicht erfüllt. Das MCPM ist vergleichsweise komplex, die Ermittlung eines Kapitalkostensatzes unter Anwendung des Modells ist im Zeitalter schneller Computer selbstverständlich möglich, aber mit größerem Aufwand verbunden, weswegen das Kriterium der Wirtschaftlichkeit als eingeschränkt erfüllt angesehen wird. Insgesamt zeigt sich daher eine relevante Unterlegenheit gegenüber dem CAPM.

5.3.5 Implizite Kapitalkosten

5.3.5.1 Allgemeine Darstellung des Modells

Der den Eigenkapitalkostensatz repräsentierende implizite Kapitalkostensatz ist „the rate-of-return that the market implicitly uses to discount the expected future cash flows of the firm."[545] Formal wird er wie folgt ermittelt:[546]

$$\begin{aligned} p_t = {} & E(bvps_t) \\ & + \sum_{n=1}^{5} \frac{feps_{t+n} - r_{EK} * bvps_{t+n-1}}{(1 + r_{EK})^n} \\ & + \sum_{n=6}^{11} \frac{(FROE_{t+n} - r_{EK}) * bvps_{t+n-1}}{(1 + r_{EK})^n} \\ & + \frac{(FROE_{t+12} - r_{EK}) * bvps_{t+11}}{r_{EK} * (1 + r_{EK})^{11}} \end{aligned}$$

Dabei gilt:

p_t	=	Preis pro Aktie zum Zeitpunkt t
$E_{t[\cdot]}$	=	Erwartungswertoperator für den Zeitpunkt t
$feps_t$	=	Prognostizierter Gewinn pro Aktie für die Periode t
r_{EK}	=	Erwarteter Eigenkapitalkostensatz

545 Gebhardt/Lee/Swaminathan (2001), S. 137.

546 Vgl. Daske/Gebhardt (2006), S. 537. Es wird bewusst die von den Autoren gewählte Bezeichnung r_{EK} für den Eigenkapitalkostensatz verwendet und nicht die in den vorherigen Formeln gewählte Bezeichnung r_i, da mit der Formel des impliziten Kapitalkostenmodells explizit ein Eigenkapitalkostensatz ermittelt werden soll.

$bvps_t$	=	Buchwert des Eigenkapitals pro Aktie zum Zeitpunkt t
$FROE_t$	=	Prognostizierter Return on Equity zum Zeitpunkt t

Die Idee aller impliziten Kapitalkostenmodelle besteht darin, mithilfe einer Inversion klassischer Unternehmensbewertungsmodelle den Eigenkapitalkostensatz zu ermitteln.[547] Der Aktienkurs multipliziert mit allen verfügbaren Aktien entspricht annahmegemäß dem Unternehmenswert.[548] Der Aktienkurs wird grundsätzlich angesehen als der Buchwert einer Aktie zuzüglich der Summe aller auf diese Aktie in der Zukunft entfallenden, diskontierten Residualgewinne.[549] Daher wird der Preis pro Aktie in der Formel gleichgesetzt mit dem Buchwert des Eigenkapitals der Aktie (1. Summand) und den diskontierten Residualgewinnen pro Aktie (2.-4. Summand). Der Residualgewinn ergibt sich aus dem Gewinn einer Aktie abzüglich der Eigenkapitalkosten bzw. aus einer Multiplikation der Differenz von Eigenkapitalrentabilität und Eigenkapitalkostensatz mit dem Buchwert des Eigenkapitals. Damit der Eigenkapitalkostensatz, welcher die Zielgröße des Modells bildet, die einzige Unbekannte darstellt, werden somit die zukünftigen Gewinne bzw. die zukünftige Eigenkapitalrentabilität, der Buchwert des Eigenkapitals der Aktie in der jeweiligen Periode sowie der aktuelle Aktienkurs benötigt.[550]

Die Residualgewinne werden für die ersten fünf Jahre (Detailperiode, 2. Summand) auf Basis der in Datenbanken explizit verfügbaren Gewinnprognosen von Analysten ermittelt.[551] Da ab der sechsten Periode in der Regel keine expliziten Gewinnprognosen mehr existieren, wird der Übergewinn von der sechsten bis zur elften Periode unter Verwendung der Eigenkapitalrentabilität ermittelt. Hierbei

---

547 Vgl. Gebhardt/Daske (2004), S. 14; Daske/Gebhardt (2006), S. 537. Neben dem Ansatz von Daske/Gebhardt (2006) wurden die bekanntesten Ansätze entwickelt von Claus/Thomas (2001); Gebhardt/Lee/Swaminathan (2001); Easton/Taylor/Shroff/Sougiannis (2002).

548 Vgl. Daske/Gebhardt (2006), S. 538.

549 Vgl. Gebhardt/Lee/Swaminathan (2001), S. 141.

550 Vgl. Easton/Taylor/Shroff/Sougiannis (2002), S. 660.

551 Vgl. Claus/Thomas (2001), S. 1637 sowie Daske/Gebhardt (2006), S. 537 f. Diese Annahme impliziert, dass ein Unternehmen langfristig nicht profitabler als der Branchendurchschnitt sein kann, vgl. Daske/Gebhardt (2006), S. 538. In den Ausführungen von Gebhardt/Lee/Swaminathan wird zudem knapp die Problematik der Beschaffung entsprechender Daten thematisiert, die fehlende Lösung dieses Problems scheint dazu zu führen, dass eine ausführlichere diesbezügliche Diskussion ausbleibt, vgl. Gebhardt/Lee/Swaminathan (2001), S. 141.

wird die Annahme getroffen, dass sich die Eigenkapitalrentabilität an die Branchendurchschnittsrendite, die damit die langfristige Zielrentabilität darstellt, angleicht.[552] Diese Zielrentabilität wird annahmegemäß in der zwölften Periode erreicht und somit ist der Residualgewinn für die einzelnen Jahre mittels einer linearen Interpolation zu berechnen.[553] Von da an wird unterstellt, dass ein konstanter Residualgewinnstrom die ewige Rente bildet, weil sich das Unternehmen in einem Steady State befindet.[554]

Der Buchwert des Eigenkapitals pro Aktie lässt sich unter Zuhilfenahme von Dividendenprognosen ermitteln.[555] Der Buchwert einer Periode entspricht dem Buchwert der Vorperiode zuzüglich des auf die Aktie entfallenden Gewinns und abzüglich der ausgeschütteten Dividende.[556] Somit stellt der Eigenkapitalkostensatz die einzige unbekannte Variable in der Formel dar und kann im Zuge eines iterativen Prozesses ermittelt werden.[557]

5.3.5.2 Analyse der Eignung des Modells zur Ermittlung der Eigenkapitalgeberrenditeforderungen im wertorientierten Management

Analystenmeinungen beeinflussen sehr stark die Kaufentscheidungen der Anleger.[558] Daher können ihre Erwartungen als vergleichsweise repräsentativ für die Aktionäre angesehen werden, so dass sich Analystenmeinungen für das Ermitteln von Renditeforderungen im wertorientierten Management eignen könnten. Dieses

---

[552] Vgl. Gebhardt/Lee/Swaminathan (2001), S. 142 sowie Daske/Gebhardt (2006), S. 538.

[553] Vgl. Gebhardt/Lee/Swaminathan (2001), S. 141 f. Da ab der 12. Periode die Zielrentabilität für die Ermittlung des Residualgewinns herangezogen wird, wird unterstellt, dass sich die Profitabilität eines Unternehmens nicht von vergleichbaren Unternehmen der Branche unterscheiden kann, vgl. Daske/Gebhardt (2006), S. 538.

[554] Vgl. Daske/Gebhardt (2006), S. 538. Hieraus folgt, dass sich die Eigenkapitalrentabilität langfristig an die Kapitalkosten angleicht, vgl. Gebhardt/Lee/Swaminathan (2001), S. 142 sowie Daske/Gebhardt (2006), S. 538. Mitunter wird noch ein Wachstumsfaktor eingebaut, vgl. Claus/Thomas (2001), S. 1640.

[555] Vgl. Daske/Gebhardt (2006), S. 538. Die benötigten Dividendenprognosen sind für die ersten fünf Perioden ebenfalls in Datenbanken verfügbar, ab der sechsten Periode wird unterstellt, dass die Ausschüttungsquote des letzten Detailplanungszeitraums beibehalten wird, vgl. Daske/Gebhardt (2006), S. 538.

[556] Vgl. Gebhardt/Lee/Swaminathan (2001), S. 143.

[557] Vgl. Daske/Gebhardt (2006), S. 538.

[558] Vgl. Daske/Gebhardt (2006), S. 548. Sie weisen darauf hin, dass es fraglich sei, ob die veröffentlichten Analystenmeinungen tatsächlich die Erwartungen aller Kapitalmarktteilnehmer widerspiegeln. Allerdings liefern sie Belege für empirische Studien, die die Relevanz von Analystenmeinungen für Kaufentscheidungen von Anlegern bestätigen.

Modell bringt allerdings das große Problem mit sich, dass es nicht die notwendige Bedingung erfüllt, eine Ergebnisgröße hervorzubringen, welche als risikoabhängige Renditeforderung zu interpretieren ist. Bei einer Ermittlung des Eigenkapitalkostensatzes mithilfe des impliziten Kapitalkostenmodells ist es möglich, dass die Risikoprämie negativ wird.[559] Da die Risikoprämie die Differenz zwischen dem Eigenkapitalkostensatz und der Rendite einer risikofreien Anlage bezeichnet, würde dies bedeuten, dass von den Kapitalgebern für die Übernahme des unternehmensbezogenen Risikos keine zusätzliche Rendite gefordert, sondern sogar noch auf Rendite verzichtet würde. Dies steht nicht im Einklang mit der beabsichtigten Aussagekraft von Eigenkapitalkostensätzen,[560] denn dann könnte die in Unternehmen benötigte Kausalität des Zusammenhangs zwischen Rendite und Risiko vollständig verloren gehen.[561]

5.3.6 Risikodeckungsansatz

5.3.6.1 Allgemeine Darstellung des Modells

In der deutschsprachigen Literatur wird in den letzten Jahren vermehrt von *Gleißner* Kritik an einer Kapitalkostenermittlung auf Basis des CAPM geübt. Seine Kritik bezieht sich insbesondere auf eine nicht adäquate Einbeziehung zukünftiger Risiken in die – mithilfe vergangener Daten – ermittelten Kapitalkosten. Auf Basis dieser Kritik entwickelte er den Risikodeckungsansatz. Dieser setzt nicht erst bei der Ermittlung des Eigenkapitalkostensatzes an, sondern es wird bereits der WACC neu definiert:[562]

---

[559] Vgl. Daske/Gebhardt (2006), S. 544, die solche nicht plausiblen Ergebnisse auch als Resultat einer empirischen Untersuchung erhielten.

[560] Vgl. Daske/Gebhardt (2006), S. 544, die auch keine Begründung für solche Ergebnisse liefern, die die Anwendung des Modells rechtfertigen würden.

[561] Diverse darüber hinausgehende Kritikpunkte sind u.a. zu finden bei Reese (2007), S. 76 ff. sowie Tran (2011), S. 557. Ein sehr häufig vorzufindender Kritikpunkt ist bspw., dass die Analystenschätzungen als Konstante in die Rechnung einfließen und somit als gegeben angenommen werden, wodurch unterstellt wird, dass das Unternehmen den von Seiten der Analysten erwarteten Handlungen folgt („Analyst Following"), vgl. Tran (2011), S. 557.

[562] Vgl. Gleißner (2006c), S. 357.

$$WACC = r_{EK} * \frac{Eigenkapitalbedarf}{Gesamtkapitalbedarf} + r_{FK} * \frac{Gesamtkapital - Eigenkapitalbedarf}{Gesamtkapital} * (1 - s)$$

Dabei gilt:

$WACC$	=	Gesamtkapitalkostensatz
r_{EK}	=	Eigenkapitalkostensatz
r_{FK}	=	Fremdkapitalkostensatz
s	=	Steuersatz

Hierbei ist nicht die Zielkapitalstruktur ausschlaggebend für die Gewichtung von Eigen- und Fremdkapital, sondern diese ergibt sich aus dem gesamten benötigten Kapital- sowie dem Eigenkapitalbedarf. Letzterer drückt den Betrag an risikotragendem Eigenkapital aus, der in einer Periode benötigt wird, um die Insolvenzwahrscheinlichkeit auf ein von der Ratingklasse abhängiges Niveau zu beschränken.[563] Der Eigenkapitalbedarf wird unter Anwendung einer Szenariobetrachtung oder einer Risikosimulation ermittelt und hängt insbesondere von der Wahrscheinlichkeit einer Planabweichung sowie von der Wirkung einer solchen Planabweichung auf den Umsatz bzw. die Kosten ab.[564] Die Berechnung erfolgt auf Basis unternehmensinterner Daten.[565] Nur das risikotragende Eigenkapital ist mit dem entsprechenden Eigenkapitalkostensatz zu versehen.[566] „Das restliche Eigenkapital wird als Gesellschafterdarlehen interpretiert, welches keine höheren Renditeerwartungen als die Fremdkapitalkosten mit sich bringt.“[567] Im Sinne des

[563] Vgl. Eayrs/Gleißner (2006), S. 2 f.

[564] Vgl. Eayrs/Gleißner (2006), S. 3.

[565] Vgl. Eayrs/Gleißner (2006), S. 3.

[566] Vgl. Gleißner (2006c), S. 357.

[567] Eayrs/Gleißner (2006), S. 5.

Autors wird kein Eigenkapital benötigt, das über den mithilfe der Risikosimulation bzw. der Szenarioverfahren ermittelten Eigenkapitalbedarf hinausgeht.[568]

Der Eigenkapitalkostensatz, mit welchem der Eigenkapitalbedarf zu multiplizieren ist, hängt ebenfalls von der Insolvenzwahrscheinlichkeit ab.[569] Er ist formal wie folgt zu berechnen:[570]

$$r_{EK,p} = \frac{r_m - (1-a) * r_{FK}(p)}{a}$$

mit:

$$a = -(r_m - q_p * \sigma_m)$$

Daraus folgt:

$$r_{EK,p} = \frac{r_m * \left(1 - r_{FK}(p)\right) + r_{FK}(p) * (q_p * \sigma_m - 1)}{(q_p * \sigma_m - r_m)}$$

Dabei gilt:

$r_{EK,p}$	=	Erwartete Eigenkapitalrendite zum Konfidenzniveau p
a	=	Anteil des Eigenkapitals am Portfolio
q_p	=	Wert der invertierten Verteilungsfunktion der Standardnormalverteilung zum Konfidenzniveau p
r_m	=	Rendite des Marktportfolios
σ_m	=	Standardabweichung der Rendite des Marktportfolios
$r_{FK}(p)$	=	Rendite des Fremdkapitals bei akzeptierter Ausfallwahrscheinlichkeit p

568 Vgl. Gleißner (2006c), S. 354.

569 Vgl. Gleißner (2006a), S. 78.

570 Vgl. Gleißner (2006c), S. 358.

Für die Berechnung des Eigenkapitalkostensatzes wird die Rendite herangezogen, die bei einer Investition in ein Aktienportfolio (Marktportfolio), das die gleiche Ausfallwahrscheinlichkeit wie das Unternehmen vorweist, zu erwarten wäre.[571] Wird von dieser Portfoliorendite der vollständige Fremdkapitalzinsaufwand subtrahiert und dividiert man diese Differenz anschließend durch den Anteil des Eigenkapitals am Portfolio, so ergibt sich die erwartete Eigenkapitalrendite zum Konfidenzniveau p.[572]

5.3.6.2 Analyse der Eignung des Modells zur Ermittlung der Eigenkapitalgeberrenditeforderungen im wertorientierten Management

Der Risikodeckungsansatz eignet sich nicht zur Ermittlung der Eigenkapitalgeberansprüche im Sinne der vorliegenden Arbeit, da mit ihm keine als risikoabhängige Renditeforderung seitens der Eigenkapitalgeber interpretierbare Größe zu bestimmen ist, so dass bereits die erste notwendige Anforderung an Kapitalkostenmodelle nicht erfüllt wird. Diese Nichterfüllung der Anforderung ergibt sich insbesondere daraus, dass nur auf die Rendite von risikotragendem Eigenkapital eine Risikoprämie aufzuschlagen ist.[573] Der für den Risikodeckungsansatz benötigte Eigenkapitalbedarf wird auf Basis unternehmensinterner Daten ermittelt, weswegen für externe Kapitalgeber nicht nachzuvollziehen ist, inwieweit ihr Eigenkapital zur Risikotragfähigkeit benötigt wird. Sie haben daher einen Verzinsungsanspruch auf das vollständige von ihnen in das Unternehmen investierte Kapital.[574] Da sich der oben dargestellte Eigenkapitalkostensatz der Argumentation von *Gleißner* folgend nicht eignet, um mit diesem den vollständigen Marktwert des Eigenkapitals zu verzinsen, wäre für eine Anwendung des Risikodeckungsansatzes im Sinne dieser Arbeit höchstens denkbar, einen aggregierten Eigenkapitalkostensatz zu bilden. Dieser würde sich aus dem Eigenkapitalkostensatz, der für das risikotragende Eigenkapital heranzuziehen ist, und dem Fremdkapitalkosten-

---

[571] Vgl. Gleißner (2006a), S. 78.

[572] Vgl. Gleißner (2006a), S. 78. Da der Fokus der Forschung von Gleißner auf der Ermittlung des Gesamtkapitalkostensatzes unter Einbeziehung des Eigenkapitalbedarfes liegt, widmet er sich der genauen Bestimmung des Eigenkapitalkostensatzes vergleichsweise spärlich und liefert nur wenig Aufschluss darüber, wie bspw. die verschiedenen Bestandteile, die für die Berechnung des Eigenkapitalkostensatzes benötigt werden, zu ermitteln sind.

[573] Vgl. Gleißner/Romeike (2008), S. 199.

[574] Dies entspricht dem Marktwert des Eigenkapitals zum Zeitpunkt des Anteilskaufs.

satz, der laut *Gleißner* für das übrige Eigenkapital Anwendung finden soll, zusammensetzen. Ein solcher aggregierter Eigenkapitalkostensatz könnte dann auf die übrigen Anforderungskriterien hin überprüft werden. Um ein entsprechendes Vorgehen zu wählen, müsste der Argumentation zugestimmt werden, dass das nicht risikotragende Eigenkapital als Gesellschafterdarlehen zu interpretieren und somit mit dem Fremdkapitalkostensatz zu verzinsen ist.[575] Dies ist aber zu verneinen, da der Eigenkapitalbedarf nur für eine bestimmte Ausfallwahrscheinlichkeit berechnet wird. Da das als nicht risikotragend klassifizierte Eigenkapital für darüber hinausgehende Verlustmöglichkeiten mit mehr Risiken behaftet ist als das Fremdkapital, können nicht beide mit demselben Zinssatz versehen werden. Würde sich dieses zusätzliche Risiko nicht auf die Renditeforderung auswirken, dann würde die Kausalität, dass ein steigendes Risiko mit einer entsprechend höheren Renditeforderung einhergeht, durchbrochen. Auf Basis des Risikodeckungsansatzes lässt sich somit keine eindeutige Renditeforderung der Eigenkapitalgeber bestimmen.

5.4 Zwischenfazit

Die folgende Grafik stellt zusammenfassend dar, dass die meisten Kapitalkostenmodelle nicht einmal die grundlegenden an sie zu stellenden Anforderungen erfüllen. Lediglich das CAPM sowie das MCPM entsprechen diesen und somit konnte nur für diese beiden Modelle eine umfassende Vorteilhaftigkeitsanalyse durchgeführt werden. In den folgenden Tabellen werden die Ergebnisse zusammenfassend dargestellt:

[575] Würde dieser Argumentation gefolgt, dann müsste zusätzlich der WACC angepasst werden. Das Tax Shield wird bei der Fremdkapitalermittlung aufgrund der Steuerabzugsfähigkeit der Fremdkapitalzinsen berücksichtigt. Für mit dem Fremdkapitalkostensatz zu verzinsendes Eigenkapital ist eine Multiplikation mit dem Tax Shield nicht rechtens, weswegen noch ein zusätzlicher Summand eingeführt werden müsste, der das mit dem Fremdkapitalkostensatz zu verzinsende Eigenkapital berücksichtigt.

<table>
<tr><th colspan="3" rowspan="2">Anforderungen an Kapitalkostenmodelle</th><th colspan="3">Modelle</th></tr>
<tr><th>klassisches CAPM</th><th>CAPM auf Basis fundamentaler Betas</th><th>APT</th></tr>
<tr><td rowspan="2">Anforderungen, die die grundsätzliche Eignung eines Kapitalkostenmodells im wertorientierten Management bestimmen</td><td colspan="2">Möglichkeit der Ermittlung einer als risikoabhängige Renditeforderung der Eigenkapitalgeber interpretierbaren Größe mithilfe des Modells</td><td>x</td><td>- (Prüfungsabbruch)</td><td>- (Prüfungsabbruch)</td></tr>
<tr><td colspan="2">Theoretische oder empirische Fundierung des Modells</td><td>x</td><td></td><td></td></tr>
<tr><td rowspan="8">Anforderungen, die die Güte eines Kapitalkostenmodells im wertorientierten Management bestimmen</td><td rowspan="5">Aus dem Entscheidungsverhalten der Kapitalgeber abgeleitete Anforderungen</td><td>Risikolose Opportunitätsrendite sowie systematische und unsystematische Risiken als die Renditeforderung beeinflussende Größen</td><td>x</td><td></td><td></td></tr>
<tr><td>Einbeziehung von Renditen und Risiken vergleichbarer Unternehmen</td><td>x</td><td></td><td></td></tr>
<tr><td>Externe Verfügbarkeit von Daten</td><td>x</td><td></td><td></td></tr>
<tr><td>Vergangenheitsbezug</td><td>x</td><td></td><td></td></tr>
<tr><td>Starke Verbreitung der Methodik</td><td>x</td><td></td><td></td></tr>
<tr><td rowspan="3">Anwendungsbezogene Anforderungen</td><td>Manipulationsresistenz</td><td>-</td><td></td><td></td></tr>
<tr><td>Akzeptanz</td><td>x</td><td></td><td></td></tr>
<tr><td>Wirtschaftlichkeit</td><td>x</td><td></td><td></td></tr>
</table>

Tabelle 3: Überblick über die Erfüllung der Anforderungen durch die einzelnen Kapitalkostenmodelle (Teil I)

Anforderungen an Kapitalkostenmodelle			Modelle: 3 Factor Model	MCPM	Implizite Kapital-kosten	Risiko-deckungs-ansatz
Anforderungen, die die grundsätzliche Eignung eines Kapitalkosten-modells im wertorientierten Management bestimmen		Möglichkeit der Ermittlung einer als risikoabhängige Renditeforderung der Eigenkapitalgeber interpretierbaren Größe mithilfe des Modells	x	x	- (Prüfungs-abbruch)	- (Prüfungs-abbruch)
		Theoretische oder empirische Fundierung des Modells	- (Prüfungs-abbruch)	x		
Anforderungen, die die Güte eines Kapitalkosten-modells im wertorientierten Management bestimmen	Aus dem Entscheidungs-verhalten der Kapitalgeber abgeleitete Anforderungen	Risikolose Opportunitätsrendite sowie systematische und unsystematische Risiken als die Renditeforderung beeinflussende Größen		x		
		Einbeziehung von Renditen und Risiken vergleichbarer Unternehmen		einge-schränkt		
		Externe Verfügbarkeit von Daten		x		
		Vergangenheitsbezug		sehr einge-schränkt		
		Starke Verbreitung der Methodik		-		
	Anwendungs-bezogene Anforderungen	Manipulationsresistenz		-		
		Akzeptanz		-		
		Wirtschaftlichkeit		einge-schränkt		

Tabelle 4: Überblick über die Erfüllung der Anforderungen durch die einzelnen Kapitalkostenmodelle (Teil II)

Anders als vor dem Hintergrund der weit verbreiteten Kritik, welche dem CAPM entgegengebracht wird,[576] vermutet, erfüllt dieses Modell die in der vorliegenden Arbeit definierten Anforderungen am besten. So verwunderlich dies auf den ersten Blick zu sein scheint, ist es letztlich nicht. Wie die meisten Modelle, die zur Bestimmung des Eigenkapitalkostensatzes Anwendung finden, wurde auch das CAPM ursprünglich entwickelt, um mit dessen Hilfe die mit einer Aktie zu erzielende Rendite möglichst genau zu schätzen.[577] Die Finanzwissenschaften messen die Güte solcher Modelle daran, inwieweit die in einem Modell Anwendung findenden Einflussfaktoren in der Lage sind, die mit einer Aktie zu erzielende Rendite zu erklären.[578] Grund für die Entwicklung neuerer Kapitalkostenmodelle war in der Regel, dass solche empirischen Arbeiten zu dem Schluss gelangten, dass die mit dem CAPM zu erzielenden Schätzergebnisse nicht genau genug sind,[579] um auf diese Weise die am Markt tatsächlich realisierten Renditen einzelner Wertpapiere zu erklären.[580] Die Mehrfaktorenmodelle wurden daher als Alternativen entwickelt und mitunter werden sie aufgrund eines besseren statistischen Erklärungsgehalts gegenüber dem CAPM – vor dem Hintergrund ihrer ursprünglichen Aufgabe – als überlegen angesehen.[581] Allgemein als befriedigend angesehene Ergebnisse hat die Wissenschaft allerdings noch nicht hervorgebracht.[582]

Dass Modelle, mit denen die Rendite vorhergesagt werden soll, zur Ermittlung der Renditeforderungen der Eigenkapitalgeber herangezogen werden, ist per se sinnvoll. Wenn eines der Modelle tatsächlich unter einem vertretbaren Aufwand diese Rendite vorhersagen könnte, dann ist davon auszugehen, dass alle Kapitalgeber dieses Modell im Rahmen der Kapitalanlageentscheidung verwenden würden und die mit diesem Modell ermittelte Rendite würde auch den Anspruch widerspiegeln, den die Eigenkapitalgeber an ein Unternehmen stellen. Da die von Seiten der

---

[576] Ross schreibt bezogen auf das CAPM: „the conclusions as well as the assumptions of the theory have also come under attack“, Ross (1976), S. 341 f.

[577] Vgl. Uzík/Weiser (2003), S. 705 f.

[578] Vgl. Steiner/Bruns (2007), S. 34.

[579] Vgl. Pratt/Grabowski (2008), S. 253. Bekannte Kritik an der empirischen Überprüfung des CAPM stammt von Roll (1977), S. 129 ff. Seither ist bekannt, dass diese Tests aufgrund ihrer Konzeption, wie bspw. der Verwendung von Ex-post-Daten, das Modell nicht falsifizieren können, vgl. Wallmeier (2000), S. 53.

[580] Vgl. Becker (2000), S. 30.

[581] Vgl. Vogler (2009), S. 382.

[582] Vgl. Kruschwitz/Löffler (1997), S. 650.

Unternehmen erwirtschaftete Rendite jedoch eine Zufallsvariable darstellt,[583] ist ihre korrekte Vorhersage per Definition unmöglich, denn das zukünftige „equity premium is unobservable“[584]. Dass in den Finanzwissenschaften weiter dahingehend geforscht wird, Einflussfaktoren, mit welchen sich diese Zufallsvariable möglichst gut bestimmen lässt, zu ermitteln, ist sinnvoll und für diesen Zweck adäquate Kritik erscheint notwendig für ein Voranschreiten der entsprechenden Forschung. Jedoch eignet sich diese Kritik nicht, um daran die Vorteilhaftigkeit eines Kapitalkostenmodells für das wertorientierte Management zu diskutieren. Dies lässt sich damit begründen, dass in diesem Kontext die Kapitalkostenmodelle nicht dazu dienen sollen, eine Zufallsvariable zu ermitteln, sondern sie sollen helfen, real existierende Renditeforderungen seitens der Eigenkapitalgeber zu bestimmen. Die Güte des Kapitalkostenmodells ist demnach nicht dahingehend zu beurteilen, inwieweit das Modell in der Lage ist, ein gutes Schätzergebnis für das Zustandekommen von Renditen zu bieten, sondern in diesem Fall ist die Güte daran zu bemessen, ob sich das auf dieses Modell zurückzuführende Vorgehen eignet, um die Renditeforderungen seitens der Kapitalgeber zu prognostizieren.[585] Zu diesem Zweck muss es die herausgearbeiteten Anforderungen an Kapitalkostenmodelle erfüllen. Da das CAPM die meisten Anforderungen erfüllt, eignet es sich zur Ermittlung eines Eigenkapitalkostensatzes am besten.[586]

Trotz seiner Überlegenheit ist eine Berücksichtigung der Eigenkapitalgeberansprüche alleine auf Basis eines unter Anwendung des CAPM ermittelten Eigenkapitalkostensatzes jedoch nicht unkritisch zu sehen. Würden keine weiteren Anpassungen am wertorientierten Management vorgenommen, ist Kritik an einer Verwendung des CAPM durchaus berechtigt. Es ist problematisch, wenn die Renditeforderungen auf Basis von in der Vergangenheit am Markt wahrgenommenen Risiken hergeleitet werden und diese Anwendung finden, um mit ihrer Hilfe In-

[583] Vgl. Specht/Gohout (2009), S. 2.

[584] Claus/Thomas (2001), S. 1629.

[585] Eine empirische Überprüfung müsste in diesem Fall darauf abzielen, die durch Befragung zu ermittelnden, realen Renditeforderungen der Kapitalgeber mit den unter Zuhilfenahme des CAPM ermittelten Kapitalkostensätzen zu vergleichen.

[586] Die Ergebnisse der vorherigen Analyse lassen sich nicht problemlos auf alle anderen betriebswirtschaftlichen Sachverhalte, in denen Eigenkapitalkostensätze benötigt werden, übertragen. So können sie bspw. nicht angewendet werden für Bewertungsfragen im Kontext von Erbschaften. Sie gelten lediglich für die im Rahmen dieser Arbeit vorgestellte Ausgestaltung des wertorientierten Managements.

vestitionsprojekte auszuwählen und das Risiko in die übrigen Säulen des wertorientierten Managements adäquat zu integrieren. Bei einem solchen Vorgehen müssten Unternehmen in der Gegenwart bzw. in der Zukunft Renditen erwirtschaften, die von den Risiken der Vergangenheit abhängen. Um das Ziel der Erwirtschaftung der Eigenkapitalkosten zu erreichen, können sie entsprechend der derzeitigen Interpretation der Eigenkapitalkosten im wertorientierten Management Handlungen unabhängig der diesen inhärenten Risiken durchführen, sofern durch diese Handlungen das Renditeziel erreicht wird. Dass bei einem solchen Vorgehen die Risiken aus Sicht der Eigenkapitalgeber nicht adäquat berücksichtigt werden, ist offensichtlich, denn entsprechend der vorherigen Analysen müssen höhere Risiken durch höhere Renditen kompensiert werden. Aus diesem Grund werden im nächsten Kapitel Anpassungen am wertorientierten Management vorgenommen, um den Ansprüchen der Eigenkapitalgeber möglichst optimal gerecht zu werden.

6 Ausgestaltungsempfehlung für ein wertorientiertes Managementkonzept im Sinne längerfristig orientierter Eigenkapitalgeber

Ziel dieses Kapitels ist die Weiterentwicklung des wertorientierten Managements hin zu einem geschlossenen Konzept, welches bestmöglich zur Befriedigung der Eigenkapitalgeberansprüche beiträgt. Zu diesem Zweck ist die in Kapitel drei herausgearbeitete Kritik am Status-quo des wertorientierten Managements zu beseitigen und es sind insbesondere die Schwächen zu beheben, die aus einer Einbeziehung der Eigenkapitalgeberansprüche über die Eigenkapitalkosten, welche auf Grundlage des CAPM gebildet werden, resultieren.

6.1 Capital Asset Pricing Model zur Ermittlung der Renditeforderung und des zugehörigen Risikoniveaus

6.1.1 Adäquates Vorgehen bei der Ermittlung von Eigenkapitalkostensätzen auf Basis des CAPM und deren Aussagekraft

6.1.1.1 Berücksichtigung vergangenheitsorientierter Daten

Wie im vorangegangenen Kapitel dargestellt, ist die Verwendung vergangenheitsorientierter, risikobezogener Daten zur Ermittlung eines Kapitalkostensatzes kritisch zu sehen, wenn nur über den Kapitalkostensatz Risiken ins wertorientierte Management integriert werden. Ein entsprechendes Vorgehen führt u.a. dazu, dass Risiken bei der Auswahl von Projekten nicht adäquat berücksichtigt werden, weil die den Projekten inhärenten Risiken nicht die Höhe der gegenwärtigen Renditeforderung beeinflussen. Aufgrund von Zirkularitätsproblemen ist es allerdings nicht möglich, einen Eigenkapitalkostensatz zu ermitteln, der nur von zukünftigen Projekten abhängt, da die Renditeforderungen benötigt werden, um zukunftsbezogene Entscheidungen zu treffen. Gleichzeitig beeinflussen die aus diesen Entscheidungen hervorgehenden Maßnahmen wieder die Risikosituation des Unternehmens und somit die Renditeforderungen.[587] Die folgende Grafik veranschaulicht diesen Kreislauf:

[587] Vgl. Rudolph (1986), S. 896 f.

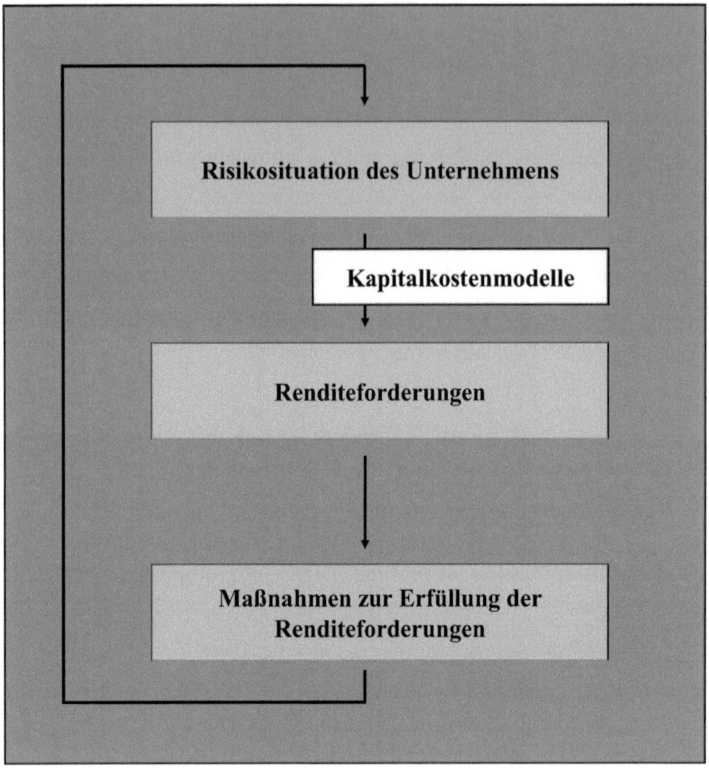

Abbildung 11: Zirkularitätsproblem bei der Transformation von Risiken in Renditeforderungen

Aufgrund der Unmöglichkeit einer ausschließlich zukunftsbezogenen Ermittlung der Eigenkapitalkosten ist somit ein gewisser Vergangenheitsbezug der Datenbasis notwendig und nicht nur sinnvoll, weil er auch von den Kapitalgebern gewählt wird. Im Kontext des Vergangenheitsbezugs lässt sich diskutieren, wie weit zurückliegende Daten für eine Kapitalkostenermittlung nach dem CAPM heranzuziehen sind. Entsprechend der Verfügbarkeitsheuristik sind Daten der jüngeren Vergangenheit für Kapitalüberlassungsentscheidungen relevanter als die der älteren Vergangenheit.[588] Um diesem Umstand Rechnung zu tragen, lässt sich die Möglichkeit diskutieren, nur Daten aus der jüngeren Vergangenheit in die Kapi-

[588] Vgl. Abschnitt 4.3.2.2.

talkostenberechnung einzubeziehen, womit aber die Problematik des Verlusts von Datenpunkten und einer daraus folgenden Erhöhung des Standardfehlers der Schätzung einhergeht.[589] Dieses Problem kann umgangen werden, wenn zwar Daten eines längeren Zeitraums herangezogen werden, jüngeren Daten aufgrund des Einsatzes von Diskontierungsfaktoren dabei aber eine größere Bedeutung beigemessen wird.[590] Der Rule Rationality folgend wird ein Modell von Seiten der Eigenkapitalgeber jedoch so angewendet, wie dies weit verbreitet ist.[591] Da zudem auf Basis des CAPM ermittelte Kapitalkosten in Geschäftsberichten kommuniziert werden und bei Unternehmensvergleichen von Bedeutung sind,[592] ist für die Bestimmung der Renditeforderung eine Abänderung des klassischen Modells als kritisch zu beurteilen. Somit sind die Eigenkapitalkostensätze sinnvollerweise auf Basis des klassischen CAPM zu ermitteln.[593]

6.1.1.2 Ermittlung einer Renditeforderung und eines korrespondierenden Risikoniveaus bei Anwendung des CAPM

Die so ermittelten Eigenkapitalkosten dürfen jedoch nicht als die Größe interpretiert werden, welche alle die Zukunft betreffenden Risiken umfasst, sondern es handelt sich um eine Größe, die eine gegenwärtig gültige Renditeforderung aufgrund vergangener Entwicklungen darstellt. Der Eigenkapitalkostensatz hängt vom Betafaktor ab und ist somit auch nur für ein bestimmtes Beta gültig. Die Höhe des Betafaktors resultiert bei einer Ermittlung auf Basis vergangenheitsbezogener Daten – was dem Vorgehen im wertorientierten Management entspricht – aus der Kovarianz zwischen der Marktrendite und der Aktienrendite des betrachteten Unternehmens, welche durch die Varianz der Marktrendite dividiert wird.[594] In Kapitel vier wurde dargestellt, dass für Eigenkapitalgeber sowohl systematische als auch unsystematische Risiken relevant sind und diese somit Kursschwan-

---

589 Vgl. Daske/Gebhardt (2006), S. 534.

590 Zum grundlegenden Einsatz von Diskontierungsfaktoren in Schätzmodellen vgl. Kim/Kose (2003), S. 263 ff.

591 Vgl. Abschnitt 4.3.2.3.

592 Eine Auswertung der Geschäftsberichte der DAX 30 Unternehmen ergab, dass alle Unternehmen, die Angaben zur Ermittlung des Eigenkapitalkostensatzes machen, hierzu das CAPM oder ein Vorgehen heranziehen, das dem CAPM gleich kommt, vgl. Tabelle 10 in Anhang A.

593 Vgl. zum Vorgehen Abschnitt 5.3.1.1.1.

594 Vgl. Volkart (2001), S. 173.

kungen verursachen und damit die Aktienrendite eines Unternehmens sowie schlussendlich den Betafaktor beeinflussen. Daraus folgt, dass der sich im Eigenkapitalkostensatz niederschlagende Betafaktor das Resultat von Störfaktoren und vom Kapitalmarkt in der Vergangenheit wahrgenommenen systematischen und unsystematischen Risiken ist.[595] Entsprechend der bisherigen Analyse extrapolieren die Kapitalgeber diese in der Vergangenheit existierenden Risiken in die Zukunft, weswegen der Betafaktor und somit ein auf Basis des CAPM ermittelter Eigenkapitalkostensatz „die Meinung des Kapitalmarktes hinsichtlich der Risiken eines Unternehmens – nicht aber die tatsächliche Risikosituation“[596] ausdrückt. Der Betafaktor, für welchen der ermittelte Eigenkapitalkostensatz gültig ist, spiegelt somit die Höhe des zu einer Renditeforderung korrespondierenden Risikoniveaus wider. Die auf Grundlage des CAPM ermittelten Kapitalkosten dürfen daher nicht nur als eine Renditeforderung angesehen werden, sondern müssen auch noch als eine Risikoforderung interpretiert werden,[597] was die folgende Abbildung zum Ausdruck bringt:

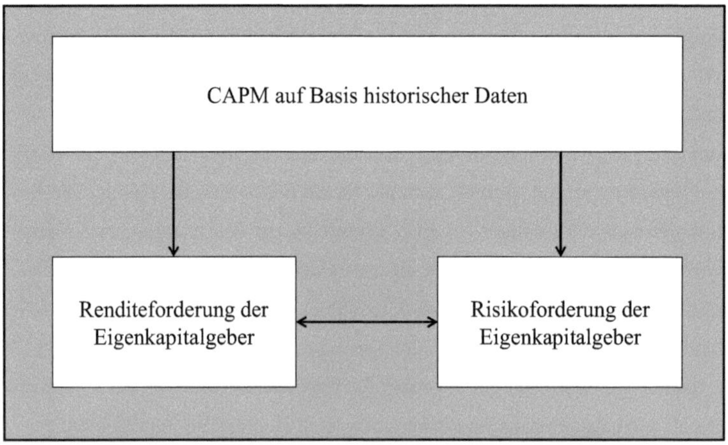

Abbildung 12: Rendite- und Risikoforderungen auf Basis des CAPM

---

[595] Der Störfaktor bleibt unberücksichtigt, da die ihn beeinflussenden Parameter nicht Bestandteil des Handelns seitens der Manager sein können.

[596] Gleißner (2006a), S. 77.

[597] Der grundlegende Gedanke einer Ableitung der Risikoneigung der Investoren aus der mittels des CAPM berechneten Renditeforderung wurde bereits von Schmidbauer aufgeworfen, von diesem aber nicht weiter verfolgt, vgl. Schmidbauer (2000), S. 162.

Eine theoretisch korrekte Ermittlung des zu einer bestimmten Rendite korrespondierenden Risikoniveaus wäre nur möglich, wenn Forschungsergebnisse existieren würden, die eindeutig darlegen, welche Risiken in welchem Ausmaß für Kapitalmarktschwankungen und somit für die Höhe des Betafaktors verantwortlich sind. Würden solche Ergebnisse vorliegen und einen eindeutigen Zusammenhang zwischen den Risiken und der Höhe des Betafaktors zum Ausdruck bringen, könnte die Höhe der relevanten Risiken in den Jahren erfasst werden, die für die Ermittlung der Renditeforderung herangezogen werden. Aus den Durchschnittswerten der relevanten Risiken könnte dann das zur Renditeforderung korrespondierende Risikoniveau bestimmt werden.[598] Da solche Ergebnisse nicht existieren und deren Ermittlung aufgrund von Marktirrationalitäten derzeit auch unmöglich erscheint, ist die korrekte Ermittlung des zu einer auf Basis des CAPM ermittelten Renditeforderung korrespondierenden Risikoniveaus nicht möglich. Wie dem Gedanken, dass ein auf Grundlage des CAPM ermittelter Eigenkapitalkostensatz aber auch mit einer Risikoforderung einhergeht, dennoch Rechnung getragen und diese Risikoforderung somit operationalisiert werden kann, wird in Abschnitt 6.3 herausgearbeitet.

6.1.2 Notwendigkeit der Einhaltung der Renditeforderung und des Risikoniveaus auf Gesamtunternehmensebene

Dem Verständnis der vorliegenden Arbeit folgend, ist es nicht im Sinne der Eigenkapitalgeber, auf Gesamtunternehmensebene ein anderes als das aus dem CAPM abgeleitete Risikoniveau zu realisieren, selbst wenn dieses Risikoniveau durch eine entsprechend höhere oder niedrigere Rendite kompensiert würde. Ein niedrigeres Risikoniveau ist zwar grundsätzlich zu begrüßen, da dieses c.p. zu weniger Schwankungen im Vergleich zum Marktportfolio beiträgt, wodurch sich zukünftige Renditeforderungen reduzieren. Würden jedoch Handlungen ausgewählt, die nicht mit dem Risikoniveau in Einklang stehen, welches sich aus der auf Basis des CAPM ermittelten Renditeforderung ableiten lässt, dann würde dies – dem Argumentationsstrang der Arbeit folgend – die zukünftigen und nicht die

[598] Ein entsprechendes Vorgehen ist vergleichbar mit Forschungsbemühungen zu fundamentalen Betafaktoren.

gegenwärtigen Renditeforderungen der Kapitalgeber beeinflussen.[599] Daher darf bei einer Reduktion des Risikoniveaus des Gesamtunternehmens unter das Risikoniveau, das sich aus der auf Basis des CAPM abgeleiteten Renditeforderung ergibt, nicht das gegenwärtige Renditeziel reduziert werden. Die Kapitalgeber haben sich für den Kauf von Aktien eines bestimmten Unternehmens entschieden, weil sie davon ausgehen, dass sie dadurch auch eine bestimmte Rendite erwirtschaften, wozu sie bereit sind, ein entsprechendes Risikoniveau in Kauf zu nehmen. Demnach ist es einem Unternehmen nicht gestattet, gegenwärtig risikoaverser zu handeln und damit einhergehend insgesamt eine geringere Rendite zu erwirtschaften. Wäre dies möglich, so könnten Unternehmen in letzter Konsequenz ihre risikobehafteten Aktivitäten immer weiter reduzieren und im Extremfall risikofreie Handlungen durchführen. Die dazu korrespondierende Rendite wäre die einer Staatsanleihe.[600] Wenn Aktionäre ein niedrigeres Risiko und eine entsprechend niedrigere Rendite begrüßen würden, hätten sie jedoch anstelle von Aktien Staatsanleihen kaufen können. Somit können in Unternehmen im Sinne der Eigentümer weniger risikobehaftete Handlungen nicht durchgeführt werden, wenn dadurch auch die Rendite unter die mittels des CAPM berechnete Renditeforderung sinkt.

Genauso wenig lässt sich ein höheres Risikoniveau auf Gesamtunternehmensebene damit rechtfertigen, dass die entsprechenden Investitionen auch eine höhere Rendite versprechen. Der Kapitalgeber hat sich aufgrund seiner eigenen Risikoeinstellung für eine bestimmte Anlage und somit auch für eine bestimmte Rendite-Risiko-Kombination entschieden.[601] Daher muss das Risikoniveau auf Gesamtunternehmensebene erreicht werden. Um dies zu gewährleisten und das Risikoniveau adäquat zu beeinflussen, besteht die Möglichkeit, auf die im Kontext der Risikosteuerung dargestellten Maßnahmen zurückzugreifen. Obwohl auf Gesamtunternehmensebene die Gesamtrisikosituation eingehalten werden muss, können

---

[599] Dieser Aussage unterliegt die Annahme, dass Kapitalgeber entsprechende Handlungen in den Jahren zuvor noch nicht prognostiziert haben und sie sich somit noch nicht auf den Börsenkurs auswirkten.

[600] Dieser Aussage liegt die Annahme zugrunde, dass der Kauf von Staatsanleihen mit keinen Risiken behaftet ist.

[601] Rendite-Risiko-Kombinationen einzelner Anlagen lassen sich in Rendite-Risiko-Portfolios graphisch darstellen, vgl. Blum/Gleißner (2006), S. 167.

selbstverständlich Einzelpläne mit einem anderen Risikoniveau durchgeführt werden.

6.1.3 Differenzierte Kapitalkosten und Berücksichtigung des Risikoniveaus in Teilplänen

Die Forderungen nach einer Rendite und einem korrespondierenden Risikoniveau stellen die Aktionäre an das Unternehmen, von welchem sie Anteile erlangen.[602] Das Gesamtunternehmen muss demnach eine entsprechende Rendite unter Einhaltung eines bestimmten Risikoniveaus erzielen. Diese Rendite wird in der Regel gemeinsam von verschiedenen Geschäftsbereichen erwirtschaftet, die aufgrund unterschiedlicher Risiken sich unterscheidende Renditeziele erhalten. Dieses „Herunterbrechen" der Rendite von der Gesamtunternehmensebene auf die einzelnen Geschäftsbereiche wird im Kontext der Literatur zu differenzierten Kapitalkosten thematisiert.[603] Da allerdings ein Renditeziel stets mit einem korrespondierendem Risikoniveau einhergeht, ist es demnach nicht ausreichend, nur den Gesamtkapitalkostensatz auf die einzelnen Geschäftsbereiche zu verteilen, so dass insgesamt von allen Geschäftsbereichen gemeinsam dieses Renditeziel erwirtschaftet wird, sondern den entsprechenden Geschäftsbereichen sind auch Risikoniveaus vorzugeben, die gewährleisten, dass das gesamte Unternehmen das mit dem Gesamtkapitalkostensatz korrespondierendes Risikoniveau erreicht.[604] Die folgende Abbildung veranschaulicht diesen Gedankengang:

---

[602] Bezogen auf die Rendite vgl. Lewis (1995), S. 85.

[603] Vgl. hierzu Abschnitt 3.2.1.2.

[604] Die verschiedenen Methoden zur Ermittlung differenzierter Kapitalkosten versuchen zwar die unterschiedlichen Risiken der einzelnen Geschäftsbereiche zu berücksichtigen, so dass die Höhe der Renditeforderung von den Risiken abhängt, allerdings werden auf diese Weise den Bereichen keinerlei Vorgaben gemacht, die sie zwingen, auch in der Zukunft nur bestimmte Risiken einzugehen, um die angestrebte Rendite zu erreichen.

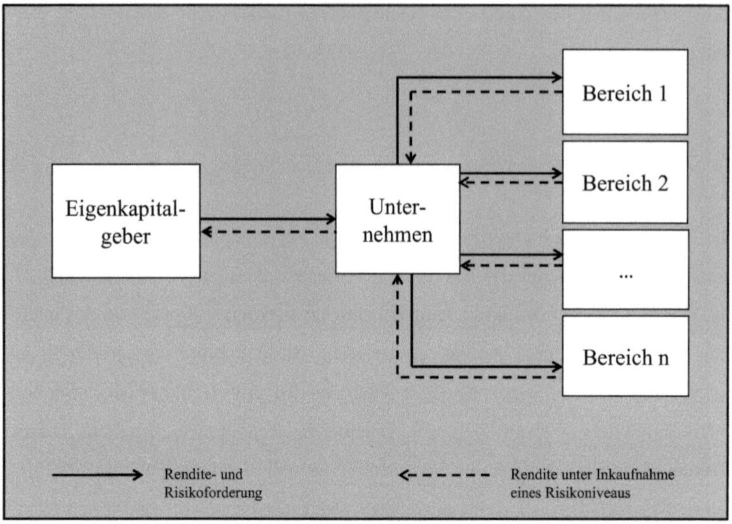

Abbildung 13: Aufteilung der Rendite- und Risikoforderung

Ein theoretisch korrektes Vorgehen wäre auch hierbei nur möglich, wenn für die einzelnen Geschäftsbereiche Forschungsergebnisse zu deren kapitalmarktrelevanten Risikofeldern sowie zur Höhe des jeweiligen Risikoniveaus im relevanten Zeitraum existieren würden. Da dies nicht der Fall ist, muss dem grundsätzlichen Gedanken eines zu einer Renditeforderung korrespondierenden Risikoniveaus auch über „Umwege" bei der weiteren Ausgestaltung des wertorientierten Managements Rechnung getragen werden.

Aufgrund der fehlenden Wertadditivität auf unvollkommenen Kapitalmärkten lassen sich sowohl die Renditen als auch die Risiken der einzelnen Bereiche nicht einfach zu einer Gesamtposition addieren.[605] Es ist daher möglich, dass in einzelnen Bereichen bzw. mit bestimmten Projekten Risikoniveaus realisiert werden, die zwar für die jeweiligen Bereiche bzw. die entsprechenden Projekte isoliert betrachtet ein Risikoniveau abbilden, das in Einklang mit der geforderten Rendite steht, aber auf Gesamtunternehmensebene nicht das angestrebte Risiko erreicht wird. Das Gesamtrisikoniveau lässt sich nur vollständig korrekt ermitteln, wenn alle tatsächlich geplanten Handlungen auf ihre Risiken hin bewertet und diese

[605] Vgl. Gleißner (2006c), S. 354.

Risiken mit all ihren Interdependenzen und Verbundrisiken zu einem Gesamtrisiko aggregiert werden.[606] Dieser Punkt ist im Rahmen der Planung zu berücksichtigen.[607]

6.1.4 Notwendigkeit einer über die Kapitalkosten hinausgehenden Integration des Risikos in das wertorientierte Management

Die bisherigen Ausführungen veranschaulichten, dass durch die auf Basis des CAPM ermittelten Kapitalkosten ein von Seiten des Kapitalmarktes gefordertes Risikoniveau zum Ausdruck gebracht wird. Der Eigenkapitalkostensatz ist daher als das vom Kapitalmarkt unterstellte Risikoniveau zu interpretieren und er stellt demnach kein Instrument dar, mit welchem gegenwärtig existierende und sich in der Zukunft evtl. auswirkende Risiken adäquat im wertorientierten Management erfasst werden können. Auch wenn Kapitalgeber aufgrund ihrer begrenzten Rationalität und der daher Anwendung findenden Heuristiken nicht in der Lage sind, diese zukünftigen Risiken adäquat in ihre Renditeforderung einzubeziehen, sind sie keineswegs irrelevant für sie.[608] Das Heranziehen in der Vergangenheit existierender Risiken im Rahmen der Kapitalüberlassungsentscheidung geschieht lediglich aus Vereinfachungsgründen. Die somit existierende Relevanz zukünftiger Risiken für Kapitalgeber und deren gleichzeitig fehlende Berücksichtigung über die Kapitalkostensätze macht es notwendig, dass Risiken über die Kapitalkosten hinaus ins wertorientierte Management integriert werden. In einem an den realen Ansprüchen längerfristig orientierter Eigenkapitalgeber ausgerichteten wertorientierten Managementkonzept sind also letztlich die beiden Größen Rendite und Risiko adäquat zu berücksichtigen. „Ein wertorientiertes Steuern des Unternehmens ist demnach ohne die explizite Berücksichtigung der Risiken (…) nicht möglich.“[609] Es wird deutlich, dass bei einer Weiterentwicklung des wertorientierten Managements ein besonderes Augenmerk auf Risiken liegen muss.

[606] Vgl. Meierbeck (2010), S. 19.

[607] Vgl. Abschnitt 6.4.2.

[608] Vgl. hierzu die Ausführungen in Abschnitt 4.2.3.

[609] Gleißner/Romeike (2008), S. 198.

6.2 Verwendung des Risikomanagements zur Überwindung der sich ergebenden Probleme bei einer Ermittlung der Eigenkapitalgeberansprüche auf Basis des CAPM

Eine derartige Weiterentwicklung des wertorientierten Managements und die geforderte Operationalisierung des geforderten Risikoniveaus sind durch eine stärkere Integration des Risikomanagements in das wertorientierte Management zu realisieren. Aufgrund der existierenden Verankerung des Risikomanagements in kapitalmarktorientierten Unternehmen existiert dort bereits eine umfassende Beschäftigung mit Risiken.[610] Zudem sind Instrumente zu deren Steuerung in der Regel bereits etabliert. Für eine Weiterentwicklung des wertorientierten Managements ist es somit nicht notwendig, diverse neue Instrumente zu konzipieren und in Unternehmen zu implementieren, vielmehr sind die aufgrund des Risikomanagements bereits vorhandenen sinnvoll in das wertorientierte Management zu integrieren. Obwohl eine entsprechende Einbeziehung des Risikomanagements in die Unternehmensführung schon seit einigen Jahren gefordert wird,[611] konnten empirische Untersuchungen eine solche nur in unzureichendem Maße vorfinden.[612] Lediglich im Rahmen der wertorientierten Planung werden Risiken vergleichsweise umfangreich berücksichtigt.[613] Vereinzelt wird versucht, die verschiedenen Elemente des wertorientierten Managements um eine Risikokomponente zu erweitern,[614] jedoch wurden diese Einzelerkenntnisse bisher nicht in einen konzeptionellen Rahmen gebettet, der die ausreichende Integration des Risikos in allen Säulen des wertorientierten Managements sicherstellt.

Teilweise wird in der Literatur die Integration von Risikoaspekten in alle Handlungskomplexe des Unternehmens als eine eigene Aufgabe des Risikomanage-

---

[610] Vgl. hierzu Abschnitt 2.3.1.

[611] Vgl. Weber (2000), S. 1934; Gleißner/Meier (2001), S. 53. Sofern die Kapitalmarkttheorie und damit die Irrelevanz unsystematischer Risiken als gültig unterstellt würden, wäre ein Risikomanagement aus Sicht der Eigenkapitalgeber nicht sinnvoll. Die Ausführungen in Abschnitt 4.2.2 veranschaulichten jedoch die Relevanz unsystematischer Risiken. Zudem haben bereits diverse Autoren verschiedene Gründe für die Vorteilhaftigkeit eines Risikomanagements aus Sicht der Eigenkapitalgeber dargelegt, vgl. Börner/Bogendörfer (2010), S. 1562 f.; Kajüter (2004), S. 265; Quellen bei Hoitsch/Winter (2004a), S. 117 u. 119.

[612] Vgl. Hoitsch/Winter/Baumann (2006), S. 72; Crasselt/Pellens/Schmidt (2010), S. 406 ff. Einzelne Elemente des Risikomanagements sind häufig isoliert im Unternehmen vorzufinden, vgl. Löffler/Romeike (2008), S. 251 ff.

[613] Vgl. Romeike (2002), S. 13.

[614] Vgl. Wolf (2003a), S. 99 ff.; Winter (2004), S. 139 ff.; Götze/Mikus (2001), S. 404 ff.

ments angesehen.[615] Hieraus könnte gefolgert werden, dass eine unzureichende Berücksichtigung des Risikos im wertorientierten Management lediglich das Resultat eines schlecht funktionierenden Risikomanagements ist und somit das Risikomanagement verbessert werden muss und nicht das wertorientierte Management weiterzuentwickeln ist. Dieser Argumentation ist allerdings damit zu begegnen, dass das Risikomanagement dem Wertmanagement untergeordnet ist[616] und nicht davon ausgegangen werden kann, dass sich eine untergeordnete Managementkonzeption auf eine übergeordnete umfangreich auswirkt, solange dies nicht aus der übergeordneten Konzeption explizit hervorgeht.[617] Daher werden im Folgenden Bestandteile des Risikomanagements explizit in das wertorientierte Management integriert, um auf diese Weise die Ansprüche längerfristig orientierter Eigenkapitalgeber bestmöglich zu befriedigen.[618] Hierfür ist es u.a. notwendig, der Forderung nach der Einhaltung eines spezifischen Risikoniveaus Rechnung zu tragen, weswegen dieses Risikoniveau zu operationalisieren ist.

6.3 Operationalisierung der geforderten Einbeziehung des Risikoniveaus

Da das benötigte Risikoniveau nicht theoretisch korrekt aus Kapitalmarktdaten hergeleitet werden kann, können Unternehmen auf die Daten des Risikomanagements zurückgreifen, um eine Ersatzgröße zu bestimmen. Die rechtlichen Vorschriften zum Risikomanagement wurden zum Schutz der Aktionäre geschaffen,[619] weswegen im Rahmen der Risikoidentifikation solche Risikofelder zu be-

---

615 Vgl. Winter (2007), S. 156.

616 Vgl. Braun (1984), S. 43; Becker/Köster/Ribbert (2005), S. 712.

617 Das Risikomanagement wird wie das Qualitätsmanagement als eine Querschnittsfunktion angesehen, vgl. Franz (2000), S. 51. In einer Studie von Walgenbach/Beck wurde belegt, dass das Qualitätsmanagement so in Unternehmen implementiert wird, wie es eine Zertifizierung nach ISO 9.000 erfordert. Das Qualitätsmanagement wird nicht auf eine Weise in das Unternehmen integriert, die ein sinnvolles Zusammenspiel zwischen wertorientierter Unternehmensführung und Qualitätsmanagement gewährleistet, vgl. Walgenbach/Beck (2003), S. 502 ff. Es ist daher davon auszugehen, dass auch die übrigen Querschnittsfunktionen nur auf eine Weise integriert werden, nach der das Unternehmen dem externen Anpassungsdruck gerecht wird.

618 Auf diese Weise wird gleichzeitig der existierenden Kritik begegnet, wonach das Risikomanagement derzeit nicht ausreichend im unternehmensbezogenen Gesamtzusammenhang betrachtet wird, vgl. Bhimani (2009), S. 3.

619 Vgl. Benz/Sterchi (2001), S. 44.

stimmen sind, die aus Sicht der Kapitalgeber relevant sind.[620] Unter der Annahme, dass die Unternehmen in den letzten Jahren tatsächlich die für die Kapitalgeber relevanten Risiken identifizierten und diese Risiken für das Zustandekommen des Betafaktors relevant waren,[621] können die entsprechenden Daten verwendet werden, um das zum Eigenkapitalkostensatz passende Risikoniveau zu bestimmen. Die folgende Grafik veranschaulicht den unter den genannten Annahmen existierenden Zusammenhang zwischen Risikomanagement und Betafaktor:

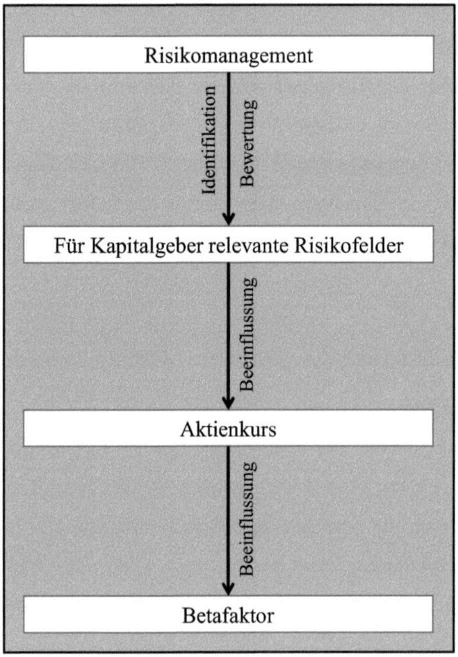

Abbildung 14: Zusammenhang zwischen Risikomanagement und Betafaktor

Bei einer adäquaten Ausgestaltung des Risikomanagements entsprechend Abschnitt 2.3.2 sind die für die Kapitalgeber und damit für den Betafaktor relevanten Risiken nicht nur zu identifizieren, sondern auch zu bewerten, so dass Daten für die Höhe der jeweiligen Risiken vorliegen. Aus den Daten für die einzelnen Risi-

620 Sofern die identifizierten Risikofelder aus Sicht der Eigentümer irrelevant wären, würden für deren Steuerung unnötigerweise Ressourcen verbraucht.

621 Da in Abschnitt 4.2.2 hergeleitet wurde, dass für die Kapitalgeber sowohl systematische als auch unsystematische Risiken relevant sind, ist es unbedenklich, dass das Risikomanagement in der Regel eine entsprechende Bandbreite an Risiken identifiziert.

kofelder lässt sich dann das Gesamtrisiko ermitteln,[622] was Abbildung 15 zum Ausdruck bringt:

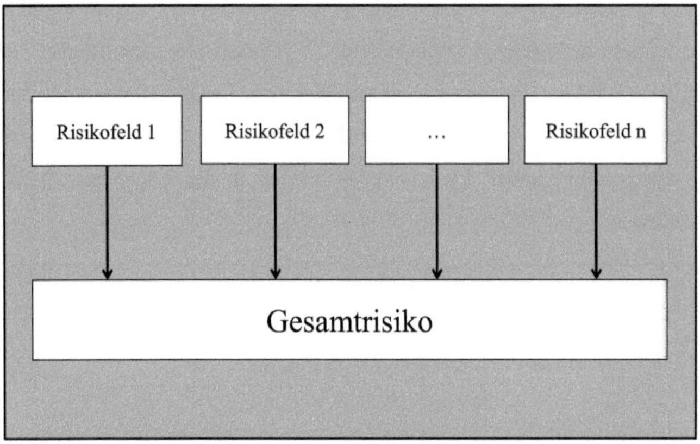

Abbildung 15: Aggregation der einzelnen Risikofelder zu einem Gesamtrisiko

Für die Ermittlung des Betafaktors werden in der Regel Daten aus den letzten zwei bis fünf Jahren herangezogen.[623] Werden Daten der letzten zwei Jahre verwendet, dann erfolgt eine Ermittlung des Betafaktors auf Basis von Tageswerten. Um das zur Renditeforderung korrespondierende Risikoniveau möglichst korrekt zu ermitteln, wäre es nötig, die gleiche Datenbasis heranzuziehen. Unternehmen verfügen in der Regel jedoch nicht über Daten, die die Ermittlung des Gesamtrisikos einzelner Tage ermöglichen. Daher empfiehlt sich eine Berechnung des Betafaktors auf Basis von Monatswerten und einem damit einhergehenden Beobachtungszeitraum von fünf Jahren. Ein Unternehmen hat dann das Gesamtrisiko all der Monate zu ermitteln, die in die Berechnung des Betafaktors einfließen. Sofern entsprechende Daten nicht vorliegen, kann vereinfachend nur das Gesamtrisiko für jedes einzelne Jahr ermittelt werden. Es ist nicht davon auszugehen, dass in der Praxis eine Ermittlung eines Risikoniveaus auf Basis von Jahreswerten zu

---

[622] Risiken lassen sich bspw. mithilfe der Monte-Carlo-Simulation aggregieren, vgl. Wolf (2003b), S. 565 ff. Für Industrieunternehmen eignet sich zu diesem Zweck zudem der Cash Flow at Risk, der eine Abwandlung des im Bankensektor häufig verwendeten Value at Risk darstellt, vgl. Hoitsch/Winter (2004b), S. 239 ff. Inwieweit diese oder andere Methoden heranzuziehen sind, ist unternehmensindividuell festzulegen. Da Unternehmen immer mehr Geld für technologiebasierte Risikosysteme ausgeben, vgl. Curtis (2009), S. 11, ist es für sie unter Zuhilfenahme solcher Systeme vergleichsweise problemlos möglich, aggregierte Risikowerte zu bestimmen.

[623] Vgl. Abschnitt 5.3.1.2.1.

grundlegend anderen Ergebnissen führt als eine Ermittlung auf Basis von Monatswerten. Im nächsten Schritt ist das durchschnittliche Gesamtrisikoniveau der Jahre, die in die Kapitalkostenermittlung einbezogen werden und somit die Höhe des Betafaktors beeinflussen, zu bestimmen.[624] Dieses durchschnittliche Gesamtrisikoniveau wird als das zum Eigenkapitalkostensatz korrespondierende Risikoniveau angesehen. Die Ausführungen zur Bestimmung des zum Eigenkapitalkostensatz korrespondierenden Risikoniveaus werden in der folgenden Grafik zusammengefasst:

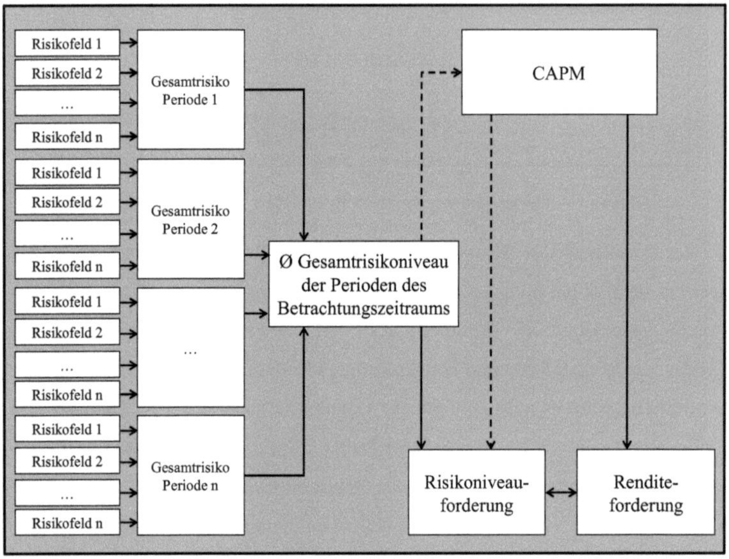

Abbildung 16: Ermittlung der zur Renditeforderung korrespondierenden Risikoniveauforderung

Da die Messung der Risiken in allen Unternehmen auf eine unterschiedliche Weise erfolgt, ist auch der Ausweis des Risikoniveaus unternehmensindividuell. Eine sehr einfache Risikobewertung erfolgt mittels der potenziellen Schadenshöhe und der Eintrittswahrscheinlichkeit.[625] Würde ein Unternehmen bspw. nur diese An-

---

[624] Generell kann das durchschnittliche Gesamtrisiko als arithmetisches Mittel berechnet werden. Sofern es in dem Beobachtungszeitraum untypische Ereignisse gibt, die den Durchschnittswert stark verzerren, ist das geometrische Mittel grundsätzlich zu bevorzugen, vgl. Schira (2009), S. 47. Inwiefern dessen Anwendung in einem Unternehmen tatsächlich sinnvoll ist, hängt jedoch erneut von der individuellen Risikomessung ab.

[625] Vgl. Abschnitt 2.2.3.2.

gaben verwenden, dann würde das Risikoniveau ermittelt, indem die Schadenshöhe und die Eintrittswahrscheinlichkeit der letzten Jahre herangezogen werden und über den Durchschnittswert die mit der Renditeforderung in Einklang stehende Schadenshöhe und die Eintrittswahrscheinlichkeit bestimmt werden.

Ein entsprechendes Vorgehen ist selbstverständlich durch ein vergleichsweise hohes Maß an Subjektivität und einer daraus resultierenden Manipulationsanfälligkeit gekennzeichnet. Allerdings ist ein solch subjektives Vorgehen gegenüber einer vollständigen Vernachlässigung der Risikoforderung zu bevorzugen, da auf diese Weise die Ansprüche der Eigenkapitalgeber umfassender berücksichtigt werden.[626]

Die Vorgabe eines Soll-Risikoniveaus wird derzeit als eine eigenständige Aufgabe der Risikostrategie angesehen. Die vorangegangenen Ausführungen haben jedoch verdeutlicht, dass dieses Soll-Risikoniveau keineswegs frei festgelegt werden kann, sondern dass es das Resultat vergangener Entwicklungen ist und mit dem Eigenkapitalkostensatz in Einklang stehen muss. Somit kann die Risikostrategie, die die Vorgabe eines Risikoniveaus zur Aufgabe hat, nicht unabhängig von den Kapitalgebererwartungen entwickelt werden, sondern aus dem Kapitalkostensatz lässt sich das Gesamtrisikoniveau der Risikostrategie ableiten. Die folgende Grafik veranschaulicht den Zusammenhang:

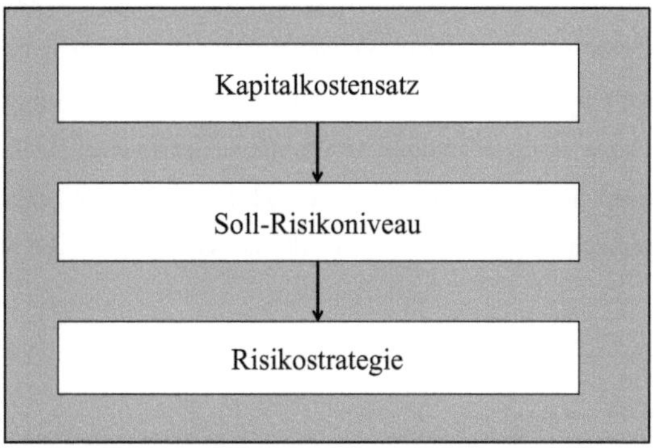

Abbildung 17: Bedeutung des Kapitalkostensatzes für die Risikostrategie

[626] Cooper und Kaplan argumentieren in einem Aufsatz zum Activity-based Costing ähnlich. Ihrer Meinung nach existierende Schwächen des Activity-based Costing rechtfertigen sie damit, dass es zu bevorzugen sei, eine Methode anzuwenden, deren Vorgehensweise grundlegend richtig ist, anstelle einer, die ein vollständig falsches Ergebnis hervorbringt, vgl. Cooper/Kaplan (1988), S. 100.

6.4 Weiterentwicklung des Zielsystems, der Planung, Kontrolle sowie Incentivierung

Damit dem Gedanken, dass eine auf Basis des CAPM ermittelte Renditeforderung auch mit einer Risikoforderung einhergeht, ausreichend Rechnung getragen wird, sind das Zielsystem, die Planung, die Kontrolle sowie die Incentivierung adäquat anzupassen, worauf die folgenden Abschnitte abzielen. Durch eine Berücksichtigung der Risikoforderung wird eine aus Kapitalgebersicht ausreichende Integration des Risikos ins wertorientierte Management sichergestellt.

6.4.1 Rendite- und risikoorientierte Zielsetzung

6.4.1.1 Ergänzung lang- und kurzfristiger Ziele um ein Risikoniveau

Das derzeitige Zielsystem, welches die Steigerung des Unternehmenswertes sowie die Erwirtschaftung der Eigenkapitalkosten innerhalb einer jeden Periode zum Gegenstand hat, leitet sich aus dem grundsätzlichen Wunsch der Eigenkapitalgeber nach einer Maximierung ihres Kapitals sowie der Erwirtschaftung einer risikoadäquaten Rendite ab. Diese grundsätzlichen Forderungen der Eigenkapitalgeber haben auch nach der Analyse ihres Entscheidungsverhaltens weiterhin Gültigkeit.[627] Jedoch sollte ein stärkeres Bewusstsein dafür vorliegen, dass sich der Wunsch nach einer Maximierung des Kapitals nicht ohne die Inkaufnahme von Risiken realisieren lässt und Eigenkapitalgeber stets zwischen Risiko und Rendite abwägen. Zwar wird in der Regel unterstellt, dass durch eine Einbeziehung der Eigenkapitalkosten in die Ermittlung des Unternehmenswertes Risiken Berücksichtigung finden, jedoch ist dies entsprechend der vorangegangenen Analysen keineswegs ausreichend, da der Eigenkapitalkostensatz lediglich die von den Ka-

[627] Kritiker könnten in Bezug auf das in dieser Arbeit entworfene Managementkonzept anführen, dass es nicht konsequent sei, einerseits Erkenntnisse der Behavioral Finance Forschung heranzuziehen, um auf Basis derer die Erwartungen der Kapitalgeber herzuleiten, aber nicht direkt aus dem Kapitalmarkt die Ziele abzuleiten. Für ein entsprechendes Vorgehen vgl. Weber/Bramsemann/Heineke/Hirsch (2004), S. 145 ff. Diesem Kritikpunkt kann dahingehend begegnet werden, dass für die Herleitung der Kapitalgebererwartungen nur systematische Verhaltensmuster herangezogen wurden, die als adaptiv rational zu bezeichnen sind. Der Kapitalmarkt selber ist jedoch auch durch sehr viele Irrationalitäten gekennzeichnet, so dass unmittelbar aus ihm abgeleitete Ziele nicht zur Steuerung geeignet sind.

pitalgebern erwartete Rendite bei dem von ihnen unterstellten Risiko ausdrückt.[628] Somit hat das aus der Forderung nach einer Maximierung des Kapitals resultierende Ziel, welches derzeit die Steigerung des Unternehmenswertes darstellt, neben einer Rendite- auch eine explizite Risikokomponente zu beinhalten.[629] Sofern – wie bei der Ermittlung des Unternehmenswertes derzeit durchgeführt – ein gleichbleibender Eigenkapitalkostensatz für alle Jahre unterstellt wird, wird dabei auch von einem konstanten Betafaktor und somit von einem konstanten Risikoniveau ausgegangen. Ein Unternehmenswert wird demnach immer für ein spezielles Risikoniveau ermittelt. Die sich im Unternehmenswert niederschlagenden Handlungen müssen folglich zusammen das zum Eigenkapitalkostensatz korrespondierende Risikoniveau vorweisen. Genauso wie der Unternehmenswert selbst durch einen aggregierten Wert zum Ausdruck gebracht wird, ist demnach für den gleichen Zeitraum das Risikoniveau der einzelnen Aktivitäten aggregiert zu bestimmen und durch einen einzelnen, mehrere Perioden umfassenden Wert abzubilden. Aufgrund des zusätzlich existierenden Nebenziels ist das Risikoniveau jedoch in jeder Periode einzuhalten, was durch die folgenden Ausführungen verdeutlicht wird.

Derzeit besteht das kurzfristig orientierte Nebenziel ausschließlich in der Erwirtschaftung der Eigenkapitalkosten innerhalb einer jeden Periode. Genauso wie der Unternehmenswert für ein bestimmtes Risikoniveau ermittelt wird, geht auch die periodenbezogene Renditeforderung mit einer Risikoforderung einher. Folglich ist das Nebenziel dahingehend zu ergänzen, dass innerhalb einer Periode die Eigenkapitalkosten unter Einhaltung des zugehörigen Risikoniveaus zu erwirtschaften sind. Sofern zum Zeitpunkt x ein bestimmter Eigenkapitalkostensatz auf Gesamtunternehmensebene als relevant angesehen wird und dieser im Rahmen der Unternehmenswertermittlung sowie der Bestimmung von einperiodischen Wertbeitragskennziffern Anwendung findet, wird bei beiden Berechnungen dasselbe Risikoniveau zugrunde gelegt. Der Unterschied besteht darin, dass es bei dem alleini-

[628] Es lässt sich argumentieren, dass Risiken zusätzlich in den Cashflows ihren Niederschlag finden. Eine ausführlichere diesbezügliche Diskussion erfolgt im Kontext der Planung in Abschnitt 6.4.2. Diesen Ausführungen entsprechend, ist die Berücksichtigung der Risiken in den Cashflows ebenfalls nicht ausreichend.

[629] Zur Betrachtung des Risikos als explizite Zielgröße vgl. Schmidbauer (2000), S. 159. Eine integrierte Formulierung von wert- und risikoorientierten Zielen wird zudem vorgeschlagen von Laas (2004), S. 186 ff.

gen Ziel der Unternehmenswertsteigerung möglich wäre, unterschiedliche Risikoniveaus in den einzelnen Jahren zu realisieren, deren aggregierter Durchschnitt jedoch dem zum Eigenkapitalkostensatz korrespondierendem Risikoniveau entsprechen müsste. Da es zur Erreichung des Nebenziels notwendig ist, innerhalb einer jeden Periode das zum Eigenkapitalkostensatz passende Risikoniveau zu erzielen, ist es ausreichend, dies als Ziel zu definieren, da auf diese Weise sichergestellt wird, dass in der Regel auch das durchschnittliche Risikoniveau über all die im Rahmen der Unternehmenswertermittlung Berücksichtigung findenden Jahre eingehalten wird.[630] Die folgende Grafik veranschaulicht, dass ein zum Kapitalkostensatz korrespondierendes Risikoniveau existiert und unternehmerische Handlungen genauso auf dessen Beeinflussung wie auf eine Beeinflussung des Unternehmenswertes sowie der einperiodischen Wertkennziffern abzuzielen haben, die direkt durch den Kapitalkostensatz beeinflusst werden:

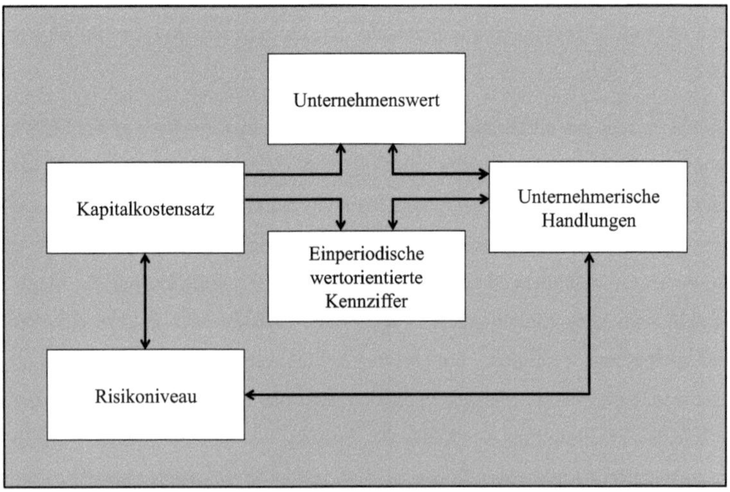

Abbildung 18: Risikoniveau als Bestandteil des Zielsystems

[630] Eine mögliche Risikodiversifikation würde lediglich dazu führen, dass das Gesamtrisiko niedrigerer als erlaubt ausfällt.

6.4.1.2 Resultierende Weiterentwicklung der Werttreiberhierarchien sowie der Balanced Scorecard

In Abschnitt 3.2.2 wurde dargestellt, dass in derzeitigen wertorientierten Managementkonzepten Werttreiberhierarchien oder die Balanced Scorecard zur Operationalisierung des Unternehmenswertes herangezogen werden. Der sich hinter Werttreiberhierarchien verbergende Sinn liegt darin, einzelnen Abteilungen etc. nicht einen bestimmten Beitrag zur Unternehmenswertsteigerung vorzugeben, sondern die Zielvorgaben zu konkretisieren. Durch die mittels dieser Instrumente heruntergebrochenen Ziele wird dem Renditeziel seitens der Kapitalgeber ausreichend Rechnung getragen, eine Risikoberücksichtigung findet auf diese Weise jedoch nur unzureichend statt. Der Forderung nach einer Ergänzung des Oberziels wertorientiert geführter Unternehmen um ein Risikoniveau ist damit nachzukommen, dass aus den Werttreiberhierarchien nicht nur Maßnahmen abgeleitet werden, die – dem derzeitigen Vorgehen entsprechend – zu einer Steigerung des Betriebsergebnisses, einer Reduzierung der Kapitalbindung oder einer Reduktion des Kapitalkostensatzes und somit per Definition zu einer Steigerung des Unternehmenswertes beitragen,[631] sondern eine Werttreiberhierarchie um konkrete Risikoaspekte ergänzt wird.[632] Derzeit ist es bspw. denkbar, dass der Einkauf die Vorgabe erhält, die Einkaufspreise für ein relevantes Produkt in einem bestimmten Zeitraum um einen Betrag x zu reduzieren, um auf diese Weise zu einer Unternehmenswertsteigerung beizutragen. Sofern der Einkäufer nicht gleichzeitig auch Ziele erhält, die auf die Risiken abstellen, könnte er sich in eine starke Abhängigkeit zu einem Lieferanten begeben, um so möglichst niedrige Einkaufspreise zu erzielen. Eine zu starke Abhängigkeit von einem Lieferanten kann möglicherweise in der Zukunft zu Produktionsausfällen führen, die die Existenz des Unternehmens gefährden, was in keiner Weise im Sinne der Eigenkapitalgeber ist. Auch wenn diese es selbstverständlich begrüßen, dass der Einkäufer einen Beitrag zum angestrebten Renditeziel leistet, soll dies nur auf eine Weise geschehen, die

---

[631] Vgl. Abschnitt 3.2.2.2.

[632] Zum grundsätzlichen Gedanken einer parallelen Betrachtung von Wert- und Risikotreibern vgl. Henselmann/Klein (2010), S. 358 ff. Es ist nicht ausreichend, Risiken über Maßnahmen zu berücksichtigen, die zu einer Reduktion des Kapitalkostensatzes beitragen. Sofern sich verschiedene Maßnahmen auf die Risikosituation eines Unternehmens auswirken, dauert es sehr lange, bis sich diese signifikant auf den Kapitalkostensatz niederschlagen. Dies liegt darin begründet, dass sie erst vom Kapitalmarkt wahrgenommen werden müssen, damit der Betafaktor in den nächsten Jahren davon beeinflusst wird. Diese Wirkungszusammenhänge für einzelne Maßnahmen adäquat zu prognostizieren, scheint unmöglich zu sein.

nicht mit zu hohen Risiken einhergeht. Daher sind den einzelnen Abteilungen nicht nur konkretisierte Zielvorgaben zu machen, die zu der angestrebten Unternehmenswertsteigerung beitragen, sondern auch für die durch das Risikomanagement zu identifizierenden relevanten Risiken sind den Bereichen Zielvorgaben zu machen, wodurch das Gesamtrisikoniveau eingehalten werden soll. Entsprechend der Ausführungen zu den Werttreiberhierarchien können nicht immer formale Zusammenhänge zwischen den einzelnen Risiken und der Steuerungsgröße (bspw. potenzielle Schadenshöhe und Eintrittswahrscheinlichkeit) aufgezeigt werden,[633] sondern mitunter ist ausschließlich die Darstellung eines sachlogischen Zusammenhangs möglich. Dies reicht aber aus, um den unteren Unternehmensebenen das grundlegende Verständnis für ihren Beitrag zum Unternehmensziel zu verdeutlichen, was Aufgabe der Werttreiberhierarchien ist. So ist es beispielsweise denkbar, dass der Einkäufer das Ziel erhält, die Abhängigkeiten von einzelnen Lieferanten zu reduzieren. Dieses Ziel lässt sich dahingehend operationalisieren, dass für jedes relevante Produkt Geschäftsbeziehungen mit mindestens zwei Lieferanten zu pflegen sind, sofern es sich nicht um ein Monopol auf Anbieterseite handelt.

Genauso wie die Werttreiberhierarchien um Risikoaspekte zu erweitern sind, ist auch die Balanced Scorecard um diese zu ergänzen. Denn auch bei dieser ist es in ihrer bisherigen Ausgestaltung möglich, dass trotz einer positiven Wirkung auf die verschiedenen Perspektiven und einer damit per Definition einhergehenden Unternehmenswertsteigerung relevante Risiken unberücksichtigt bleiben und dem geforderten Risikoniveau nicht Rechnung getragen wird. Daher ist es nötig, die Balanced Scorecard um eine Risikoperspektive zu erweitern, die unternehmensindividuell auszugestalten ist.[634]

---

[633] Im Vergleich zu den klassischen Werttreibern kommt bei den Risiken erschwerend hinzu, dass selbst in Fällen, in denen an und für sich das Aufzeigen eines formalen Zusammenhangs möglich wäre, potenzielle Diversifikationseffekte dazu führen können, dass dieser Zusammenhang aus Gesamtunternehmenssicht ein anderes formales Ergebnis vorweisen würde, als sich bei einer isolierten Betrachtung des Zusammenhangs zwischen einem Risiko und der Steuerungsgröße ergeben würde.

[634] Vgl. Gleißner/Romeike (2008), S. 209. Vgl. zu einer möglichen Ausgestaltung zudem Wolf (2003a), S. 99 ff.

6.4.2 Rendite- und risikoorientierte Planung

Derzeit wird im Kontext der Planung innerhalb des wertorientierten Managements vorrangig die Beurteilung von Alternativen in Bezug auf ihren Beitrag zum Unternehmenswert unter Anwendung der DCF-Methode thematisiert. Wie in Abschnitt 3.2.3.1.2 diskutiert, ist neben einer positiven Beeinflussung des Unternehmenswertes innerhalb der Planung noch darauf zu achten, dass solche Handlungen unternommen werden, die zusätzlich sicherstellen, innerhalb einer jeden Periode positive Wertbeiträge zu realisieren. Neben Renditeaspekten sind zudem Risiken im Rahmen der Planung explizit zu berücksichtigen.[635] Da die Kapitalkosten nicht die einer Investition inhärenten Risiken umfassen, sondern nur die Renditeforderung der Eigenkapitalgeber an eine Investition zum Ausdruck bringen, können Risiken höchstens noch innerhalb der Cashflows erfasst werden. Dadurch wird jedoch auch nicht berücksichtigt, ob die Investition mit einem zu hohen Risiko für die Kapitalgeber einhergeht. In der Regel werden die Cashflows durch deren Erwartungswerte in die Berechnung einbezogen, die Volatilität der Cashflows spielt dabei keine Rolle.[636] Sofern die Cashflows innerhalb einer bestimmten Periode mit einer sehr geringen Wahrscheinlichkeit extrem hoch sein können, mit einer hohen Wahrscheinlichkeit gleichzeitig aber auch negativ, ist es möglich, dass der entsprechende Cashflow und auch der Kapitalwert positiv sind, obwohl es sich um eine vergleichsweise riskante Investition handelt, die somit ein Risikoniveau vorweist, das nicht mit einem Eigenkapitalkostensatz, in den ein niedriger Betafaktor einfließt, in Einklang steht.

Darüber hinaus können in den Cashflows lediglich die Risiken erfasst werden, die in direktem Zusammenhang mit der Investition stehen. Sofern bspw. für ein Projekt spezielle Lieferanten herangezogen werden, mit deren Hilfe das aktuelle Projekt eindeutig einen positiven Kapitalwert hervorbringt, die Zusammenarbeit aber gleichzeitig dazu führt, dass andere Lieferanten ihre Zusammenarbeit kündigen, wodurch andere Projekte gefährdet werden, stellt dies ein Risiko dar, welches aus Sicht der Kapitalgeber relevant ist und folglich bei der Investitionsentscheidung berücksichtigt werden muss. Es ist demnach zu überprüfen, inwieweit sich eine

---

635 Vgl. Weber/Bramsemann/Heineke/Hirsch (2005), S. 175; Wolf (2004), S. 180; von Weizsäcker/Krempel (2004), S. 6; Gleißner/Romeike (2008), S. 205; Laas (2004), S. 199 ff.

636 Vgl. Madrian/Auerbach (2009), S. 79.

Entscheidung auf weitere Risiken auswirkt und ob die Entscheidung in Einklang mit den Risikovorgaben steht.

An dieser Stelle kommt erneut die wechselseitige Beziehung zwischen dem wertorientierten Management und dem Risikomanagement zum Ausdruck. Um die genauen Auswirkungen einer Entscheidung auf das Risikoniveau abschätzen zu können, ist eine Bewertung der Risiken notwendig. Dies ist Aufgabe des Risikomanagements, so dass eine adäquate Methodenkompetenz für eine Bewertung der Risiken Voraussetzung eines funktionierenden Risikomanagements ist. Das Risikomanagement benötigt zudem die Daten aus der Unternehmensplanung,[637] um relevante Risikosteuerungsmaßnahmen einleiten zu können. Sofern Maßnahmen veranlasst werden, die zu einer Veränderung des Risikoniveaus beitragen, ist gleichzeitig zu analysieren, ob die dadurch veränderten Investitionen bzw. Projekte immer noch die notwendigen Unternehmenswertsteigerungen und positiven Wertbeiträge generieren. Aufgrund der fehlenden Wertadditivität dürfen nicht nur die einzelnen unternehmerischen Handlungen auf ihre Auswirkungen auf den Unternehmenswert, die Wertbeitragskennziffern sowie das Risikoniveau hin untersucht werden, sondern es ist dafür Sorge zu tragen, dass auf Gesamtunternehmensebene stets die von den Kapitalgebern geforderten Renditen erwirtschaftet werden und das geforderte Risikoniveau dabei nicht überschritten wird. Um sicherzustellen, dass auf Gesamtunternehmensebene das geforderte Risikoniveau eingehalten wird, kann sich das Management verschiedener Finanzinstrumente bedienen.[638]

Der Vorschlag, Risiken über die Kapitalkosten hinaus in die Planung zu integrieren, führt zwangsläufig zu dem Kritikpunkt, dass durch ein solches Vorgehen Risiken zu stark berücksichtigt werden könnten und eigentlich lohnende Investitionen evtl. nicht durchgeführt werden. Eine ausschließliche Bewertung von Investitionsentscheidungen auf Basis des CAPM wird bereits dahingehend kritisiert, dass der auf diese Weise ermittelte Kapitalkostensatz häufig zu hoch sei und somit eigentlich vorteilhafte Investitionsprojekte nicht realisiert würden.[639] Sich verändernde Rahmenbedingungen führen nach Aussage entsprechender Autoren dazu,

[637] Vgl. Gleißner/Romeike (2008), S. 206; Crasselt/Pellens/Schmidt (2010), S. 409 f.

[638] Vgl. Volkart (2008), S. 907 ff.; Fenn/Post/Sharpe (1997), S. 13.

[639] Vgl. Gleißner (2006a), S. 75; Sach (1995), S. 100.

dass in der Zukunft nicht mehr so hohe Renditen erreichbar seien wie in der Vergangenheit.[640] Hieraus kann im Kontext des wertorientierten Managements nur ein reales Problem resultieren, wenn in Unternehmen nicht ausreichend Projekte zur Verfügung stehen, die die auf Basis des CAPM ermittelte Renditeforderung seitens der Eigenkapitalgeber erwirtschaften. Solange Unternehmen in der Lage sind, Übergewinne zu realisieren, existieren auch ausreichend Projekte, um die auf Basis des CAPM ermittelten Renditeforderungen zu erwirtschaften. Zudem verdeutlichten die bisherigen Analysen, dass es einen korrekten Eigenkapitalkostensatz nicht geben kann und sich somit nicht objektiv beurteilen lässt, wann eine ermittelte Renditeforderung oberhalb der real existierenden liegt. Da Kapitalgeber Verlusten mehr Bedeutung beimessen als Gewinnen,[641] haben sich Unternehmen im Zweifel stärker auf eine Vermeidung von Verlusten als auf eine Steigerung potenzieller Gewinne zu fokussieren. Insbesondere seit der jüngsten Finanzkrise sind Kapitalgeber risikoaverser geworden,[642] so dass es in ihrem Interesse ist, dass Unternehmen Risiken besondere Aufmerksamkeit schenken und diese im Zweifel daher lieber zu viel als zu wenig beachten.

6.4.3 Rendite- und risikoorientierte Kontrolle

Da die Kontrolle darauf abzielt, Soll-Ist-Abweichungen zu überprüfen, und zuvor analysiert wurde, dass neben renditebezogener Soll-Größen auch Soll-Risikoniveaus definiert werden, haben alle entsprechenden Größen in die Kontrolle und letztlich in eine Erfolgsbeurteilung einzufließen. Die folgenden Ausführungen zielen zunächst darauf ab, die einzelnen Bestandteile, die den Erfolg wertorientiert geführter Unternehmen beschreiben, zu identifizieren. In einem weiteren Schritt erfolgt eine Überführung der verschiedenen Erfolgsbestandteile in eine gemeinsame Kennzahl. Im wertorientierten Management finden zu Kontrollzwecken derzeit vorrangig einperiodische Wertbeitragskennzahlen Anwendung. In Kapitel drei wurde bereits analysiert, dass hierdurch nicht einmal alle renditebezogenen Ziele ausreichend berücksichtigt werden, weil eine Veränderung des Un-

---

640 Vgl. Gleißner (2006a), S. 75.

641 Vgl. Benartzi/Thaler (2000), S. 301 ff.; Tversky/Kahneman (1986), S. 258.

642 Sobald Anleger negative Erfahrungen mit Aktien machen, was während der Finanzkrise verstärkt der Fall war, bevorzugen sie sicherere Anlagealternativen, vgl. Bloss/Ernst/Häcker/Eil (2009), S. 74.

ternehmenswertes auf diese Weise nicht explizit beachtet wird. Da in einem wertorientiert geführten Unternehmen in jeder Periode eine bestimmte Veränderung des Unternehmenswertes anzustreben ist, gilt es folglich zu überprüfen, inwieweit diese erreicht wurde. Zu diesem Zweck muss der Unternehmenswert am Ende des Geschäftsjahres ermittelt und mit dem des letzten Geschäftsjahres verglichen werden.[643] Die Messung einer Veränderung des Unternehmenswertes ist allerdings mit sehr viel Subjektivität verbunden und eine korrekte Ermittlung ist fast unmöglich, weil nicht für alle identifizierten Werttreiber ein formaler Zusammenhang zur Steuerungsgröße hergestellt werden kann. Die Veränderungen aller vorab als relevant eingestuften Werttreiber, für deren Beeinflussung die einzelnen Bereiche Zielvorgaben erhalten haben, sind in einem wertorientiert geführten Unternehmen jedoch zu ermitteln und in eine Erfolgsbeurteilung mit einzubeziehen. Da dies aufgrund fehlender formaler Zusammenhänge alleine über den Unternehmenswert nicht möglich ist, sind die Zielerreichungsgrade der Werttreiber separat zu eruieren, innerhalb eines jeden Bereichs zu aggregieren und sie haben in einem alle relevanten Ziele beurteilenden Erfolgsmaß ihren Niederschlag zu finden. Zur Ermittlung eines aggregierten Wertes über die verschiedenen Werttreiber in den einzelnen Bereichen kann die Nutzwertanalyse angewendet werden. In ihrer ursprünglichen Form unterstützt sie die Bewertung verschiedener Alternativen in Entscheidungsprozessen.[644] Zu diesem Zweck werden von einem Oberziel verschiedene Unterziele hierarchisch abgeleitet, denen gewichtete messbare Kriterien zugewiesen werden.[645] Es besteht der Anspruch, dass jedes Kriterium mithilfe einer zehnstufigen, kardinalen Skala gemessen werden kann, so dass der Nutzen einer Alternative bewertet und mit dem einer anderen Möglichkeit verglichen werden kann. Zu diesem Zweck wird für jedes Kriterium das Produkt aus Bewertung und Zielgewicht gebildet und eine Aufsummierung über alle Produkte findet statt.[646] Folglich ist die Alternative zu wählen, die mit dem höchsten Nutzwert einhergeht. Findet dieses Verfahren zur Ermittlung eines aggregierten Wertes über

---

[643] Solange ein originärer Goodwill nicht bilanziert werden darf, kann hierfür nicht grundsätzlich auf das externe Rechnungswesen zurückgegriffen werden. Sofern sich dies in der Zukunft ändern sollte, können entsprechende Daten herangezogen werden.

[644] Vgl. Koß (2007), S. 844; Dinkelbach (2002), S. 1312; Voß (2002), S. 152; Hoffmeister (2000), S. 278; Lillich (1992), S. 14 ff.

[645] Vgl. Koß (2007), S. 845.

[646] Vgl. Koß (2007), S. 845.

die Zielerreichungsgrade der einzelnen Werttreiber Anwendung, dann sind den einzelnen Werttreibern messbare Kriterien in Form einer zehnstufigen, kardinalen Skala zuzuordnen und es ist die Summe über die tatsächlichen Zielerreichungsgrade multipliziert mit ihrem jeweiligen Zielgewicht zu bestimmen.[647] Die genaue Ausgestaltung ist unternehmensindividuell festzulegen, jedoch muss ein einheitliches Vorgehen im gesamten Unternehmen gewählt werden, da nur auf diese Weise ein aggregierter Wert eine Aussagekraft erhält.[648]

Genauso wenig wie eine ausschließliche Erfolgskontrolle auf Basis einperiodischer Wertbeitragskennziffern ausreicht, um auf diese Weise die den langfristigen Erfolg determinierenden Faktoren hinreichend zu berücksichtigen, reicht sie zur Beurteilung der Einhaltung des geforderten Risikoniveaus aus. Weit verbreitete wertorientierte Kontrollkennziffern dienen vorrangig einer Rentabilitätskontrolle und berücksichtigen keine Veränderungen des Risikoniveaus.[649] Werden nur solche einperiodischen Wertbeitragskennziffern zur Erfolgsdefinition herangezogen, ist es möglich, dass das Renditeziel erreicht wird, dabei aber ein viel zu hohes Risikoniveau in Kauf genommen wird. Zwei Bereiche, die bspw. bei gleicher Kapitalbindung und identischem Kapitalkostensatz den gleichen Wertbeitrag realisieren, dabei aber unterschiedliche Risiken in Kauf nehmen, werden bei einer ausschließlichen Erfolgsbeurteilung auf Basis einperiodischer Kontrollkennziffern als gleich erfolgreich angesehen, was nicht im Interesse der Eigenkapitalgeber ist. Daher ist die Veränderung der Risikosituation separat in eine Erfolgsbeurteilung zu integrieren. Zu diesem Zweck eignen sich nicht die in der Literatur diskutierten Risikoperformancemaße.[650] Mithilfe dieser sehr unterschiedlichen Performancemaße wird bestenfalls geklärt, ob eine Rendite erwirtschaftet wurde, die mit dem vorab analysierten Risikoniveau, welches über die Kapitalkosten hinaus berücksichtigt wird, in Einklang steht. Es wird nicht analysiert, ob innerhalb der Periode das von den Kapitalgebern geforderte Risikoniveau selbst eingehalten wurde. Dies ist entsprechend der vorherigen Analysen aus Sicht der Anteilseigener von Bedeutung, weswegen eine Veränderung des Gesamtrisikoniveaus, das durch das Risi-

---

[647] Vgl. Hess/Wohlgemuth/Schlembach (2001), S. 70.

[648] Zu den Schwächen der Nutzwertanalyse, worunter u.a. die Problematik der Gewichtung fällt, vgl. Hoffmeister (2000), S. 307 f.; Titgemeyer (2011), S. 54.

[649] Vgl. Gleißner/Romeike (2008), S. 198 f.

[650] Vgl. Tondock (2010), S. 388 ff.

komanagement ermittelt wird, zusätzlich in einem Erfolgsmaß explizit Berücksichtigung zu finden hat. Genauso wie es schwer ist, zwischen allen Werttreibern und dem Unternehmenswert einen formalen Zusammenhang herzustellen, können zwischen manchen Risiken und dem Gesamtrisikoniveau auch nur sachlogische Zusammenhänge aufgezeigt werden. Demnach sind neben einer Veränderung des Gesamtrisikoniveaus zusätzlich die Veränderungen der relevanten Risiken in die Erfolgsbeurteilung mit einzubeziehen. Entsprechend der obigen Ausführungen zu der Ermittlung eines aggregierten Wertes über alle Werttreiber, kann auch mithilfe der Nutzwertanalyse ein aggregierter Wert über die einzelnen Risiken ermittelt werden, der zum Ausdruck bringt, wie mit den relevanten Risiken umgegangen wurde.

Um die einzelnen Bereiche hinsichtlich ihres Erfolgs miteinander vergleichen zu können, ist eine aggregierte Kennzahl über die als relevant herausgearbeiteten Erfolgsbestandteile zu bilden, wie es die folgende Grafik veranschaulicht:

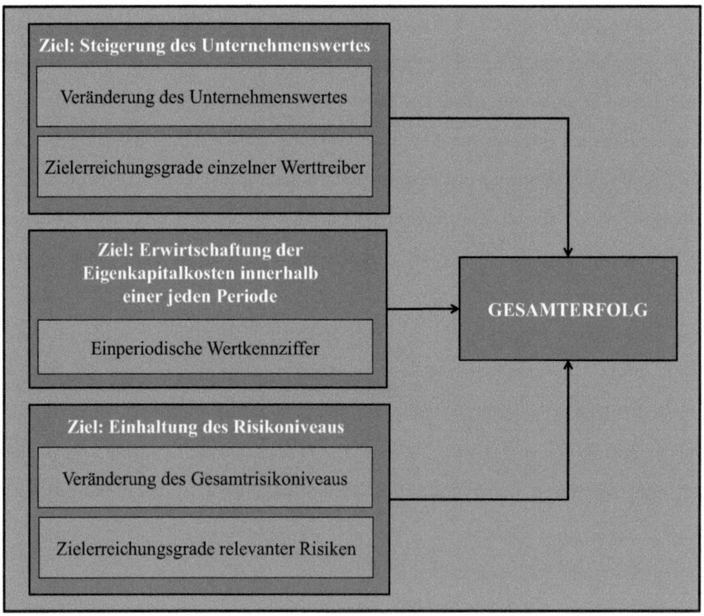

Abbildung 19: Ermittlung des Gesamterfolgs

Unabhängig von der individuellen Ausgestaltung werden der Erfolg eines Unternehmens und der Erfolg der einzelnen Bereiche durch positive Veränderungen des Unternehmenswertes und der diesen beeinflussenden Variablen, durch positive Wertbeitragskennzahlen bzw. Renditen oberhalb der Gesamtkapitalkosten und durch eine Einhaltung des Risikoniveaus definiert. Um von den Einzelwerten zu einem Gesamtwert zu gelangen, kann erneut die Nutzwertanalyse herangezogen werden. Die oben getätigten Ausführungen zur Ermittlung eines aggregierten Wertes über die Werttreiber und die Risiken lassen sich auf die Ermittlung eines aggregierten Erfolgsmaßes übertragen. Die Gewichtung der einzelnen Beiträge zum Gesamtunternehmenserfolg ist unternehmensindividuell festzulegen. Geht die Geschäftstätigkeit allgemein nur mit einem geringen Maß an Risiken einher und sind durch die Manager realisierbare Veränderungen der Risikosituation für die Fortführung des Unternehmens von nicht allzu großer Bedeutung, dann hat sich die Risikosituation weniger auf den Gesamterfolg auszuwirken als in Unternehmen, in denen eine positive Beeinflussung der Risikosituation durch einen Manager für die Unternehmensfortführung entscheidend sein kann.

Diese aggregierte Erfolgskennziffer soll keineswegs die derzeit existierenden, klassischen einperiodischen Wertkennziffern verdrängen. Diese Kennziffern, die einen Bestandteil des Gesamterfolgsmaßes darstellen und auch im Sinne der vorliegenden Arbeit von Bedeutung sind, sollen weiterhin als ein Erfolgsmaß verwendet und kommuniziert werden. Obwohl die wertorientierten Kennziffern auf sehr unterschiedliche Weise ermittelt werden, bieten sie den Kapitalgebern eine verhältnismäßig objektive Kontrolle und ermöglichen Unternehmensvergleiche, weswegen sie den Kapitalgebern weiterhin zur Verfügung zu stellen sind. Jedoch sollen sie nicht alleine über den Erfolg eines Unternehmens entscheiden, sondern den Kapitalgebern ist neben den einzelnen Bestandteilen, die den Gesamterfolg bestimmen, auch die aggregierte Erfolgskennziffer zu kommunizieren. Die im Rahmen dieses Managementkonzepts bereits mehrfach getätigten Ausführungen zur Problematik der Subjektivität, lassen sich auch für die Kontrolle wiederholen.

6.4.4 Rendite- und risikoorientierte Incentivierung

Derzeit schlagen sich vornehmlich einperiodische Wertbeitragskennziffern und Veränderungen des Aktienkurses auf die Vergütung des Managements nieder.

Neben die in Abschnitt 3.2.3.3.2 dargestellte Problematik der großen Einflussmöglichkeit nicht steuerbarer Parameter auf die Vergütung bei einer stark an den Aktienkurs gekoppelten Incentivierung und einer Förderung des renditebezogenen Kurzfristdenkens bei einer Incentivierung auf Basis einperiodischer Kontrollkennziffern tritt nun noch die unzureichende Berücksichtigung des Risikoniveaus bei der derzeitigen Ausgestaltung wertorientierter Vergütungssysteme. Zwar ist zu unterstellen, dass Aktionäre in der Lage sind, zumindest in einem gewissen Maße die Veränderung der Risikosituation in einem Unternehmen zu erkennen, so dass sich diese auf den Aktienkurs auswirkt. Jedoch können nicht alle Risiken direkt von den Aktionären wahrgenommen werden und sie schlagen sich somit nicht zwangsläufig im Aktienkurs nieder.[651] Dies bedeutet keineswegs, dass sie für die Kapitalgeber irrelevant sind. Inwieweit bspw. die Abhängigkeit von einem Lieferanten steigt, ist auch bei einer aktionärsfreundlichen Gestaltung des Value Reporting nur in seltenen Fällen für die Aktionäre erkennbar.[652] Im Aktienkurs schlagen sich Risiken folglich nicht zwangsläufig im Moment ihrer Entstehung, sondern mitunter erst im Moment ihrer Wirkung nieder, da die Risiken häufig erst dann für die Kapitalgeber ersichtlich werden.[653] Daher stellt eine Incentivierung auf Basis des Aktienkurses keine ursachenbezogene Vergütung sicher. In einem adäquaten wertorientierten Vergütungssystem sollen sich aber heute verursachte Risiken auch auf die heutige Managementvergütung auswirken.[654] Folglich ist die Berücksichtigung der Risikosituation bei einer Vergütung auf Basis des Aktienkurses als unzureichend zu bezeichnen. Genauso fehlt eine ausreichende Risikoberücksichtigung bei einer Vergütung auf Basis einperiodischer Kontrollkennziffern. Solange für einen Manager vorrangig Veränderungen der gegenwärtigen Rendite gehaltswirksam werden, wird er sich zukünftig auswirkende Risiken möglicherweise nur unzureichend in seinen Handlungen berücksichtigen.[655] Ein Projekt zu realisieren, welches zwar eine geringere Rendite verspricht, aber auch mit weniger sich evtl. in der Zukunft auswirkenden Risiken einhergeht, ist für ihn nur dann vorteilhaft, wenn er zu dem entsprechenden Zeitpunkt noch in dem Unternehmen beschäftigt

---

[651] Begründen lässt sich dies mit Informationsasymmetrien, vgl. Becker (2012), S. 5.

[652] Zur aktionärsfreundlichen Gestaltung des Value Reporting vgl. Baetge/Heumann (2006), S. 350.

[653] Vgl. zur zeitverzögerten Risikoerkennung Anagnostopoulos/Buckland (2007), S. 367.

[654] Vgl. entfernt Siegert (1999), S. 25 f.

[655] Vgl. Michel (1996), S. 97.

sein wird und sich die Konsequenzen seiner jetzigen Handlungen auf die für ihn dann gehaltswirksame Rendite auswirken werden. Sofern er nicht beabsichtigt, zu dem Zeitpunkt noch im Unternehmen tätig zu sein und dem Manager keine adäquaten Anreize gesetzt werden, um die Risiken ausreichend zu berücksichtigen, wird er sich entsprechend der Anreiz-Beitrags-Theorie vorrangig auf eine Steigerung der gegenwärtigen Rendite fokussieren.[656] Ein Manager, der die gleiche renditeorientierte Performance zu verantworten hat wie ein anderer Manager, dabei aber Handlungen unternimmt, die sich positiv auf das Risikoniveau des Unternehmens auswirken, sollte sich im Sinne der Eigenkapitalgeber besser im Rahmen der variablen Vergütung stellen, um ein möglichst großes Alignment zu bewirken.

Dem Kurzfristdenken und einer damit häufig einhergehenden unzureichenden Risikoberücksichtigung seitens des Managements wird seit einigen Jahren mit verschiedenen Incentivierungsmöglichkeiten versucht zu begegnen. Zu diesem Zweck werden bspw. Aktienoptionen diskutiert.[657] Diese eignen sich aber nur sehr eingeschränkt. Als Dauer der Haltefrist werden drei Jahre empfohlen.[658] Die in dieser Zeit von den Aktionären wahrgenommene Unternehmensentwicklung schlägt sich auf den Aktienkurs und somit auf das Gehalt des Managers nieder. Die einzelnen Handlungen eines Managers können aber mitunter erst einige Jahre später von den Aktionären wahrgenommen werden, wenn sie das Gehalt des Managers, welcher die Verantwortung für die entsprechenden Handlungen trägt, nicht mehr beeinflussen, da dieser bereits das Unternehmen verlassen hat und über keine Aktienoptionen des Unternehmens mehr verfügt. Daher werden Aktienoptionen für eine ausreichende Risikoberücksichtigung als unzureichend angesehen.[659]

Dem Kurzfristdenken soll zudem durch Bonusbanken begegnet werden. Die Grundidee von Bonusbanken besteht darin, dass ein Manager einen Bonus im Jahr seiner Entstehung nicht vollständig ausgeschüttet bekommt, sondern dieser vollständig oder zu Teilen auf einem persönlichen Bonuskonto des Mitarbeiters ver-

---

656 Vgl. das Werk von Barnard (1938) sowie March/Simon (1958), S. 84 ff.

657 Vgl. Ewers (2001), S. 179.

658 Vgl. Baums (1996), S. 7. In einem anderen Werk ist von zwei bis fünf Jahren die Rede, vgl. Aders/Hebertinger/Schaffer/Wiedemann (2003), S. 723.

659 Kritik an Aktienoptionen zur Realisierung einer Langfristorientierung seitens des Managements liefert Rappaport (2006), S. 66 f.

bucht wird.[660] Sofern in den nächsten Jahren negative Ergebnisse erzielt werden, wird das Bonusguthaben des Managers reduziert,[661] so dass sich die variable Vergütung in guten und schlechten Jahren ausgleicht.[662] Der Grundgedanke passt zwar zur vorliegenden Arbeit, jedoch wirken sich durch ein entsprechendes System nur die Konsequenzen auf das Gehalt des verantwortlichen Managers aus, welche sich vergleichsweise zeitnah in einer wertorientierten Kennziffer niederschlagen. Bonusbanken können sehr unterschiedlich ausgestaltet werden, in der Regel wird der Bonus aber nur auf ca. drei Jahre verteilt.[663] Falls die Konsequenzen eines risikofreudigen Managers erst den Periodenerfolg späterer Jahre reduzieren und dieser dann bereits das Unternehmen verlassen hat, wirken sich die durch ihn verursachten Risiken nicht mehr auf sein Gehalt aus. Somit wird durch Bonusbanken einer adäquaten Berücksichtigung des Risikos in der variablen Vergütung auch nicht ausreichend Rechnung getragen.

Mithilfe dieser verschiedenen Vergütungssysteme wird folglich nicht sichergestellt, dass sich eine positive Beeinflussung aller aus Sicht der Kapitalgeber relevanten Faktoren auf das Gehalt der verantwortlichen Manager auswirkt. Die Vergütung des Managements hat demnach – der Argumentation der vorliegenden Arbeit folgend – von der im vorherigen Kapitel definierten und unternehmensindividuell auszugestaltenden Gesamterfolgskennzahl abzuhängen.[664] Entsprechend der Position der jeweiligen Führungskraft ist es denkbar, dass aus den einzelnen Werttreibern und Risikotreibern noch weitere Individualziele abgeleitet werden, die direkt von der einzelnen Person beeinflusst werden können und sich dann zusätzlich im Gehalt niederschlagen sollen.[665]

An einem entsprechenden Vorgehen kann kritisch gesehen werden, dass die Vergütung auf schwer messbaren, subjektiven Kriterien basiert. Eine entsprechende Notwendigkeit, nicht nur gut messbare finanzielle Kennzahlen in die Vergütung des Managements einfließen zu lassen, wurde jedoch von Unternehmen bereits

[660] Vgl. Witzemann/Currle (2004), S. 632; Plaschke (2003), S. 200.

[661] Vgl. Witzemann/Currle (2004), S. 632.

[662] Vgl. Plaschke (2003), S. 294.

[663] Vgl. bspw. Plaschke (2003), S. 297.

[664] Eine daraus resultierende stärkere Ausrichtung der Incentivierung am langfristigen Erfolg und am Risiko propagiert auch Rappaport (2006), S. 72 ff.

[665] Vgl. Rappaport (2006), S. 73 f.

erkannt. Im Jahr 2010 beschloss bspw. die RWE AG, die variable Vergütung der Vorstandsmitglieder nicht mehr allein auf finanziellen Kennzahlen basieren zu lassen, sondern auch Faktoren wie Nachhaltigkeit und Mitarbeiterzufriedenheit in die Vergütung einfließen zu lassen.[666] Um letztlich die gesamte Höhe der variablen Vergütung zu bemessen, wird ein aggregierter Wert über die relevanten Faktoren gebildet.[667] Dies verdeutlicht bereits das Umdenken von DAX-Unternehmen, bei der Ermittlung der Vorstandsgehälter Größen einfließen zu lassen, die die langfristige Existenzsicherung eines Unternehmens sicherstellen, so dass die in dieser Arbeit als relevant erachteten Faktoren in die Vergütung einfließen können.

6.5 Zwischenfazit

Die vorangegangenen Ausführungen verdeutlichen, dass sich ein auf Basis des CAPM gebildeter Kapitalkostensatz sehr gut eignet, um die Renditeforderung der Eigenkapitalgeber zu ermitteln. Der diesem Eigenkapitalkostensatz zugrunde liegende Betafaktor spiegelt zudem das von den Aktionären geforderte Risikoniveau wider. Demnach dürfen die renditebezogenen Ziele nicht auf jegliche Weise realisiert werden, sondern die dafür notwendigen Handlungen müssen auf Gesamtunternehmensebene ein zum Kapitalkostensatz korrespondierendes Risikoniveau vorweisen. Für eine theoretisch korrekte Ermittlung des Risikoniveaus würden empirische Daten benötigt, die in der Realität nicht vorliegen und nach derzeitigem Kenntnisstand auch nicht ermittelbar sind. In Unternehmen lässt sich die Risikoforderung aber mit Daten des Risikomanagements operationalisieren. Unter der Annahme, dass Unternehmen in den vergangenen Jahren in der Lage waren, Risiken zu identifizieren und zu bewerten, die für die Eigenkapitalgeber relevant waren und daher den gegenwärtig gültigen Betafaktor beeinflussten, lässt sich auf Basis der aggregierten Risikowerte das durchschnittliche Risikoniveau der Jahre bestimmen, die für eine Eigenkapitalkostenermittlung auf Basis des CAPM herangezogen werden. Dieses Risikoniveau wird in der vorliegenden Arbeit als das zum Eigenkapitalkostensatz korrespondierende Risikoniveau angesehen und dessen Einhaltung stellt ein zusätzliches Ziel wertorientiert geführter Unternehmen

[666] Vgl. RWE (2011), S. 144.

[667] Vgl. RWE (2011), S. 144.

dar. Bei der Planung geht es folglich nicht nur darum, die einzelnen Entscheidungsalternativen bezogen auf ihren Beitrag zum Unternehmenswert und ihren Beitrag zum Ziel der Erwirtschaftung der Eigenkapitalkosten innerhalb einer jeden Periode zu analysieren, sondern es muss zusätzlich sichergestellt werden, dass durch die ausgewählten Handlungen das zum Kapitalkostensatz korrespondierende Risikoniveau erreicht wird. Da im Rahmen der Kontrolle die Zielerreichung evaluiert werden soll, reichen einperiodische Kontrollkennziffern nicht aus, um mit ihnen den Erfolg eines wertorientiert geführten Unternehmens zu ermitteln. Ein erfolgreiches wertorientiert geführtes Unternehmen unternimmt Handlungen, welche dazu beitragen, dass der Unternehmenswert und somit die einzelnen Werttreiber positiv beeinflusst werden, die Eigenkapitalkosten in jeder Periode erwirtschaftet und dabei das zum Kapitalkostensatz korrespondierende Risikoniveau sowie die heruntergebrochenen Risikoziele erreicht werden. Auf Basis der Zielerreichungsgrade soll mithilfe einer Nutzwertanalyse der Erfolg einzelner Bereiche und des Unternehmens ermittelt werden. Diese aggregierte Erfolgskennzahl soll folglich auch die Grundlage für die variable Vergütung des Managements darstellen, da so der Gefahr zu kurzfristig orientierter Handlungen entgegengewirkt werden kann. Eine für Unternehmen recht unkomplizierte Umsetzung des geforderten Vorgehens ist durch eine stärkere Integration des Risikomanagements in das wertorientierte Management zu realisieren.

Die folgende Grafik fasst die zentralen Aussagen des Kapitels noch einmal zusammen:

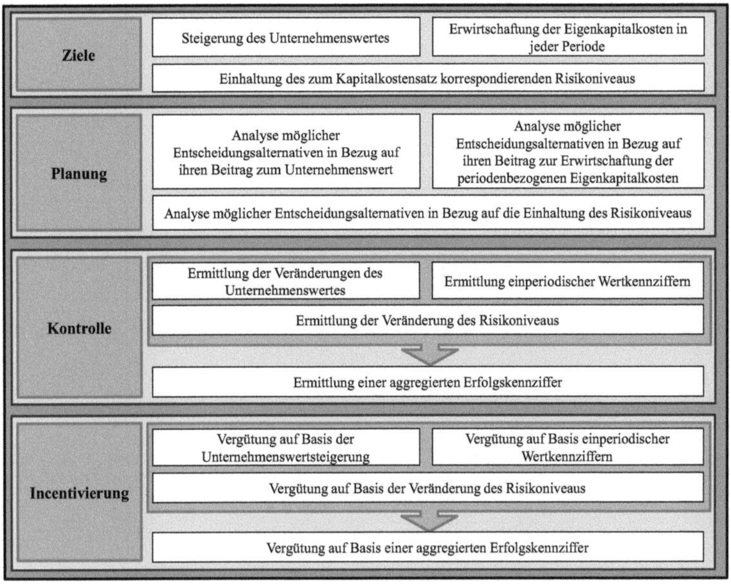

Abbildung 20: Zusammenfassung der Ausgestaltungsempfehlung eines wertorientierten Managementkonzepts im Sinne längerfristig orientierter Eigenkapitalgeber

Obwohl in den einzelnen Abschnitten zu den jeweiligen Säulen des wertorientieren Managements dargestellt wurde, dass einem entsprechenden Vorgehen viel Kritik entgegengebracht werden kann, wird auf diese Weise den Ansprüchen längerfristig orientierter Eigenkapitalgeber theoretisch besser Rechnung getragen als bei einem Vorgehen entsprechend der derzeit dominanten Ausgestaltungsform dieses Managementkonzepts. Bewusst wurde darauf verzichtet, eine tiefere instrumentelle Ausgestaltung des Konzepts vorzunehmen, da diese sich unternehmensindividuell unterscheiden muss und sich nur ein holistisches Konzept für den Einsatz in einer Vielzahl von Unternehmen verschiedener Branchen eignen kann. Ob und inwieweit sich dieses Konzept aus Sicht der Praxis tatsächlich als sinnvoll erweist, wird im nächsten Kapitel eruiert.

7 Empirische Auseinandersetzung mit der entworfenen Konzeption

7.1 Forschungsdesign

Wie bereits im Rahmen der wissenschaftstheoretischen Positionierung erläutert, werden für die Erreichung des praxeologischen Forschungsziels Fallstudien herangezogen.[668] Für deren adäquaten Einsatz sind zunächst die den Fallstudien inhärenten ***Ziele*** zu definieren, die ***Analyseeinheiten*** zu bestimmen und die ***Forschungsmethodik*** ist festzulegen.[669]

7.1.1 Ziele der Fallstudien

Das Ziel der vorliegenden empirischen Untersuchung und damit der Fallstudien ist entsprechend der Konstruktionsstrategie die Verbindung des vorgestellten konzeptionellen Rahmens mit in der Praxis generiertem Erfahrungswissen.[670] Vertreter der für die Fallstudien relevanten Unternehmen werden mit dem theoretischen Konzept konfrontiert, damit sie potenzielle Problemfelder aus Unternehmenssicht aufzeigen und so in Erfahrung gebracht werden kann, ob das Konzept in der Unternehmenspraxis grundsätzlich auf Akzeptanz stößt.[671] Gleichzeitig ist es Ziel der Fallstudien, die in der Praxis vorhandene Integration des Risikos in das wertorientierte Management zu analysieren, um auf diese Weise Methoden herauszuarbeiten, welche sich zur Ausgestaltung des konzeptionellen Rahmens besonders eignen. Aus dem derzeitigen Stand der Risikoberücksichtigung soll zudem abgeleitet werden, in welchen Bereichen in der Praxis noch besonderer Integrationsbedarf existiert. Aus diesen Ergebnissen werden Empfehlungen für eine Anpassung des konzeptionellen Rahmens hergeleitet. Das Ziel solcher Fallstudien kann es selbst-

---

668 Als Forschungsdesign gilt der Plan, der den Forschenden durch den Prozess der Datensammlung, Analyse und Interpretation der Ergebnisse führt, vgl. Nachmias/Nachmias (1976), S. 77 f. Anders als gelegentlich diskutiert, sind Fallstudien als Forschungsdesign und nicht nur als Methode zu verstehen, da im Rahmen der Fallstudienforschung verschiedene Methoden zur Anwendung kommen können, vgl. Zaugg (2006), S. 6.

669 Dies sind konsensfähige, für die Fallstudienforschung relevante Komponenten des Forschungsdesigns, vgl. Yin (2009), S. 27 ff.; Zaugg (2006), S. 15 ff.

670 Vgl. Tietje/Scholz (2001), S. 234.

671 Dies wird als Voraussetzung bei der Verfolgung eines praxeologischen Wissenschaftsziels angesehen, vgl. Dul/Hak (2008), S. 53 f.

verständlich nicht sein, repräsentative Ergebnisse zu liefern,[672] sondern sie sollen zu relevanten Diskursen auf einem Forschungsfeld beitragen.[673]

7.1.2 Auswahl der Analyseeinheiten

Nachdem die Ziele der Fallstudien festgelegt wurden, sind die einzelnen Unternehmen, die als Fallbeispiele dienen sollen, auszuwählen.[674] Wie viele Unternehmen in eine fallstudienbasierte Untersuchung einzubeziehen sind, lässt sich nicht allgemeingültig festlegen. Eisenhardt präsentiert einen Überblick über verschiedene fallstudienbasierte Forschungsarbeiten, in denen ein bis zehn Unternehmen den Untersuchungsgegenstand bilden.[675]

Heranzuziehen sind die Unternehmen, die aufgrund vorheriger Recherchen besonders viel Potenzial für neue Erkenntnisse im Bereich des Untersuchungsgegenstandes bieten und die somit das Kriterium der Relevanz erfüllen.[676] Wenngleich sich das in der Arbeit entwickelte Konzept an börsennotierte Unternehmen, deren Anteile sich größtenteils im Streubesitz befinden, richtet, erfüllen auch Unternehmen, die eine andere Eigentümerstruktur aufweisen, das Kriterium der Relevanz und sind für die Untersuchung heranzuziehen, sofern Indizien darauf hindeuten, dass sie besonderes Entdeckungspotenzial versprechen und zum Erreichen der beschriebenen Ziele einen erhöhten Beitrag leisten können. In die vorliegende Untersuchung wurden daher ebenfalls große Unternehmen, an denen die Nachkommen der Gründerfamilien heute noch einen bedeutenden Anteil halten, einbezogen, da davon auszugehen ist, dass in solchen Familienunternehmen ein besonderer Fokus auf langfristiger Wertgenerierung liegt und somit dort eine tiefgehen-

---

[672] Vgl. Zaugg (2006), S. 17; Borchardt/Göthlich (2006), S. 40.

[673] Vgl. Koch (2004), S. 103.

[674] Vgl. Zaugg (2006), S. 15.

[675] Vgl. Eisenhardt (1989), S. 535. Es existiert immer ein Trade-off zwischen einer hohen Zahl an teilnehmenden Unternehmen, wodurch die Repräsentativität steigt, und einer niedrigeren Zahl, die einen tieferen Einblick in die einzelnen Unternehmen zulässt, wodurch die Möglichkeit eines zusätzlichen Erkenntnisgewinns erhöht wird, vgl. Halinen/Törnroos (2005), S. 1295.

[676] Vgl. Yin (2009), S. 91; Boos (1993), S. 35 f.; Mayring (1993), S. 28; Zaugg (2006), S. 17. Die Autoren benennen zudem die Eignung als ein zu erfüllendes Kriterium. Dieses Kriterium wird in der vorliegenden Arbeit nicht explizit betrachtet, da sich ein Unternehmen dann als Fallstudienkandidat eignet, wenn es die anderen Kriterien erfüllt; das Kriterium der Eignung hängt somit von der Erfüllung der übrigen Kriterien ab. Um die Relevanz von Unternehmen zu bestimmen, wurden vorab Internetrecherchen durchgeführt.

de Risikoberücksichtigung vorzufinden sein könnte.[677] Als besonders relevant erwiesen sich zudem ein Unternehmen, welches sich derzeit noch nicht explizit einer wertorientierten Unternehmensführung verpflichtet hat, sowie ein Unternehmen, das ein vergleichsweise rückständiges wertorientiertes Management implementiert hat. Deren Relevanz liegt darin begründet, dass bei besonders fortschrittlichen Unternehmen möglicherweise die Gefahr besteht, dass ihre jeweiligen Vertreter Bestandteile des in der vorliegenden Arbeit entwickelten Gesamtkonzepts befürworten, um dadurch das Vorgehen im eigenen Unternehmen zu rechtfertigen. Die Unternehmen, in welchen gegenwärtig die Entwicklung des wertorientierten Managements noch nicht sehr weit vorangeschritten ist, bieten daher besonders viel Potenzial für das Aufdecken von Kritikpunkten aus Unternehmenssicht.[678] Solche Kritikpunkte sind für eine adäquate Modifikation des Konzepts in Bezug auf die Praxisanforderungen gewünscht.

Aufgrund des zeitlichen Aufwands, der den in die Untersuchung einbezogenen Unternehmen durch die Fallstudie entsteht, erklären sich in der Regel nur wenige Unternehmen zu einer Teilnahme bereit, weswegen die Verfügbarkeit bei der Fallstudienforschung das zweite wesentliche Kriterium darstellt.[679] Um Unternehmen überhaupt zur Teilnahme motivieren zu können, ist es notwendig, ihnen eine anonyme Veröffentlichung ihrer Daten zuzusichern.[680] Unter dieser Voraussetzung konnten für die vorliegende Arbeit sieben Unternehmen gewonnen werden, die aus unterschiedlichen Branchen stammen und sich in Bezug auf Kriterien, welche die Größe eines Unternehmens beschreiben (Umsatz, Mitarbeiterzahl etc.), stark voneinander unterscheiden. Aufgrund der zugesicherten Anonymität erfolgt keine umfassende Beschreibung der Unternehmen, da eine solche Rückschlüsse auf die Teilnehmer ermöglichen würde.[681]

---

677 Zur Langfristorientierung von Familienunternehmen vgl. James (1999), S. 41 ff.

678 Es wurde durch Vorabgespräche sichergestellt, dass die Interviewpartner trotz einer fehlenden Implementierung des wertorientierten Managements in dem Unternehmen selber über ausreichende diesbezügliche Praxiskenntnisse verfügen, um sinnvolle Empfehlungen äußern zu können.

679 Vgl. Halinen/Törnroos (2005), S. 1295; Yin (2009), S. 91; Zaugg (2006), S. 18.

680 Zur Notwendigkeit der Anonymität vgl. Zaugg (2006), S. 21.

681 Für ein entsprechendes Vorgehen vgl. Kajüter (2000), S. 265.

7.1.3 Beschreibung der Forschungsmethodik

Mithilfe des Methodeneinsatzes soll an die für die Generierung der Fallstudien notwendigen Informationen gelangt werden.[682] Experteninterviews gelten als das wichtigste Instrument in der Fallstudienforschung[683] und eignen sich aufgrund der ihnen zugeschriebenen großen Bedeutung für explorative Fragestellungen besonders für die vorliegende Arbeit.[684] Sie dienen dazu, an exklusive Wissensbestände der Befragten zu gelangen[685] und stellen eine spezielle Anwendungsform des Leitfadeninterviews dar.[686] Der Leitfaden soll dabei die ausreichende Vorbereitung auf das Interview und die Zielorientierung des Gesprächs sicherstellen.[687] Bei der Durchführung des Interviews muss jedoch stets die Offenheit bestehen, vom Leitfaden abzuweichen und notwendige Vertiefungsfragen zu stellen, um den für das Forschungsvorhaben größtmöglichen Nutzen aus den Expertengesprächen zu ziehen.[688] Aufgrund des heuristischen Charakters explorativer Forschung ist es zulässig, das Vorgehen im Verlauf noch anzupassen bzw. zu verbessern, woraus resultiert, dass nicht zwangsläufig dieselbe Vorgehensweise bei allen Fallstudien unterstellt werden kann.[689] Diese Inkonsistenz lässt sich so lange rechtfertigen, wie sie dem Erkenntnisgewinn dient. Bei der Durchführung der Interviews müssen die für Experteninterviews relevanten Kommunikationsregeln befolgt werden.[690]

Für die Interviews stellten die teilnehmenden Unternehmen ein bis drei Interviewpartner zur Verfügung, die dem Top-Management angehören und über umfassende Kenntnisse zur Ausgestaltung des wertorientierten Managements verfü-

---

682 Vgl. Kubicek (1975), S. 58.

683 Vgl. Pflüger/Pongratz/Trinczek (2010), S. 39.

684 Vgl. Bogner/Menz (2005), S. 17. Für weitere im Rahmen der Fallstudienforschung diskutierte Interviewformen vgl. Mayring (1993), S. 46 ff. Einen Überblick über verschiedene Interviewverfahren bieten zudem Schulze/Holling (2004), S. 168 f. Heranzuziehen ist das Verfahren, durch welches die meisten Daten generiert werden können, die zum Erreichen des Forschungsziels benötigt werden, vgl. Laier (2011), S. 174.

685 Vgl. Liebold/Trinczek (2009), S33. Der Experte ist als Funktionsträger innerhalb eines Unternehmens von Interesse; seine Zuständigkeiten, Aufgaben und Tätigkeiten bringen ihm ein exklusives Wissen, welches für das Interview von Bedeutung ist, um daraus eine Fallstudie zu konstruieren, vgl. Meuser/Nagel (2005), S. 74.

686 Vgl. Flick (2009), S. 214.

687 Vgl. Meuser/Nagel (2005), S. 77. Zur Gestaltung der Fragen eines Interviewleitfadens vgl. Gläser/Laudel (2010), S. 144 ff.

688 Vgl. Rosenthal (2008), S. 129.

689 Vgl. Zaugg (2006), S. 22; Koch (2004), S. 104.

690 Einen Überblick über die Kommunikationsregeln bietet Trinczek (2005), S. 209 ff.

gen sowie größtenteils auch mit dem Risikomanagement ihres jeweiligen Unternehmens vertraut sind. Die Dauer der Interviews betrug ein bis zwei Stunden. Zu Beginn wurden den Interviewpartnern die Kerninhalte der vorliegenden Arbeit vorgestellt, zudem wurden deren persönliches sowie das in den einzelnen Unternehmen kommunizierte Verständnis in Bezug auf ein wertorientiertes Management erfragt, um sicherzustellen, dass im Verlauf des Interviews diesbezüglich eine einheitliche Auffassung zwischen Interviewer und Interviewten vorlag und so Missverständnisse vermieden wurden. Im weiteren Verlauf wurden Fragen zu Kapitalkosten, zum Zielsystem, zur Planung, zur Kontrolle sowie zur Incentivierung als Bestandteile des wertorientierten Managements sowie zum Risikomanagement gestellt.[691] Grundsätzlich sind Interviews nach ihrer Durchführung auszuwerten. Experteninterviews können nicht vollständig standardisiert und quantitativ ausgewertet werden,[692] weswegen von einer quantitativen Untersuchung in der vorliegenden Arbeit Abstand genommen und das Vorgehen der qualitativen Inhaltsanalyse gewählt wird.[693] Im Rahmen einer qualitativen Inhaltsanalyse werden zunächst aus den Aufzeichnungen die für den weiteren Verlauf der Arbeit relevanten Daten extrahiert und die einzelnen Aussagen soweit wie möglich ver-

[691] Der Interviewleitfaden ist in seiner ursprünglichen Form in Anhang B zu finden. Im Zeitablauf wurde dieser leicht modifiziert.

[692] Vgl. Scheuch (1967), S. 165 f.

[693] Häufig wird in wissenschaftlichen Arbeiten versucht, das Anspruchsniveau durch den Einsatz quantitativer Methoden höher darzustellen. Sofern es allerdings für die Beantwortung der Forschungsfragen nicht sinnvoll ist, ist von einem entsprechenden Vorgehen Abstand zu nehmen. Zu einer Kritik an der Verwendung quantitativer Methoden in vorzugsweise qualitativ zu analysierenden Kontexten, wie bspw. Experteninterviews, vgl. u.a. Gläser/Laudel (2010), S. 197 ff. Qualitative Inhaltsanalysen sind insbesondere Gegenstand der sozialwissenschaftlichen Forschung, vgl. Mayring (2010), S. 7. In entsprechender Literatur werden vorrangig die „Grounded-Theory-Methodologie“, die „Narrationsanalyse“, die „Objektive Hermeneutik“ sowie die „Dokumentarische Methode“ als Vorgehensweisen für die Auswertung qualitativer Forschungsvorhaben präsentiert. Für eine ausführliche Beschreibung der einzelnen Methoden vgl. bspw. Przyborski/Wohlrab-Sahr (2009), S. 183 ff. Da sozialwissenschaftliche Forscher häufig propagieren, dass die Reinanwendung einer Methode nicht zielführend sei, sondern auf Basis der Grundelemente der verschiedenen Auswertungsdesigns ein für die entsprechende Situation angepasstes Vorgehen gewählt werden solle, wird in der vorliegenden Arbeit eine solch kombinierte Anwendungsmethodik gewählt. Vgl. Meuser/Nagel (2005), S. 81, die sich für eine Abkehr von der Reinanwendung aussprechen. Da die Literatur keine einheitliche Vorgehensweise für die Datenauswertung vorschlägt, stellt das im Folgenden gewählte Vorgehen somit selbstverständlich nur eine der verschiedenen existierenden Möglichkeiten dar, vgl. Koch (2004), S. 105.

einheitlicht.[694] Im Anschluss erfolgt eine Aufarbeitung der Daten, wozu diese verschiedenen Kategorien eines Suchrasters zugeordnet werden.[695] Die Kategorien des Suchrasters ergeben sich grundsätzlich aus den theoretischen Vorüberlegungen,[696] können teilweise aber auch durch die Interviews spezifiziert werden.[697] Das in der vorliegenden Arbeit Anwendung findende Suchraster stellt sich wie folgt dar:

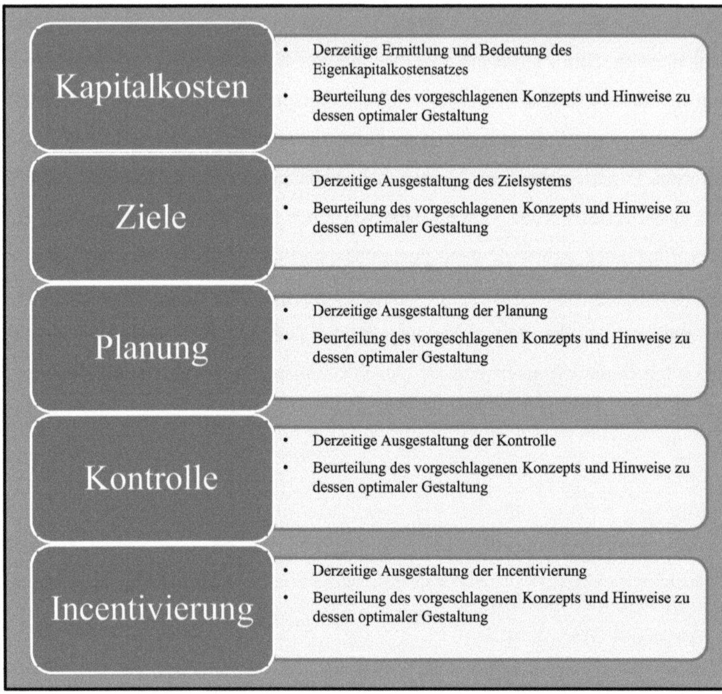

Abbildung 21: Kategoriensystem zur Analyse der Interviews

---

694 Vgl. Gläser/Laudel (2010), S. 199 f.; Strauss/Corbin (1990), S. 39. Zu einer Vereinheitlichung der Sprachebene vgl. Süß/Sayah (2011), S. 255. Fünf Firmen stimmten einer Tonbandaufzeichnung zu, so dass diese Aufzeichnungen herangezogen werden konnten. In zwei Unternehmen lehnten die Interviewpartner eine Tonbandaufzeichnung ab, weswegen nur eine Mitschrift für die entsprechende Einordnung Anwendung finden konnte.

695 Vgl. Gläser/Laudel (2010), S. 199 f.; Strauss/Corbin (1990), S. 39.

696 Vgl. Gläser/Laudel (2010), S. 201.

697 Vgl. Koch (2004), S. 105 und dort zitierte Quellen.

Nach einer Einordnung der Daten in das Kategoriensystem erfolgt deren Analyse.[698] Während dieses Schritts kann deutlich werden, dass relevante Informationen fehlen und daher zusätzliche Daten erhoben werden müssen, weshalb Erhebung und Analyse ein verzahntes Vorgehen darstellen.[699] Auf Basis der Erkenntnisse aus den Interviews lassen sich die einzelnen Fallstudien verfassen,[700] die folglich die Äußerungen der Unternehmensvertreter zum Gegenstand haben. Durch die Darstellung der Fallstudien soll gewährleistet werden, dass die Ausgestaltung des wertorientierten Managements innerhalb der einzelnen Unternehmen zum Ausdruck kommt und alle aus den Interviews stammenden Informationen, die sich dem Kategorienraster zuordnen lassen und für die Weiterentwicklung des theoretisch entworfenen Konzepts relevant sind – in den jeweiligen unternehmensbezogenen Gesamtzusammenhang eingebettet – Beachtung finden. Die heterogene Ausgestaltung des wertorientierten Managements in den betrachteten Unternehmen sowie die Individualität der Beantwortung der einzelnen Fragen durch die verschiedenen Interviewpartner führt trotz einer systematischen Analyse zu einer unterschiedlichen Art der Darstellung der einzelnen Fallstudien.[701] Die Individualität der in chronologischer Reihenfolge vorgestellten Fallstudien resultiert zusätzlich aus der bereits thematisierten Anpassung des Leitfadens im Zeitablauf sowie der Verwendung der in einzelnen Interviews gewonnenen Erkenntnisse bei der Durchführung anschließender Befragungen. Durch die Inkaufnahme einer daraus folgenden, stellenweise reduzierten direkten Vergleichbarkeit der einzelnen Fallstudien ist der größtmögliche Erkenntnisgewinn realisierbar, da auf diese Weise die verschiedenen exklusiven Wissensbestände aller interviewten Experten berücksichtigt und für Anpassungen an dem theoretischen Konzept herangezogen werden können.

---

[698] Vgl. Flick (2009), S. 386. Die zusätzlich benötigten Daten wurden telefonisch erhoben.

[699] Vgl. Flick (2009), S. 386 f. In einem iterativen Wechselspiel zwischen gedanklichen Annahmen und empirischen Daten wird das zu untersuchende Problem präzisiert und theoretisch gefasst. In diesem Sinne kann Forschung als iterativer Lernprozess verstanden werden, vgl. Kubicek (1977), S. 14. Demnach ist es unumgänglich, dass die Erkenntnisse aus den Fallstudien auch bei der Überarbeitung des theoretischen Konzepts implizit berücksichtigt werden und sich die einzelnen Fallstudien dahingehend unterscheiden, dass die Ergebnisse vorheriger Interviews automatisch die folgenden Interviews beeinflussen.

[700] Vgl. Zaugg (2006), S. 15.

[701] Vgl. Meuser/Nagel (2005), S. 80. Neben der Persönlichkeit beeinflussen auch das zu verantwortende Aufgabenfeld sowie die damit in Zusammenhang stehenden Detailkenntnisse der einzelnen Interviewpartner die Beantwortung der Fragen.

In einem weiteren Schritt erfolgt eine zusammenfassende Analyse und Interpretation der verschiedenen Fallstudien unter Zuhilfenahme des Kategoriensystems.[702] Hierbei geht es keineswegs darum, repräsentative Muster zu erkennen, sondern die einzelnen, in den Fallstudien kontextbezogen dargestellten Aussagen unterschiedlicher Interviewpartner werden – losgelöst von ihrem unternehmensbezogenen Gesamtzusammenhang – „zu einem gemeinsamen Bild“[703] zusammengefügt, um dadurch die theoretischen Überlegungen sinnvoll weiterzuentwickeln.[704]

7.2 Fallstudie 1

Beim ersten Fallstudienkandidaten handelt es sich um ein Unternehmen (U1), das offiziell einer wertorientierten Unternehmensführung folgt.

Kapitalkosten

Eigenkapitalkostensätze werden in dem Unternehmen nicht explizit berechnet, sie lassen sich lediglich aus den Gewinn- bzw. Renditezielen des Unternehmens ableiten. So beträgt der derzeit für das Unternehmen gültige Fremdkapitalkostensatz 6%, mit neu getätigten Investitionen soll eine Rendite in Höhe von 10% erwirtschaftet werden. Mithilfe einer Zielkapitalstruktur lässt sich daraus ein Eigenkapitalkostensatz ableiten. Trotz der fehlenden expliziten Ermittlung von Eigenkapitalkostensätzen soll in dem Unternehmen ein Verständnis für die mit Eigenkapital verbundenen Kosten vorliegen, so dass den Eigenkapitalkosten eine verhaltenssteuernde Aufgabe zukommt.

---

[702] Vgl. Koch (2004), S. 106. Zu den Grundformen des Interpretierens im wissenschaftlichen Kontext vgl. Mayring (2010), S. 63 ff.

[703] Koch (2004), S. 106.

[704] Vgl. Flick (2009), S. 387. Kein anderes Vorgehen ermöglicht in Bezug auf die in der vorliegenden Arbeit verfolgte Zielsetzung einen ähnlich hohen Erkenntnisgewinn. Daher wird die qualitative Forschung herangezogen, obwohl ihr häufig „mangelnde intersubjektive Nachvollziehbarkeit, Verletzung klassischer Gütekriterien wie Objektivität und Reliabilität und unzureichende Verallgemeinbarkeit der Ergebnisse“ als Kritikpunkte entgegengebracht werden, Mayring (2010), S. 8. Selbstverständlich lassen sich die an quantitative Forschungsarbeiten zu richtenden Gütekriterien nicht vollständig auf qualitative Forschungsarbeiten übertragen, jedoch lässt sich durch ein strukturiertes Vorgehen, welches u.a. durch eine angemessene Kategoriendefinition sowie eine systematische Inhaltsanalyse sichergestellt wird, gewährleisten, dass die Forschung nicht willkürlich erfolgt, vgl. Mayring (2010), S. 118 ff.

Ziele

Obwohl sich das Unternehmen einer wertorientierten Unternehmensführung verschrieben hat, besteht das Zielsystem ausschließlich aus einperiodischen Kennzahlen. Primär wird das Ziel verfolgt, eine möglichst hohe Dividende auszuschütten, was die Erwirtschaftung eines möglichst hohen Gewinns bedingt. Der Gewinn beeinflusst zudem den ROCE, der die zentrale wertorientierte Kennziffer des Unternehmens darstellt.

Risiken bilden keinen expliziten Bestandteil des Zielsystems und formal wurde bisher auch keine Risikostrategie festgelegt, jedoch lässt sich aus den existierenden Strategiepapieren und den Investitionsvorgaben des Unternehmens das Verfolgen einer risikoneutralen Strategie und eines entsprechenden Risikoniveaus ableiten.[705] So werden bspw. keine Investitionen in Geothermie gebilligt, da solche Investitionsprojekte als zu risikobehaftet angesehen werden.

Der Interviewpartner bestätigt, dass das im Unternehmen vorzufindende Zielsystem dem Kerngedanken des wertorientierten Managements, nämlich einer nachhaltigen Steigerung des Unternehmenswertes, nicht gerecht wird und eine stärkere Langfristorientierung sinnvoll wäre.

Planung

Werden Investitionsvorhaben geplant, so wird vorrangig analysiert, ob mit diesen eine Rendite in Höhe von 10% erwirtschaftet werden kann. Sofern dies in den nächsten Jahren möglich ist, wird eine entsprechende Investition in der Regel durchgeführt, selbst wenn sie den langfristigen Erfolg des Unternehmens gefährden kann. So wurden bspw. in den vergangenen Jahren die Stromproduktionska-

[705] Zur Ableitung des Risikoniveaus aus der Risikostrategie vgl. Abschnitt 2.3.2.1.

pazitäten stärker ausgebaut als langfristig benötigt.[706] Durch diese Kapazitätserweiterung konnten kurzfristig höhere Renditen generiert werden. Da die zusätzlichen Kapazitäten langfristig jedoch nicht benötigt werden, gefährden die aus den Investitionen resultierenden hohen Abschreibungen in den nächsten Jahren das Ergebnis.

Trotz dieser grundsätzlich existierenden Kurzfristorientierung werden sowohl branchenspezifische als auch unternehmensspezifische Risiken, die mit einer Investition einhergehen, im Kontext der Planung quantitativ und qualitativ erfasst. Zudem wird den verschiedenen Investitionsprojekten ein maximal durch sie zu verzehrender Betrag an Eigenkapital zugeordnet, wodurch letztlich dem implizit unterstellten Risikoniveau Beachtung geschenkt wird.

Des Weiteren werden Risiken im Rahmen der allgemeinen Jahresplanung berücksichtigt, sofern sie sich auf GuV-Positionen auswirken können. Es wird analysiert, inwieweit die einzelnen Ertragspositionen nach unten und die einzelnen Aufwandspositionen nach oben abweichen können.[707] Diese sich auf den geplanten Erfolg potenziell negativ auswirkenden Abweichungen werden kumuliert, um einen Überblick über das Gesamtrisiko zu erlangen.

Risiken finden insgesamt in der Planung eine weitreichende Berücksichtigung, jedoch sind nur wirkungsbezogene Risiken von Bedeutung. Sofern Risiken erst in späteren Perioden ergebniswirksam werden, erfahren sie zum Zeitpunkt der sie beeinflussenden Entscheidung keine Beachtung. In dem Unternehmen ist es bspw. denkbar, dass kostengünstige Materialien, bei denen die Wahrscheinlichkeit hoch ist, dass sie vor Ende der veranschlagten Laufzeit bereits ausgewechselt werden müssen, verarbeitet werden, obwohl hochwertigere Materialien verfügbar sind.

---

[706] Hierbei ist fraglich, ob diese Aussage heute noch Bestand hat. In dem Interview wurde angemerkt, dass das Unternehmen aufgrund des im Jahr 2002 verabschiedeten Atomausstiegs stark in alternative Energiegewinnungsanlagen investierte. Die durch den Bundestag bereits verabschiedete und zum Zeitpunkt des Interviews Bestand habende Novelle des Atomgesetzes aus dem Jahr 2010 und die daraus resultierende Laufzeitverlängerung der Atomkraftwerke bedingten einen Teil der angesprochenen Überkapazitäten. Aufgrund des im Jahr 2011 erneut beschlossenen Atomausstiegs werden einige dieser Kapazitäten in den nächsten Jahren vermutlich doch benötigt. Ein Teil der angesprochenen Überkapazitäten wird aber auf sich stärker verbreitende regenerative Energien in privaten Haushalten geschoben und wird daher auch noch in der Zukunft von Bedeutung sein. Für einen Überblick zur Entwicklung des Atomgesetzes vgl. Aichele (2012), S. 21 ff.

[707] Welche potenziellen Szenarien berücksichtigt werden, obliegt dem subjektiven Empfinden des Managements. Grundsätzlich sollen solche Ereignisse in die Analyse einbezogen werden, deren Eintritt unwahrscheinlich, aber dennoch realistisch ist.

Diese würden zwar zum Zeitpunkt der Investitionsentscheidung mit höheren Ausgaben einhergehen, bei ihnen ist aber gleichzeitig das Risiko des vorschnellen Materialverschleißes signifikant niedriger. Eine stärkere Einbeziehung des Risikos in den Entscheidungsprozess würde nach Einschätzung des Interviewpartners vermutlich zu anderen als den im Unternehmen verabschiedeten Ergebnissen führen. Der Unternehmensvertreter stimmt daher zu, dass eine stärkere ursachenbezogene Risikoanalyse sowie eine explizite Einbeziehung eines Risikoniveaus in die Planung notwendig seien.

Kontrolle

Im Rahmen der Kontrolle existiert eine starke Kurzfristorientierung und es sind nur einperiodische Kennzahlen wie der Gewinn und der ROCE für die Erfolgsdefinition von Bedeutung.

Die Veränderung von Risiken wird dahingehend kontrolliert, dass von Seiten der Zentrale unterjährig die Entwicklung der Risiken innerhalb der einzelnen Bereiche abgefragt wird. Für die Erfolgsdefinition werden diese Daten aber nicht herangezogen und insbesondere der Vorstand interessiert sich ausschließlich dafür, inwieweit die aktuellen Ergebnisplanzahlen eingehalten werden.

Das Risikomanagement erfolgt in diesem Unternehmen vorrangig über ein IT-basiertes System. Dieses System ermöglicht es den Bereichen zudem, vergleichsweise unbedeutende Einzelrisiken, die nicht an die Zentrale zu kommunizieren sind, nachzuhalten. Des Weiteren soll mithilfe dieses Systems quantifiziert werden, wie sich Gegenmaßnahmen auf die Eintrittswahrscheinlichkeit auswirken.

Grundsätzlich wird von Seiten des Interviewpartners eine stärkere Einbeziehung einer Veränderung des Risikoniveaus in die Kontrolle und damit in die Erfolgsbeurteilung begrüßt. Bei einer entsprechenden Kontrolle ist jedoch die Wirtschaftlichkeit zu berücksichtigen. Problematiken werden in Bezug auf eine stärkere Risikointegration zudem dahingehend erkannt, dass eine Messung der Veränderung des Risikoniveaus mit einem hohen Maß an Subjektivität verbunden sein kann. Sofern die Veränderung des Risikoniveaus für die Erfolgsdefinition relevant ist, haben die einzelnen Instanzen ein großes Interesse daran, sich möglichst positiv darzustellen. Für höhere Instanzen ist die Korrektheit der kommunizierten Veränderung des Risikoniveaus nur schwer und mitunter gar nicht überprüfbar, da für eine adäquate Beurteilung der Risikosituation Spezialwissen benötigt wird, über welches häufig nur die berichtende Instanz verfügt.

Incentivierung

Da der Erfolg des Unternehmens über das Erreichen des Gewinnziels definiert wird, wirkt sich dieser vorrangig auf das variable Gehalt der Führungskräfte aus. Zusätzlich schlagen sich zwar noch persönliche Ziele der einzelnen Mitarbeiter auf deren variable Vergütung nieder, aber bei der Gestaltung dieser Ziele wird keine Langfristorientierung des Unternehmens anvisiert, weswegen der Interviewpartner die Meinung vertritt, dass das derzeit Anwendung findende Incentivesystem keine an einer langfristigen Unternehmensentwicklung orientierten Bestandteile beinhalte.

Um eine Langfristorientierung des Unternehmens sicherzustellen, ist häufig sehr viel Branchenkenntnis erforderlich. In der Regel verfügen die einzelnen Manager über diese Branchenkenntnis und sie können daher abschätzen, welche Entscheidungen negative Folgen in der ferneren Zukunft mit sich bringen. Sie verhindern solche Entscheidungen jedoch häufig nur auf Kosten kurzfristiger Erfolge, wenn sie davon ausgehen, dass sie selbst zum Zeitpunkt des Eintritts der Konsequenzen noch in dem Unternehmen beschäftigt und von diesen betroffen sein werden. Laut des Interviewpartners wäre in dem betrachteten Unternehmen indes niemand bereit, aufgrund des Incentivesystems auf den kurzfristigen – sich im eigenen Gehalt niederschlagenden – Erfolg zu verzichten, um den langfristigen Erfolg sicherzustellen.

Die Integration einer Veränderung des Risikoniveaus in das Incentivesystem ist daher aus Sicht des Interviewpartners sinnvoll, um auf diese Weise eine Langfristorientierung des Unternehmens zu begünstigen. Die Subjektivität der Risikomessung sowie die fehlende Expertise höherer Instanzen zur Überprüfung der übermittelten Werte werden für eine Integration einer Veränderung des Risikoniveaus in das variable Gehalt jedoch als ebenso kritisch angesehen wie für die Einbeziehung des Risikoniveaus in die Erfolgsbeurteilung.

7.3 Fallstudie 2

Dieses Unternehmen (U2) hat sich explizit einer wertorientierten Unternehmensführung verschrieben.

Kapitalkosten

Für die Ermittlung der Eigenkapitalkostensätze wird kein komplexes Modell herangezogen, sondern diese werden auf eine Weise bestimmt, die der Interviewpartner selbst als pragmatisch bezeichnet. Komplexe Modelle werden von Seiten des Interviewpartners als nicht sinnvoll erachtet, weil seiner Meinung nach durch diese lediglich eine Scheingenauigkeit herbeigeführt wird. Der WACC beläuft sich je nach Geschäftsbereich derzeit auf 9% bis 11%. Zum Zeitpunkt des Interviews fand dieser WACC bereits seit sieben Jahren Anwendung. Es werden verschiedene Gründe angeführt, wegen derer von einer häufigeren Anpassung des WACC abgesehen wird. Zum einen wird eine vergleichsweise stabile Renditeerwartung seitens der Eigenkapitalgeber unterstellt, zum anderen möchte man verhindern, dass die einzelnen Bereiche ihre Entscheidungen von der antizipierten Zinsentwicklung abhängig machen.

Ziele

Entsprechend des Unternehmensverständnisses liegt eine Wertsteigerung vor, wenn ein potenzieller Erwerber bereit wäre, mehr für das Unternehmen zu bezahlen als in der Vorperiode. Eine solche Wertsteigerung wird entsprechend der Unternehmenspolitik als grundsätzliches Ziel verfolgt.

Obwohl eine kontinuierliche Wertsteigerung anvisiert wird, findet der ROCE als zentrale wertorientierte Kennziffer in dem Unternehmen Anwendung und die unternehmerischen Handlungen sind vorrangig auf dessen Steigerung ausgerichtet. Die Fokussierung auf den periodenbezogenen ROCE (trotz einer grundsätzlich angestrebten Unternehmenswertsteigerung) wird mit einer vergleichsweise hohen Subjektivität der Unternehmenswertermittlung begründet.

Der dem externen Rechnungswesen zu entnehmende EBITA (Earnings before Interest, Taxes and Amortisation) wird neben dem ROCE als gleichberechtigte

Steuerungsgröße angesehen. Um dem Gedanken der Langfristorientierung Rechnung zu tragen, existieren für die einperiodischen Kennzahlen mehrperiodische Zielsetzungen. So werden Ziel-EBITA zum Zeitpunkt des Interviews für drei, in Zukunft für fünf Jahre definiert.

Risiken sind nicht explizit im Zielsystem der Zentrale verankert und ein angestrebtes Risikoniveau ist nirgends schriftlich fixiert. Der Unternehmensvertreter merkt jedoch an, dass ein implizites Risikoniveau im Kopf der Mitarbeiter verankert sei und ein Bewusstsein dafür vorliege, dass für das Erreichen der gewinnbasierten Ziele keine „unvernünftigen“ Risiken eingegangen werden dürfen. Das, was ein einzelner Manager im Kontext seiner Handlungen im Unternehmen als ein „unvernünftiges“ Risiko einstuft, wird durch die Unternehmens- und Eigentümerkultur beeinflusst, hängt aber selbstverständlich auch von der Risikoeinstellung der einzelnen Person ab. In einzelnen Geschäftseinheiten können zudem explizite Ziele, wie die Ausweitung der Beschaffungsmöglichkeiten durch den Aufbau neuer Lieferantenbeziehungen, existieren, die auf eine Reduktion des Risikos abzielen.

Planung

Da in dem Unternehmen keine Kapitalknappheit vorherrscht, werden grundsätzlich alle Investitionen durchgeführt, die die von der Zentrale festgelegte Hurdle Rate erreichen. Als Hurdle Rate wird laut des Interviewpartners bewusst ein sehr hoher Wert angesetzt, um auf diese Weise eine Verwässerung des Geschäfts zu vermeiden.[708] Dieses Vorgehen geht zwangsläufig mit der Gefahr einher, dass evtl. Investitionen, die aus Sicht der Eigenkapitalgeber eine ausreichende Rendite bescheren würden, nicht getätigt werden, obwohl grundsätzlich Kapital für diese zur Verfügung stehen würde. Diesem Kritikpunkt wird damit begegnet, dass jede Konzeption Schwachpunkte besitze und dieser Schwachpunkt der eigenen Konzeption als akzeptabel angesehen werde. Hierdurch wird deutlich, dass Unternehmen bereit sind, Konzepte, die mit gewissen Schwächen einhergehen, anzuwenden, sofern durch die entsprechende Konzeption die angestrebten Ziele dennoch bestmöglich erreicht werden.

[708] Zur Gefahr der Verwässerung des Geschäfts durch Investitionen vgl. Knüppel (2007), S. 259.

Auch wenn grundsätzlich alle Investitionsprojekte durchgeführt werden, sofern sie die Hurdle Rate überschreiten, müssen die einzelnen Bereiche für Investitionsprojekte, für die sie einen Investitionsantrag stellen, dennoch Sensitivitätsanalysen durchführen, wodurch eine Berücksichtigung von Risiken in der Planung sichergestellt wird. Es existieren keine expliziten Regeln, die vorgeben, in welchen Fällen Risiken einen Projektabbruch bedingen, sondern die jeweiligen Manager entscheiden subjektiv, ob sie die dem Investitionsprojekt inhärenten Risiken als tragbar ansehen. Die Sensitivitätsanalysen werden durch das Konzerncontrolling auf ihre Plausibilität hin überprüft.

Losgelöst von der Risikoberücksichtigung bei großen Investitionsprojekten existiert ein laufendes Risiko- und Chancenmanagement, mit welchem sichergestellt werden soll, dass die von den Managern als relevant erachteten Risiken und Chancen erfasst, bewertet und in der jährlichen Planung berücksichtigt werden. Die Risikoberücksichtigung erfolgt zu Großteilen qualitativ. Sofern Risiken quantifiziert werden sollen und hierfür Einschätzungen einzelner Mitarbeiter benötigt werden, wird versucht, die Quantifizierung „greifbar“ zu machen. Werden bspw. Wahrscheinlichkeitsangaben benötigt, so wird den befragten Personen eine Verbalisierung der Wahrscheinlichkeiten zur Verfügung gestellt. Die folgende Tabelle veranschaulicht die Verbalisierung:

Wahrscheinlichkeit für den Eintritt eines Ereignisses	Beschreibung der Wahrscheinlichkeit
0-30%	unwahrscheinlich
30-70%	möglich (könnte passieren, genauso gut aber auch nicht)
70-100%	wahrscheinlich

Tabelle 5: Verbalisierung von Wahrscheinlichkeiten

Diese auf den ersten Blick sehr profan wirkende Vereinfachung des Umgangs mit Risiken ist aus Sicht des Interviewpartners von großer Bedeutung. Solche Vorgaben unterstützen die Angestellten, strukturierter und einheitlicher mit Risiken umzugehen.[709] Selbstverständlich geht mit einer entsprechenden Verbalisierung das Problem einher, dass verschiedene Menschen die gleichen Worte unterschiedlich auffassen und interpretieren können. In dem betrachteten Unternehmen leistet dieses Vorgehen jedoch einen wesentlichen Beitrag zur Vereinfachung der Ermittlung von Wahrscheinlichkeiten. Wenn einzelne Mitarbeiter mithilfe der Verbalisierung der Wahrscheinlichkeiten eine erste Grobeinordnung der Risiken vorgenommen haben, sind sie im Anschluss meist in der Lage, sich auf eine genauere Wahrscheinlichkeit festzulegen.

Eine stärkere als die derzeit existierende Quantifizierung würde laut des Interviewpartners zu modellhaft wirken und nicht in die Unternehmenskultur hineinpassen. Sobald betriebswirtschaftliche Methoden einen zu theoretischen Eindruck vermitteln, stoßen sie in dem Unternehmen auf ein Akzeptanzproblem.

Auch in diesem Unternehmen finden nur solche Risiken Beachtung, die sich im nächsten Business Plan auswirken können. Eine umfassendere, ursachenbezogene Risikobetrachtung bleibt derzeit aus. Dies beanstandet der Interviewpartner und bezeichnet es als einen Mangel an Ganzheitlichkeit.

Kontrolle

Das Unternehmen ermittelt den Erfolg über die verschiedenen einperiodischen Kennziffern. Zwar wird versucht, eine ausschließlich einperiodische Denkweise zu verhindern, indem in allen Präsentationen des Unternehmens, in welchen der Erfolg des gesamten Unternehmens oder einzelner Bereiche veranschaulicht wird, die Ergebnisse der letzten drei oder vier Jahre abgebildet werden. Durch eine solche Zeitreihenbetrachtung soll die Gegenwart stärker in eine „Perspektive“ gerückt werden. So wirkt es auf den ersten Blick beeindruckend, wenn ein Bereich eine dreißigprozentige Gewinnsteigerung im Vergleich zum Vorjahr realisieren konnte. Diese Wahrnehmung wird aber relativiert, wenn man Kenntnis darüber

---

[709] Die Verbalisierung stellt klassisch einen Prozessschritt dar, der die aktive Auseinandersetzung einer Person mit einem Sachverhalt zum Ausdruck bringt und folglich den strukturierten Umgang mit einem Problem ermöglicht, vgl. Hagmann (2011), S. 83 f. Durch die Vorgabe der Verbalisierung kann der eigentlich vom Mitarbeiter zu erbringende Prozessschritt entfallen und der strukturierte Umgang mit dem Problem wird direkt ermöglicht.

besitzt, dass der entsprechende Bereich im Vorjahr einen enormen Gewinneinbruch zu verzeichnen hatte. Gleiches gilt für den Fall, wenn ein Bereich in einem Wachstumsmarkt agiert und in den Jahren zuvor noch deutlich höhere Gewinnsteigerungen als im Betrachtungsjahr realisieren konnte.

Der reinen einperiodischen Denkweise wird zudem durch eine alle drei Jahre stattfindende Unternehmensbewertung begegnet, für die ein dem IDW S 1 ähnelndes Verfahren herangezogen wird. Obwohl auf diese Weise kontrolliert wird, inwieweit in den letzten drei Jahren Zukunftserfolgspotenziale aufgebaut oder zerstört wurden, wird der Unternehmenswert laut des Interviewpartners nicht ausreichend in die Unternehmensführung integriert. Die Ergebnisse der Unternehmensbewertung nutzen vorrangig die mehreren hundert Kommanditisten des Unternehmens für die Bestimmung eines Kaufpreises, sofern sie über Veräußerungsabsichten verfügen. Da die Unternehmensbewertung insbesondere für diesen Zweck durchgeführt wird, wird für sie nicht der für die interne Unternehmenssteuerung Anwendung findende Gesamtkapitalkostensatz herangezogen, sondern ein Zinssatz, der signifikant durch die Situation des Marktes beeinflusst wird.[710] Trotz potenzieller – sich aus der Verwendung eines solchen Zinssatzes ergebender – Ergebnisschwankungen wird es von Seiten des Interviewpartners prinzipiell als positiv erachtet, verstärkt Größen wie den Unternehmenswert, der die langfristige Entwicklung des Unternehmens zum Gegenstand hat, im Rahmen der Erfolgsdefinition zu berücksichtigen. Ein entsprechendes Vorgehen würde in dem Unternehmen grundsätzlich durch die dort vorzufindende interne Kommunikation begünstigt, welche den Angestellten vermitteln soll, dass die Eigentümer in Generationen denken und nicht beabsichtigen, kurzfristige Erfolge auf Kosten der langfristig orientierten Überlebensfähigkeit des Unternehmens zu erzielen.

Die Veränderungen der Risiken werden in dem Unternehmen erfasst, aber die entsprechenden Daten fließen nicht in eine Erfolgsbeurteilung mit ein. Zwar wird in dem Unternehmen derzeit angenommen, dass zu kurzfristig orientiertes Handeln seitens einzelner Manager aufgrund einer laufenden Überwachung durch die Zentrale bemerkt werde und die im Unternehmen neu verankerte Compliance zu einem adäquaten Umgang mit Risiken beitrage. Eine formalisierte Integration des

---

[710] Zur Beeinflussbarkeit des Unternehmenswertes durch schwankende Zinssätze aufgrund einer veränderten Marktsituation vgl. Jonas (2009), S. 542.

Risikoniveaus in die Erfolgsbeurteilung ist aus Sicht des Interviewpartners aber sinnvoll, um das langfristig orientierte Handeln der Führungskräfte durch das Managementkonzept verstärkt sicherzustellen.

Incentivierung

In diesem Unternehmen legt die Zentrale nur die Ausgestaltung der variablen Vergütung für die ihr angehörenden Mitarbeiter sowie für die zur ersten Führungsebene gehörenden Manager der einzelnen Geschäftsbereiche fest. Relevant für das variable Gehalt der einzelnen Bereichsleiter sind der ROCE sowie der E-BITA. Als Bemessungsgrundlage dienen jedoch nicht ausschließlich die Ergebnisgrößen der aktuellen Periode, sondern diese Werte werden ins Verhältnis zum durchschnittlichen Ergebnis der letzten drei Jahre gesetzt. Ziel dieses Vorgehens ist es, das Unternehmen nachhaltig zu entwickeln und die einzelnen Bereiche daran zu hindern, kurzfristig einen Erfolg zu generieren, der langfristig nicht erzielt werden kann. Führen sie Handlungen durch, die sich nur kurzfristig positiv auf das Ergebnis auswirken, schlägt sich das in dem entsprechenden Jahr zwar positiv in ihrem Gehalt nieder, gleichzeitig erhöht sich aber auch die für die nächsten Jahre gültige Bezugsgröße, was bei einem Gewinneinbruch eine Reduktion des variablen Gehalts bedingt. Ein Vergleich des Ist-Ergebnisses mit dem Plan-Ergebnis erfolgt nicht zum Zwecke der Vergütung, da ansonsten ein einzelner Manager die Planung im Sinne seiner Vergütung beeinflussen könnte,[711] was durch das gewählte Vorgehen vermieden werden soll.

Trotz der Bemühung um eine auf die Langfristorientierung ausgerichtete Gestaltung des Vergütungssystems erlaubt das derzeitige Incentivesystem laut des Interviewpartners theoretisch dennoch eine Fokussierung auf einperiodische Ergebnisgrößen seitens einzelner Manager und eine daraus resultierende Verschlimmerung der Risikosituation des Unternehmens. Dies ist insbesondere dann der Fall, wenn eine Führungskraft beabsichtigt, in Kürze das Unternehmen zu verlassen und es für diese Person somit nicht von Bedeutung ist, wenn durch einen steigenden Gewinn einer einzelnen Periode die Bemessungsgrundlage der nächsten Jahre erhöht wird. Eine Einbeziehung des Risikoniveaus in die Vergütung wird daher grund-

[711] Vgl. zu einem entsprechenden Verhalten seitens der Manager Plaschke (2003), S. 279 f.

sätzlich als richtig angesehen. Bei einer Umsetzung dieses Vorschlags ist laut des Unternehmensvertreters darauf zu achten, dass für einen einzelnen Manager nur die Veränderungen solcher Risiken gehaltswirksam werden, welche auch von diesem beeinflusst werden können. Sofern das Gehalt zu stark von externen Effekten abhängt, ist laut des Interviewpartners mit einer Ablehnung des Incentivesystems durch die Manager zu rechnen. Zudem werden potenzielle Messprobleme als Bedenken geäußert.

Während des Interviews kam zum Ausdruck, dass für eine ausreichende Berücksichtigung relevanter Risiken durch die Mitarbeiter neben der adäquaten Gestaltung eines Incentivesystems eine niedrige Fluktuationsrate der Mitarbeiter, welche die Unternehmensfortführung tangierende Risiken beeinflussen können, von Bedeutung ist. Dies resultiert daraus, dass zum einen die Expertise von Personen, die schon lange im Unternehmen beschäftigt sind, benötigt wird, um alle relevanten Risiken identifizieren und sinnvoll bewerten zu können.[712] Zum anderen führt eine niedrige Fluktuation zu einem Eigeninteresse der einzelnen Manager an einer Langfristorientierung, da in diesem Fall die Wahrscheinlichkeit hoch ist, dass ein Entscheidungsträger von den Folgen seiner Handlungen selbst betroffen ist.

7.4 Fallstudie 3

Dieses Unternehmen (U3) hat sich ebenfalls explizit einer wertorientierten Unternehmensführung verschrieben.

Kapitalkosten

Für das Gesamtunternehmen wird ein auf kapitalmarkttheoretischem Gedankengut basierender Eigenkapitalkostensatz ermittelt. An diesem werden in einem nächsten Schritt pragmatische Anpassungen vorgenommen, um mit deren Hilfe u.a. die Risikosituation der einzelnen Geschäftseinheiten adäquat zu berücksichtigen. In dem Unternehmen wird die Ansicht vertreten, dass ein theoretisch korrektes und nachvollziehbares Modell die Basis der Kapitalkostenermittlung bilden

[712] Durch niedrige Fluktuationsraten soll der Abfluss der benötigten Expertise verhindert werden. Zum Zusammenhang von Fluktuation und Wissensverlust vgl. Bilz (2003), S. 127.

müsse, damit es auf Akzeptanz stößt. Eine unternehmensindividuelle Weiterentwicklung des gewählten Modells muss zwar nachvollziehbar bleiben, darf aber gleichzeitig auch pragmatisch sein. Obwohl eine minimale Veränderung des Kapitalkostensatzes bereits starke Ergebniseffekte hervorrufen kann, wird ein größeres Maß an Genauigkeit aus Sicht des Unternehmensvertreters dennoch nicht benötigt, da die Kapitalkosten ohnehin nur eine entscheidungsunterstützende Aufgabe zu übernehmen haben, aber nicht alleine die Entscheidung begründen sollen, weil eine exakte Bestimmung des Eigenkapitalkostensatzes laut Aussage des Interviewpartners sowohl in der Theorie als auch in der Praxis schlichtweg nicht möglich ist. Risikoangepasste Kapitalkosten sollen dazu dienen, bei den Mitarbeitern ein Verständnis für die Beeinflussbarkeit der Renditeforderung durch Risiken zu wecken, weshalb sie als ein verhaltenssteuerndes Instrument anzusehen sind. Da kein Modell jemals in der Lage sein kann, alle relevanten Risiken adäquat in Renditeforderungen zu überführen, können nicht ausschließlich über die Kapitalkosten Risiken im wertorientierten Management erfasst werden.

Der Unternehmensvertreter stimmt zu, dass eine aus der Vergangenheit hergeleitete Rendite mit einem bestimmten Risikoniveau einhergehe. Gleichzeitig weist er aber auch auf die Notwendigkeit der Beachtung der Wirtschaftlichkeit bei einer expliziten Einbeziehung dieses Risikoniveaus in das wertorientierte Management hin.

Ziele

Die Steigerung des Unternehmenswertes stellt in diesem Unternehmen das primäre Ziel dar. Eine mit einer angestrebten Unternehmenswertsteigerung einhergehende Langfristorientierung ist aufgrund der Tatsache notwendig, dass es sich um einen Konzern handelt, welcher sich in Familienbesitz befindet und in dem laut des Interviewpartners in Generationen und nicht in Quartalen gedacht wird. Jeder Mitarbeiter soll als Unternehmer agieren und das Ziel der Unternehmenswertsteigerung in seinem Handeln berücksichtigen.

Neben diesem langfristig orientierten Primärziel stellt der EVA die zentrale wertorientierte Kennziffer dar. Für diese Kennzahl liegen Zielwerte für die nächsten fünf Jahre vor.

Da sich ein Großteil des Familienvermögens im Unternehmen befindet, wird nicht nur eine Unternehmenswertsteigerung als wichtig angesehen, sondern auch eine Sicherung des bereits existierenden Wertes. Dieses Streben nach einer Absicherung bereits existierender Werte ist laut des Interviewpartners mit einer zu risikofreudigen Geschäftspolitik nicht vereinbar. Zwar werden keine expliziten Risikoniveaus festgelegt und an die einzelnen Bereiche weitergegeben, aber die Eigentümerstruktur wirkt sich auf die Unternehmensphilosophie aus und schlägt sich in den strategischen Leitlinien des Unternehmens nieder. Diese strategischen Leitlinien müssen in den einzelnen Bereichen befolgt werden, woraus sich ergibt, dass die gewinnbasierten Ziele nicht auf jedwede Weise erreicht werden dürfen. Somit findet ein Risikoniveau zwar keine explizite Berücksichtigung im Zielsystem des Unternehmens, aber aufgrund der strategischen Leitlinien lässt sich die implizite Berücksichtigung eines Risikoniveaus feststellen.

Planung

Ein auf Basis des DCF-Verfahrens ermittelter Kapitalwert ist für Investitionsentscheidungen von hoher Relevanz. Allerdings wird explizit darauf hingewiesen, dass der Kapitalwert lediglich als eine die Entscheidung unterstützende Größe angesehen wird und nicht das alleinige Entscheidungskriterium bildet.

Um eine Aussage über die Vorteilhaftigkeit einer Investition treffen zu können, wird zudem deren Beitrag zum EVA in den einzelnen Jahren analysiert. Generell wird angestrebt, innerhalb einer jeden Periode einen positiven EVA auf Ebene des Gesamtkonzerns zu erwirtschaften, eine einzelne Investition darf sich in den ersten Jahren aber durchaus negativ auf den EVA auswirken.

Da Risiken nicht ausreichend über die Kapitalkosten berücksichtigt werden können, werden sie im Rahmen der Investitionsplanung gesondert ausgewiesen. Die Relevanz von Risiken ist indes unternehmens- und branchenspezifisch,[713] weswegen keine allgemeingültige Aussage bezüglich der Relevanz einzelner Risiken und ihrer adäquaten Berücksichtigung im wertorientierten Management getätigt werden kann.

---

[713] Es existieren bspw. selbst Unterschiede bezüglich konjunktureller Risiken, da jeder Bereich, der von der Konjunktur abhängt, zu einem anderen Zeitpunkt von ihr betroffen ist.

Für eine Risikoquantifizierung werden der potenzielle Ergebniseffekt und die Eintrittswahrscheinlichkeit der Risiken herangezogen. Im Vordergrund der Risikoberücksichtigung stehen solche Risiken, die sich direkt auf die Ergebnisgrößen des betrachteten Investitionsprojektes auswirken können. Zusätzlich wird analysiert, ob mit dem Investitionsvorhaben Verbundrisiken einhergehen, die andere Projekte bzw. Bereiche gefährden könnten. Jedoch finden nur solche Verbundrisiken Beachtung, die in dem fünf Jahre umfassenden Planungszeitraum ergebniswirksam werden können. Eine darüber hinausgehende Risikoberücksichtigung im Rahmen der Planung wird nicht als relevant erachtet, da eine daraus potenziell resultierende Komplexitätssteigerung vermieden werden soll. Neben der existierenden formalen Integration des Risikos in die Planung unterstützen die Unternehmensphilosophie sowie die Geschäftsordnung den adäquaten Umgang mit Risiken.

Der Unternehmensvertreter stimmt zwar zu, dass eine aus der Vergangenheit hergeleitete Rendite mit einem bestimmten Risikoniveau einhergehe und dieses grundsätzlich auch auf Gesamtunternehmensebene erreicht werden solle, es wird aber als wichtig angesehen, dass die Möglichkeit existiert, Investitionen zu tätigen, welche mit einem Risikoniveau einhergehen, das oberhalb des aus der Vergangenheit abgeleiteten Wertes liegt.

Kontrolle

Der Erfolg des Gesamtkonzerns sowie der Erfolg einzelner Bereiche werden ausschließlich über den Erreichungsgrad der einperiodischen Ergebnisziele definiert. Dennoch erfolgt eine sehr umfassende risikobezogene Kontrolle. Es wird evaluiert, ob im Rahmen der Planung berücksichtigte Risiken eingetreten sind, sich deren Bedeutung verändert hat und ob sich vorher nicht identifizierte Risiken auf das Ergebnis ausgewirkt haben oder sich in zukünftigen Perioden auf das Ergebnis auswirken könnten, so dass sie für den weiteren Projektverlauf relevant sind. Zudem wird mithilfe einer Art Risk-Map für jeden Geschäftsbereich grafisch dargestellt, wie sich relevante Risiken verändert haben.[714]

Unternehmensinterne Berichte enthalten neben den Ergebniszahlen auch Angaben zur Veränderung von Risiken. Obwohl derzeit diese Risikoveränderung nicht in

[714] Zur Risk-Map vgl. Abschnitt 2.3.2.2.

die Erfolgsdefinition einbezogen wird, werden keinerlei Gründe angeführt, wegen derer der Erfolg einzelner Bereiche nicht stärker an die Veränderung von Risiken zu knüpfen ist. Es wird lediglich darauf hingewiesen, dass eine für das in der vorliegenden Arbeit entwickelte Vorgehen evtl. benötigte aufwendigere Risikokontrolle stets wirtschaftlich zu sein habe.

Incentivierung

Das Gehalt eines jeden Mitarbeiters des Konzerns beinhaltet einen variablen Anteil,[715] der durch die Höhe des EVA sowie des Cashflows beeinflusst wird. Aufgrund der Incentivierung auf Basis solcher einperiodischen Ergebnisgrößen ist es in diesem Unternehmen theoretisch möglich, dass Bereichsleiter durch eine Fokussierung auf die einperiodischen Erfolgsgrößen Risiken eingehen, die den langfristigen Unternehmenserfolg gefährden. Dies wird jedoch nicht als real existentes Problem angesehen, da die Wahrscheinlichkeit, dass eine entsprechende Kurzfristorientierung nicht bemerkt wird, als außerordentlich klein eingeschätzt wird. Die Unternehmenskultur sowie Kontrollmechanismen verhindern ein solches Verhalten.

7.5 Fallstudie 4

In diesem Unternehmen (U4) befindet sich das wertorientierte Management derzeit noch in den Anfängen. Explizit wird nicht von einer Shareholder Value-Orientierung gesprochen, aber das Gedankengut, auf welchem die Unternehmensführung basiert, entspricht laut des Interviewpartners, der vormals selbst eine Leitungsposition in einem wertorientiert geführten DAX-Konzern inne hatte, bereits dem wertorientiert geführter Unternehmen. Gegenwärtig soll das wertorientierte Management stärker formalisiert werden, weshalb auf Seiten des Interviewpartners eine tiefe Auseinandersetzung mit der Thematik vorliegt. Diese Fallstudie dient daher primär dem Zweck, Möglichkeiten und Grenzen des theoretisch entworfenen Konzepts von einem Vertreter der Praxis aufgezeigt zu bekommen, oh-

[715] Wie viel Prozent der variable Anteil am Gesamtgehalt ausmacht, unterscheidet sich in Bezug auf die Hierarchieebene, der ein Mitarbeiter angehört.

ne dass getätigte Äußerungen möglicherweise durch den Versuch beeinflusst werden, die im eigenen Unternehmen implementierte Managementkonzeption zu verteidigen.

Kapitalkosten

In dem Unternehmen werden die Eigenkapitalkosten nicht unter Zuhilfenahme eines Kapitalkostenmodells ermittelt, sondern sie lassen sich aus dem Gewinnziel ableiten, welches das Unternehmen von den Eigentümern erhält. Risiken finden in dem auf diese sehr pragmatische Weise ermittelten Eigenkapitalkostensatz keine explizite Berücksichtigung. Unter Kenntnis der Fremdkapitalkosten werden in einem nächsten Schritt die Gesamtkapitalkosten ermittelt.

Die Kapitalkosten werden auf Gesamtunternehmensebene jedes Jahr neu bestimmt. Zudem erfolgt eine jährliche Ermittlung differenzierter Kapitalkosten für die einzelnen Geschäftsbereiche. Die differenzierten Kapitalkosten hängen von den Risiken der unterschiedlichen Geschäftsbereiche ab und auch ihre Berechnung erfolgt nicht modellbasiert, sondern pragmatisch. Sofern das Risiko eines Geschäftsbereiches höher eingestuft wird als das durchschnittliche Risiko des gesamten Unternehmens, werden die Eigenkapitalkosten um einen subjektiv bestimmten Risikozuschlag erhöht. Ist das Risiko eines Geschäftsbereiches niedriger als das durchschnittliche Risiko des Gesamtunternehmens, so fällt auch der Eigenkapitalkostensatz entsprechend niedriger aus. Aus Sicht des Unternehmensvertreters ist es unproblematisch, wenn ein auf diese pragmatische Weise ermittelter Kapitalkostensatz vergleichsweise ungenau ist, sofern er dennoch dazu beiträgt, dass in dem Unternehmen ein Verständnis dafür vorliegt, dass sich die Kapitalkosten aufgrund der Risiken unterscheiden und bei höheren Risiken auch eine höhere Rendite zu erwirtschaften ist. Der Kapitalkostensatz wird folglich als ein verhaltenssteuerndes Instrument angesehen.

Für das Gewinnziel ziehen die Eigenkapitalgeber die Ergebnisse der vergangenen Jahre heran, so dass es sich letztlich um einen auf Daten der Vergangenheit basierenden Eigenkapitalkostensatz handelt. Es wird dem in der Arbeit gewählten Vorgehen zugestimmt, wonach nicht nur die Renditeforderung aus der Vergangenheit abzuleiten ist, sondern auch das zu dieser korrespondierende Risikoniveau.

Ziele

In einem jährlichen Gespräch mit dem Mehrheitsaktionär werden grundlegende strategische Ziele, wie bspw. der Ausbau erneuerbarer Energien, periodenbezogene Ergebnisziele, Finanzierungsziele, Liquiditätsziele sowie Ziele bezüglich der Eigenkapitalquote und des Anlagendeckungsgrades für die nächsten fünf Jahre geplant, wobei die Planung für das kommende Budgetjahr deutlich genauer erfolgt als für die darauf folgenden Jahre. Das Gewinnziel ist bei der Planung von übergeordneter Bedeutung.

In dem Unternehmen wird nicht auf eine Steigerung des Unternehmenswertes abgezielt, aber es wird Wert auf eine nachhaltige Gewinnentwicklung gelegt. Damit diese Langfristorientierung tatsächlich sichergestellt werden kann, stimmt der Interviewpartner zu, dass statt der gegenwärtig im Unternehmen vorzufindenden impliziten Risikointegration eine explizite Integration von Risiken in das Zielsystem sinnvoll sei.

Planung

Im Rahmen der Investitionsplanung werden Wirtschaftlichkeitsrechnungen durchgeführt, in denen sowohl der Kapitalwert als auch die interne Rendite Anwendung finden. Wird die Vorteilhaftigkeit von verschiedenen Investitionsprojekten evaluiert, erfahren Risiken eine umfassende Berücksichtigung. Für jedes Investitionsprojekt werden Chancen und Risiken, die mit diesem Projekt verbunden sind, in einer Art Bilanz qualitativ beschrieben. Des Weiteren wird mithilfe von Sensitivitätsrechnungen analysiert, wie sich die Risiken auf den Projektcashflow auswirken können. Sowohl ein Best-Case-Szenario als auch ein Worst-Case-Szenario werden berechnet. Es existiert kein formalisierter Prozess, der darstellt, welche Risiken zu erfassen und in dieser Risikobetrachtung zu berücksichtigen sind, lediglich ein sehr grober Leitfaden bietet grundlegende diesbezügliche Hinweise.

Neben dieser Risikoberücksichtigung im Rahmen der Investitionsplanung ermöglicht das existierende Risikomanagement eine unternehmensweite Auseinandersetzung mit Risiken. Dieses sorgt dafür, dass die von den Fachbereichen als relevant angesehenen Risiken erfasst und mittels der potenziellen Schadenshöhe und der Eintrittswahrscheinlichkeit bewertet werden.[716] Die Beschreibung der Risikosituation dient vorrangig dazu, über die aktuelle Risikolage im Bilde zu sein und evtl. reaktive Maßnahmen vorzunehmen. Laut des Interviewpartners würde die Möglichkeit bestehen, diese Daten deutlich stärker zu nutzen, um ein angestrebtes Gesamtrisikoniveau zu erreichen. Sofern derzeit in dem Unternehmen bedeutende Maßnahmen im Raum stehen, die zu einer Risikoreduktion beitragen, gleichzeitig aber mit hohen Kosten verbunden sind und somit die Ergebnisgröße erst einmal negativ beeinflussen, wird über deren Durchführung in dem Unternehmen bereits zum Zeitpunkt des Interviews in einer größeren Runde diskutiert. Daher ist es in diesem Unternehmen durchaus denkbar, dass eine Bereitschaft besteht, auf ein höheres Ergebnis zu verzichten, wenn auf diese Weise das Gesamtrisikoniveau eingehalten wird. Dies wird vermutlich jedoch nur so lange der Fall sein, wie dennoch das periodenbezogene Gewinnziel erreicht wird. Denn obwohl grundsätzlich eine nachhaltige Gewinnentwicklung angestrebt wird, werden mitunter Maßnahmen durchgeführt, die vorrangig dem Erreichen des Gewinnziels der aktuellen Periode dienen und nicht zwangsweise mit einer Langfristorientierung in Einklang stehen.

Kontrolle

Der Erfolg wird in diesem Unternehmen über den dem Jahresabschluss zu entnehmenden Gewinn definiert. Diese absolute Größe dient auch zur Erfolgsbeurteilung der einzelnen Geschäftsbereiche.

Wenngleich eine Veränderung des Risikoniveaus nicht in die Erfolgsbeurteilung mit einfließt, wird in den quartalsweise zu erstellenden Ergebnispräsentationen die Veränderung des Risikos neuerdings gemeinsam mit dem Gewinn ausgewiesen. Diese Präsentationsgestaltung ist das Resultat einer unbewussten Entwicklung und gegenwärtig ist diese Risikoveränderung von untergeordneter Bedeutung. Der Interviewpartner stimmt allerdings zu, dass die Risikoveränderung in eine Erfolgsdefinition mit einfließen solle. Er sieht es zudem als sinnvoll und notwendig an, die grundsätzlich existierende Wertschätzung für eine Reduktion von Risiken

[716] Auf eine Ermittlung des Erwartungswertes wird bewusst verzichtet, da ein solcher laut des Interviewpartners zu einer Verharmlosung der Wahrnehmung einzelner Risiken beitragen kann.

– selbst unter Hinnahme potenzieller Ergebniseinbußen – transparenter zu gestalten.

Als problematisch für eine Einbeziehung der Veränderung des Risikoniveaus in die Erfolgsdefinition kann sich laut des Interviewpartners die den berichteten Risikowerten inhärente Subjektivität erweisen. Die für die Berichterstattung notwendige Risikoquantifizierung in Form der potenziellen Schadenshöhe und der Eintrittswahrscheinlichkeit erfolgt nicht sehr kodifiziert und die einzelnen Bereiche haben hohe Ermessensspielräume für die Ermittlung der von ihnen berichteten Werte. Von Seiten des Controllings werden lediglich Plausibilitätsprüfungen durchgeführt. Eine umfassende Kontrolle der Risikowerte erfolgt nicht und wäre auch nur sehr schwer durchführbar, da für die Bestimmung der Risikowerte sehr viel Spezialwissen benötigt wird, über das häufig nur die berichtenden Bereiche verfügen.

Genauso wenig wie die Risiken in die Erfolgsdefinition mit einfließen, finden die den langfristigen Erfolg beeinflussenden Faktoren Berücksichtigung. Laut des Interviewpartners ist auch an dieser Stelle ein Umdenken sinnvoll.

Incentivierung

Der variable Anteil am Gehalt der Führungskräfte hängt derzeit vom gewinnbezogenen Ergebnis des Gesamtunternehmens ab. Die Ausgestaltung eines solchen in der Unternehmenspraxis gängigen Incentivesystems fördert laut des Interviewpartners das Kurzfristdenken und bedingt, dass es sich für einen Manager eines Unternehmensbereiches derzeit nicht lohnt, Ergebnisbelastungen in Kauf zu nehmen, um dadurch die Risikosituation zu verbessern.

Der Vorschlag, dass eine von verschiedenen Einflussfaktoren abhängige Kennzahl den Erfolg eines Unternehmens manifestiert und sich diese aggregierte Kennzahl auf die Incentivierung niederschlägt, wird als gute Idee bezeichnet, die jedoch mit Problemen einhergehen könnte. Sofern sich die Risikowerte auf die variable Vergütung auswirken, ist es laut des Interviewpartners denkbar, dass berichtende Instanzen die das Risiko beschreibenden Werte auf eine Weise darstellen, welche sich vorrangig positiv auf ihre Vergütung niederschlägt und nicht zwangsweise zu einer bestmöglichen Abbildung der Realität beiträgt. Da die Risikoquantifizierung u.a. aufgrund mangelnder Expertise kontrollierender Instanzen derzeit nicht tiefgründig überprüft wird, könnte daraus folgen, dass die Unternehmensleitung nicht mehr über ein realitätsgetreues Bild bezüglich der Risikosituation des Unternehmens verfügt.

7.6 Fallstudie 5

Dieses Unternehmen (U5) war bis etwa ein Jahr vor Durchführung des zentralen Interviews, welches die Basis der Fallstudie bildet, Bestandteil eines Konzerns, der einem wertorientierten Managementkonzept folgt. Dieses Konzept wurde bei der Abspaltung nicht vollständig übernommen, sondern das Managementsystem wird u.a. vor dem Hintergrund veränderter Eigenkapitalgeberstrukturen derzeit neu konzipiert. Bei dessen Ausgestaltung folgt das Unternehmen einem wertorientierten Gedankengut.

Kapitalkosten

Das Unternehmen ermittelt einen Eigenkapitalkostensatz auf Basis des CAPM. Bei der Bestimmung des risikolosen Zinssatzes findet nicht nur der heute gültige Zinssatz für Staatsanleihen Beachtung, sondern auch die Zinssätze der letzten fünf Jahre werden herangezogen. Dieses Vorgehen wird gewählt, da der Eigenkapitalkostensatz eine gewisse Konstanz besitzen soll und somit ständige Anpassungen zu vermeiden sind, um eine Vergleichbarkeit mehrerer Jahre zu gewährleisten. Da unterstellt wird, dass Ereignisse der Vergangenheit sich in ähnlicher Weise in der Zukunft wiederholen, sollen durch die Berücksichtigung vergangener Entwicklungen somit potenzielle zukünftige Entwicklungen bereits vorab mit in die Kapitalkostenbestimmung einbezogen werden. Der Interviewpartner sieht das in dem Unternehmen gewählte Vorgehen zwar einerseits als vorteilhaft an, andererseits aber auch als Gefahr, weil zu berücksichtigende Strukturbrüche durch eine solche Vergangenheitsorientierung evtl. nicht ausreichend erkannt werden.[717] Grundsätzlich werden die Schwächen entsprechend ermittelter Eigenkapitalkos-

---

[717] „Unter einem Strukturbruch (…) wird ein plötzlicher, schockartiger Abbau bei Marktanteilen, Zahl der Firmen und der Beschäftigten verstanden, bei dem keine anschließende Erholung eintritt, sondern der neue Zustand durch ein Verharren auf einem deutlich niedrigeren Niveau gekennzeichnet ist." Balastèr/Elias (2005), S. 4.

tensätze jedoch als unkritisch angesehen, da die Eigenkapitalkosten vorrangig dazu dienen sollen, das Verhalten der Mitarbeiter zu steuern. Bei einer entsprechenden Verhaltenssteuerung wird es als wichtig angesehen, existierende Beziehungen zwischen Risiken und Renditen zum Ausdruck zu bringen und das Bewusstsein für die mit einer Eigenkapitalfinanzierung verbundenen Kosten zu schaffen.[718] Damit die Eigenkapitalkosten dieser Aufgabe gerecht werden können, ist die Nachkommastelle des Kapitalkostensatzes laut des Interviewpartners nicht entscheidend.

Der Unternehmensvertreter stimmt zu, dass die auf Basis des CAPM ermittelten Eigenkapitalkosten neben einer Renditeforderung auch ein von den Kapitalgebern unterstelltes Risikoniveau zum Ausdruck bringen, welches auf vergangenen Ereignissen basiert. Obwohl die vergangenheitsorientierte Vorgehensweise zur Ermittlung dieses Risikoniveaus grundsätzlich als sinnvoll erachtet wird, weist er darauf hin, dass potenzielle Strukturbrüche, die bei einer vergangenheitsorientierten Ermittlung des Risikoniveaus unerkannt bleiben können, zusätzlich zu analysieren sind.

Für bestimmte Geschäftsbereiche sieht er es als unproblematisch an, ein sinnvolles Risikoniveau aus vergangenen Daten zu ermitteln, für andere Geschäftsbereiche muss man sich seiner Ansicht nach bezüglich der Operationalisierung innerhalb dieser Bereiche weiterführende Gedanken machen.

Ziele

Bis zur letzten Umstrukturierung wurde in dem Unternehmen ein sich auf drei Jahre beziehendes Ziel verfolgt. Ein solch langfristig ausgerichtetes Ziel soll auch zukünftig wieder ins Zielsystem des Unternehmens integriert werden. Gegenwärtig finden ausschließlich einperiodische Ergebnis- und Cashflowziele Beach-

[718] Der Interviewpartner weist darauf hin, dass die Kostenrechnung diesem Gedanken durch die Berücksichtigung eines kalkulatorischen Eigenkapitalzinses zwar bereits seit vielen Jahren Rechnung trägt, aber erst durch das wertorientierte Management die Einbeziehung von Eigenkapitalkosten in das Handeln aller Manager sichergestellt wurde. Zur Einbeziehung von Eigenkapitalkosten in die Kostenrechnung vgl. Franz (1992), S. 429 ff.

tung.[719] Beim Herunterbrechen dieser Ziele wird sichergestellt, dass jeder Entscheidungsträger direkt beeinflussbare Zielvorgaben erhält.

Im Handelsbereich des Unternehmens umfasst das Zielsystem zusätzlich ein konkretes Risikolimit, welches das maximal in Kauf zu nehmende Risiko zum Ausdruck bringt.[720] Dieses Risikolimit wird von den Anteilseignern freigegeben. Der Interviewpartner stimmt zu, dass dem Gedanken der Einbeziehung eines Risikoniveaus ins Zielsystem auch in den übrigen Geschäftsbereichen Rechnung getragen werden müsse. In den industriellen Bereichen wird eine Quantifizierung des Risikos und somit eine Operationalisierung des Risikoniveaus jedoch als deutlich komplexer angesehen und die genaue Ausgestaltung kann laut des Unternehmensvertreters nur branchenindividuell erfolgen.

Genauso wie aus den auf Gesamtunternehmensebene angestrebten Ergebnis- und Cashflowzielen Vorgaben für die verschiedenen Geschäftsbereiche und letztlich auch für die einzelnen Mitarbeiter abzuleiten sind, ist auch das Risikoniveau herunterzubrechen. Da Mitarbeiter klare Ziele benötigen, um sich an diesen orientieren zu können, ist auf eine gute „Kommunizierbarkeit" der Risiken zu achten.[721]

Im Industriebereich, in welchem bereits die grundlegende Festlegung eines Risikoniveaus deutlich schwieriger ist als im Handelsbereich, wird sich auch das Herunterbrechen des Risikoniveaus als komplizierter erweisen. Der Interviewpartner geht davon aus, dass teilweise lediglich sachlogische Zusammenhänge aufgezeigt werden können, hält das Herunterbrechen eines Risikoziels prinzipiell aber dennoch für sinnvoll, damit in dem gesamten Unternehmen ein Verständnis dafür vorliegt, dass ein Ergebnis- bzw. Cashflowziel nicht auf jedwede Weise realisiert werden darf, sondern das Risiko dabei zu berücksichtigen ist.

Es wird zugestimmt, dass das Zielsystem von Unternehmen, die die Ansprüche längerfristig orientierter Eigenkapitalgeber befriedigen möchten, neben der Steigerung des Unternehmenswertes prinzipiell auch die Erwirtschaftung eines positiven Wertbeitrages innerhalb einer jeden Periode sowie die Einhaltung des korres-

---

[719] Das Ergebnisziel wird in Form eines Ziel-EBIT zum Ausdruck gebracht.

[720] Für die Festlegung solcher Risikolimits findet klassisch der Value at Risk Anwendung, vgl. Schmidbauer (2000), S. 161.

[721] Zur Notwendigkeit der Kommunizierbarkeit von Zielen vgl. Beehr/Glazer/Fischer/Linton/Hansen (2009), S. 1 ff.

pondierenden Risikoniveaus zum Gegenstand haben solle. Die Erwirtschaftung eines positiven Wertbeitrages wird jedoch nicht als zwingend notwendig angesehen. Sollte das Erreichen dieses Ziels mit einer Reduktion des Unternehmenswertes einhergehen, ist von einem entsprechenden Ziel Abstand zu nehmen. Wichtig ist laut des Unternehmensvertreters, dieses Vorgehen den Eigentümern adäquat zu kommunizieren.[722] Der Interviewpartner weist zudem darauf hin, dass das häufig geforderte Wachstum langfristig nicht realistisch sei.

Planung

Investitionsprojekte müssen die Kapitalkosten und einen zusätzlichen Aufschlag, der individuell für einzelne Projekte festgelegt wird, erwirtschaften. Diese individuelle Betrachtung wird in dem Unternehmen gewählt, da die Realität laut des Interviewpartners zu komplex ist, um einheitliche Anforderungen für alle Investitionsprojekte zu definieren.

Für alle relevanten Risiken, die ein einzelnes Investitionsprojekt tangieren können, werden Sensitivitätsrechnungen durchgeführt, wodurch eine Quantifizierung wirkungsbezogener Risiken gewährleistet wird. Diese quantitative Risikoberücksichtigung wird jedoch nicht als ausreichend angesehen, da durch sie ausschließlich die direkt mit einem Projekt einhergehenden wirkungsbezogenen Risiken beachtet werden. Deshalb erfolgt eine darüber hinausgehende – vorrangig qualitative – Risikoberücksichtigung, die gewährleisten soll, Effekte potenzieller Risiken ganzheitlich zu erfassen und somit auch Verbundrisiken aufzudecken.

Aufgrund der im Handelsgeschäft existierenden Berücksichtigung von Risiken im Zielsystem ist bereits gegenwärtig bei jeder in diesem Bereich zu treffenden Entscheidung zu analysieren, ob diese mit dem vereinbarten Risikoniveau in Einklang steht.

[722] Es wird explizit darauf hingewiesen, dass die Möglichkeit der Kommunikation selbstverständlich auch von der Eigentümerstruktur abhängt.

Kontrolle

Auf Gesamtunternehmensebene wird der Erfolg mittels einperiodischer Kontrollkennziffern eruiert. Zusätzlich werden einzelne Investitionsprojekte in Bezug auf die Veränderung ihrer jeweiligen Lebenszyklusrechnung hin kontrolliert.

Im Handelsbereich wird darüber hinaus die Einhaltung des vorgegebenen Risikolimits überprüft und ein Überschreiten kann folgenreiche Konsequenzen – wie die Entlassung der verantwortlichen Person – mit sich bringen. Inwieweit dieses Limit unterschritten wurde, ist für eine Erfolgsbeurteilung unbedeutend, da nach Aussage des Interviewpartners Untersuchungen zeigen, dass ein angemessener Erfolg in Bezug auf das Ergebnisziel nur bei Ausschöpfung existierender Risikolimits erreicht werde. Daher darf ein Unterschreiten des Risikolimits nicht in jeder Branche zu sehr honoriert werden und folglich ist branchenindividuell festzulegen, wie sich das Risikoniveau im Detail auf den Erfolg auszuwirken hat.

Die Einbeziehung von Risiken in die Erfolgsbeurteilung bezeichnet der Praxisvertreter als eine Evolutionsstufe, zu der noch nicht alle Unternehmen bereit seien. In dem betrachteten Unternehmen wurde in der jüngeren Vergangenheit über die Einführung eines risikoadjustierten Deckungsbeitrags als Erfolgsmaßstab diskutiert.[723] Obwohl ein entsprechendes Vorgehen als richtig erachtet wird, wird es derzeit noch nicht vollzogen, da das Unternehmen aus Sicht des Interviewpartners noch nicht bereit für einen solchen Evolutionsschritt ist.

Incentivierung

Derzeit wirken sich ausschließlich einperiodische Ergebnisgrößen auf das variable Gehalt der Führungskräfte aus. Bei der ehemaligen Konzernmutter findet ein Vergütungssystem Anwendung, welches eine längerfristige Orientierung sicherstellen und eine ausschließlich periodenbezogene Denkweise vermeiden soll. Entsprechend diesem System basiert das variable Gehalt von Führungskräften in jedem Jahr auf dem Erfolg der letzten drei Jahre. Dieses Vorgehen soll zukünftig auch in dem betrachteten Unternehmen eingeführt werden, da laut des Interviewpartners auf diese Weise eine ausschließliche Fokussierung der Manager auf den aktuellen

[723] Zur Ermittlung eines risikoadjustierten Deckungsbeitrages vgl. Decker (2007), S. 406.

Periodenerfolg vermieden wird. Zu diesem Zweck existiert in dem Unternehmen zudem eine Deckelung des gehaltswirksamen Periodengewinns, woraus sich jedoch gleichzeitig das Problem ergibt, dass ab einem gewissen Punkt keinerlei Anreize mehr existieren, Bemühungen für weitere Gewinnsteigerungen zu tätigen, obwohl diese evtl. sogar ohne die Inkaufnahme unverhältnismäßig hoher Risiken möglich wären.

Aus Sicht des Interviewpartners muss sich jeder Bestandteil eines wertorientierten Managementkonzepts im variablen Anteil des Gehalts niederschlagen, da nur gehaltswirksam werdende Bestandteile bei allen Entscheidungen ernsthaft berücksichtigt werden. Sofern das variable Gehalt ausschließlich durch einperiodische Erfolgskennziffern beeinflusst wird, konterkariert ein entsprechend gestaltetes Vergütungssystem laut des Interviewpartners die ausreichende Fokussierung auf eine Unternehmenswertsteigerung. Daher müssen Faktoren, welche den langfristigen Erfolg determinieren, das variable Gehalt beeinflussen. Genauso muss dem Risikoniveau bei der Ausgestaltung des Incentivesystems Bedeutung beigemessen werden, sofern dieses einen Bestandteil des wertorientierten Managements darstellt. Die im Handelsbereich existierenden Risikolimits finden insoweit Berücksichtigung, als dass deren Überschreiten zur Entlassung führen kann. Dies hat gleichzeitig zur Folge, dass die verantwortliche Person für einen gewissen Zeitraum keinerlei (variables) Gehalt erhält. Durch eine umfassendere und im ganzen Unternehmen Anwendung findende Einbeziehung von Risiken in die variable Vergütung dürfen Mitarbeiter nicht zu Verhalten animiert werden, welches Risiken minimiert, sich aber gleichzeitig unverhältnismäßig negativ auf die Ergebnisse auswirkt.

7.7 Fallstudie 6

Dieses Unternehmen (U6) folgt einer wertorientierten Unternehmensführung.

Kapitalkosten

Der Eigenkapitalkostensatz wird regelmäßig auf Grundlage des CAPM ermittelt. Für die Berechnung werden die Tageswerte der letzten drei Jahre herangezogen.[724]

Ziele

Strategische Leitlinien, die auf eine Langfristorientierung ausgerichtet sind, beschreiben die grundsätzliche Vorstellung der Zukunft des Unternehmens. Unter Befolgung dieser Leitlinien wird angestrebt, jedes Jahr eine höhere Dividende zu erzielen. Um dieses Ziel erreichen zu können, ist ein steigender EBIT von Bedeutung. Beim EBIT selbst handelt es sich zwar um eine einperiodische Kennziffer, es existieren jedoch zum Zeitpunkt des Interviews Ziel-EBIT-Werte für die nächsten acht Jahre, wodurch eine Langfristorientierung sichergestellt werden soll. Aus den EBIT-Zielen werden für alle Teilbereiche Ziele abgeleitet, die einen formalen oder sachlogischen Zusammenhang zum EBIT, welcher auf Gesamtunternehmensebene angestrebt wird, aufweisen.

Obwohl anvisiert wird, in jedem Jahr eine steigende Dividende ausschütten zu können, wird gleichzeitig konstatiert, dass nicht zwangsweise in jeder Periode die Eigenkapitalkosten erwirtschaftet werden müssen. Dies ist nicht nötig, sofern zur Erreichung dieses Ziels die nachhaltige Entwicklung des Unternehmens gefährdet würde.

Risiken werden zwar nicht explizit in das Zielsystem integriert, aber laut der Interviewpartner existieren implizite Grenzen, die vorrangig aus Erfahrungen der Vergangenheit sowie der Unternehmensphilosophie resultieren und sicherstellen, dass keine zu hohen Risiken eingegangen werden.

---

[724] Für die Verwendung von Monats- oder Tageswerten vgl. Abschnitt 5.3.1.1.1.

Eine stärkere Integration des Risikos in das Zielsystem ist aus Sicht der Unternehmensvertreter denkbar, diese darf jedoch nicht zu stark formalisiert werden, da ansonsten den individuellen und sich mitunter stark voneinander unterscheidenden Risikosituationen der einzelnen Bereiche nicht ausreichend Rechnung getragen werden kann. Bedeutender als die Implementierung eines formalisierten Prozesses für das Herunterbrechen von quantifizierten Risikoniveaus ist laut der Interviewpartner das Erzeugen eines Bewusstseins innerhalb der einzelnen Bereiche für die Bedeutung der im Konzept der vorliegenden Arbeit aufgezeigten Zusammenhänge zwischen den verschiedenen ein Zielsystem determinierenden Größen.

Planung

Investitionen müssen in dem Unternehmen einen positiven Beitrag zum Erreichen des Gewinnziels leisten und dürfen gleichzeitig nicht mit zu hohen Risiken einhergehen. Um zu beurteilen, ob das mit einer Investition einhergehende Risiko akzeptiert wird, erfolgt sowohl eine quantitative als auch eine qualitative Beurteilung der Risiken. Die genaue Ausgestaltung unterscheidet sich innerhalb des Konzerns aufgrund der Heterogenität der einzelnen Unternehmensbereiche.

Genauso wie die einzelnen Geschäftseinheiten Planungen tätigen müssen, die darauf abzielen, dass sie den von ihnen benötigten Beitrag zur Erreichung des Ziel-EBIT leisten, müssen sie auch planen, wie sich die für die jeweilige Geschäftseinheit relevanten Risiken im Zeitablauf entwickeln. Umfassende Berichtspflichten tragen laut der Interviewpartner dazu bei, dass die einzelnen Bereiche keine wesentlichen Risiken eingehen können, die dem Vorstand verborgen bleiben. Zudem gewährleistet ein regelmäßiger Austausch zwischen allen Bereichen, dass auch Verbundrisiken umfassend aufgedeckt werden.

Für jedes einzelne Jahr wird auf Konzernebene das Gesamtrisiko mithilfe der Monte-Carlo-Simulation ermittelt. Es existieren keine expliziten Vorgaben, wie die Risikoverteilung auszusehen hat, aber das ermittelte Bild wird mit dem der Vorjahre verglichen und solange es diesem annähernd entspricht, wird das existierende Risiko akzeptiert.

Grundsätzlich werden Risiken neben ergebnisorientierten Werten in dem betrachteten Unternehmen in jedwedem Bereich der Planung berücksichtigt. Obwohl eine einperiodische Kennziffer das Oberziel darstellt, steht die Langfristorientierung laut der Interviewpartner im Vordergrund. Das die aktuelle Periode betreffende Ergebnis darf zwar nicht aus den Augen verloren werden, es ist jedoch stets von größerer Bedeutung, sich innerhalb der strategischen Leitlinien zu befinden, wodurch der langfristige Erfolg sichergestellt wird. Das in dieser Arbeit theoretisch hergeleitete Konzept findet in dem betrachteten Unternehmen noch nicht in seiner Ganzheitlichkeit Anwendung, die Einzellösungen des Unternehmens tragen jedoch dazu bei, dass das Gedankengut des Konzepts im Rahmen der Planung bereits implementiert ist.

Kontrolle

Der Erfolg eines einzelnen Bereichs wird über den Erreichungsgrad der gewinnbezogenen Ziele definiert, folglich wird die existierende Kontrolle der Veränderung der Risikosituation nicht in die Erfolgsdefinition einbezogen. Aus Sicht des Unternehmens ist es möglich, dass zwei Unternehmensbereiche bei identischer Ausgangslage bezüglich Kapitalbindung und Kapitalkostensatz den gleichen EBIT erwirtschaften und somit auch als gleich erfolgreich angesehen werden, obwohl sie unterschiedliche Risiken eingegangen sind. Relevante und von den Entscheidungsträgern selbst beeinflussbare Risiken wirken sich nach Aussage der Interviewpartner jedoch meistens in den nächsten zwei Jahren auf den EBIT aus, weshalb sie letztlich zeitverschoben in eine Erfolgskontrolle einbezogen werden.

Bei einer expliziten Einbeziehung der Veränderung des Risikoniveaus in die Erfolgsbeurteilung muss laut der Interviewpartner verhindert werden, dass durch eine stärkere Formalisierung Risiken ausschließlich in Form einer aggregierten Kennzahl kontrolliert werden und dadurch das Bewusstsein für die einzelnen Risiken verloren geht. Hierbei verweist einer der Unternehmensvertreter auf die letzte Bankenkrise. Positive aggregierte Kennzahlen verliehen den Anschein, dass das Geschäft gut laufe, gleichzeitig ging der Überblick über die einzelnen existierenden Risiken verloren.

Incentivierung

Das variable Gehalt der einzelnen Mitarbeiter wird durch den Erreichungsgrad quantitativer und qualitativer Ziele beeinflusst.[725] In die Zielvereinbarungen, die mit den einzelnen Mitarbeitern geschlossen werden, fließen u.a. solche Größen ein, die in einem direkten formalen oder sachlogischen Zusammenhang zum Ziel-EBIT stehen. In den sich darüber hinaus auf das Gehalt auswirkenden Zielen sollen die relevanten Risiken Berücksichtigung finden. Dafür ist es notwendig, dass die Führungskräfte in der Lage sind, alle relevanten Risiken zu identifizieren und daraus individuelle Ziele für die ihnen unterstellten Mitarbeiter abzuleiten.

Insbesondere durch den großen Einfluss qualitativer Ziele auf das Gehalt der einzelnen Mitarbeiter ist laut der Interviewpartner in diesem Unternehmen zumindest der grundsätzliche Rahmen gegeben, alle im Sinne der vorliegenden Arbeit den Erfolg manifestierenden Faktoren im Gehalt zu berücksichtigen.

7.8 Fallstudie 7

Auch dieses Unternehmen (U7) hat sich explizit einer wertorientierten Unternehmensführung verschrieben.

Kapitalkosten

Zur Bestimmung des Eigenkapitalkostensatzes, welcher in dem Unternehmen als ein verhaltenssteuerndes Instrument angesehen wird, findet das CAPM Anwendung. Auf eine detaillierte Ermittlung differenzierter Kapitalkosten, die die unterschiedlichen Risiken verschiedener Geschäftsbereiche berücksichtigen, wird bewusst verzichtet, da hierfür komplexere Modelle benötigt werden, welche aufgrund der Bedeutung der Kapitalkosten für die Vergütung auf Akzeptanzprobleme stoßen würden. Lediglich Länderrisiken führen zu einem Anstieg der geforderten Rendite.

Die Unternehmensvertreter stimmen zu, dass ein auf Basis vergangenheitsbezogener Daten ermittelter Eigenkapitalkostensatz stets mit einem korrespondieren-

[725] Qualitative Ziele machen hierbei den größeren Anteil aus.

den Risikoniveau einhergehe. Sie befürworten daher eine auf diesem Gedanken basierende Weiterentwicklung des wertorientierten Managements.

Ziele

Primär wird eine Unternehmenswertsteigerung anvisiert. Die verschiedenen strategischen Leitlinien, die alle Entscheidungsträger zu berücksichtigen haben, dienen zur Ausrichtung des Handelns auf dieses Ziel hin. Im Rahmen eines Policy Deployment werden sowohl Ziele für die einzelnen Geschäftsbereiche als auch für jeden einzelnen Mitarbeiter gebildet,[726] die zu einer langfristigen Profitabilität sowie einem nachhaltigen Unternehmenswachstum beitragen und somit zu einer Unternehmenswertsteigerung führen sollen.

Neben dem Ziel der Unternehmenswertsteigerung sind der CVA sowie auf diesem basierende Größen als einperiodische wertorientierte Kennziffern von zentraler Bedeutung. Aus dem auf Gesamtunternehmensebene angestrebten Wertbeitrag werden Ziele für die einzelnen Bereiche abgeleitet. Damit auch die einzelnen Mitarbeiter ihren Beitrag zur Erwirtschaftung eines positiven CVA leisten, erhalten diese ebenfalls Ziele, die ein entsprechendes Handeln sicherstellen.

Aus der Unternehmenskultur und -philosophie sowie dem Ziel des permanenten Erreichens eines A-Ratings resultiert in dem Unternehmen ein implizites Verständnis dafür,[727] dass zum Erreichen einer Unternehmenswertsteigerung und eines positiven Wertbeitrages nicht jegliche Handlungen durchgeführt werden dürfen, sondern stets ein bestimmtes – nicht explizit festgelegtes – Risikoniveau einzuhalten ist. Das implizit unterstellte Risikoniveau schlägt sich in den strategischen Leitlinien nieder, weshalb auch durch die Leitlinien eine Einhaltung dieses Risikoniveaus gewährleistet wird. Da aus den strategischen Leitlinien Ziele bis auf Mitarbeiterebene abgeleitet werden, leisten folglich auch die Individualziele einen Beitrag zur Einhaltung eines implizit unterstellten Risikoniveaus.

---

[726] Unter Policy Deployment wird allgemein die „systematische Findung, Abstimmung und Verfolgung von Unternehmenszielen“ verstanden, Hartwich (2010), S. 182. Zum möglichen Vorgehen beim Policy Deployment vgl. Jolayemi (2009), S. 879 ff.

[727] Zur Bedeutung eines A-Ratings bei den verschiedenen Agenturen vgl. Dimitrakopoulos/Spahr (2003), S. 159.

Die Unternehmensvertreter stimmen zu, dass sich das Zielsystem eines wertorientiert geführten Unternehmens aus den in der Arbeit herausgearbeiteten drei Bestandteilen zusammenzusetzen habe und aus den auf Gesamtunternehmensebene angestrebten Zielgrößen Ziele für die einzelnen Bereiche und letztlich auch für die einzelnen Mitarbeiter abgeleitet werden müssen. Gleichzeitig weisen sie aber auch darauf hin, dass beim Herunterbrechen der Ziele das Herstellen eines formalen Zusammenhangs häufig nicht möglich sei, sondern lediglich sachlogische Beziehungen zwischen den Mitarbeiter- und den Unternehmenszielen herzustellen seien. Dies ist insbesondere vor dem Hintergrund der Wirtschaftlichkeit von Bedeutung, da das explizite Aufzeigen formaler Zusammenhänge mit viel Aufwand verbunden ist und dieser nur dann einen Mehrwert beschert, sofern das derzeit existierende Zielsystem kein ausreichendes Bewusstsein seitens der Mitarbeiter für die auf Gesamtunternehmensebene angestrebten Ziele gewährleistet.

Planungen

Bei Investitionsentscheidungen stellt der Kapitalwert das primäre Entscheidungskriterium dar. Neben der Amortisationsdauer, die in dem Unternehmen als ein Wert, welcher das mit einer Investition einhergehende Risiko beschreibt, angesehen wird, finden Risiken im Rahmen von Szenariorechnungen Beachtung. Darüber hinaus erfolgt eine qualitative Risikoberücksichtigung.

Damit das angestrebte Rating stets erreicht wird, wird bei bedeutenden Investitionen zudem eine Simulation durchgeführt, die die Auswirkungen auf das Rating und somit auf einen relevanten Bestandteil, der das implizit im Unternehmen unterstellte Risikoniveau beeinflusst, ermittelt.

Neben einer umfassenden Berücksichtigung von Risiken bei Investitionsentscheidungen werden diese durch das Risikomanagement zusätzlich in den Prozess der Jahresplanung des Unternehmens einbezogen.

Kontrolle

In diesem Unternehmen sind ebenfalls die einperiodischen wertorientierten Kennziffern von zentraler Bedeutung für die Erfolgsbeurteilung. Einzelne Faktoren, die sich nicht positiv auf diese einperiodischen Ergebnisgrößen auswirken, aber dennoch zu einer Steigerung des Unternehmenswertes bzw. zu einer positiven Beeinflussung des Risikoniveaus beitragen, werden nicht explizit in die Definition des Erfolgs des Gesamtunternehmens bzw. der Geschäftsbereiche einbezogen. Die Veränderung solcher Faktoren wird jedoch durch die im Rahmen des Policy Deployment zustande gekommenen Ziele beurteilt. Da sich der Erfolg eines einzelnen Mitarbeiters u.a. über den Erreichungsgrad dieser Ziele definiert, ist die Kontrolle der den Unternehmenswert sowie das Risikoniveau beeinflussenden Faktoren in dem Unternehmen dennoch von großer Bedeutung. Neben den Risiken, die durch das Policy Deployment Berücksichtigung finden, erfolgt für darüber hinausgehende Risiken zudem eine Kontrolle im Rahmen des Risikomanagements.

Die Unternehmensvertreter stimmen zu, dass der Erfolg eines Unternehmens grundsätzlich nicht ausschließlich über das Erzielen einer positiven einperiodischen Wertkennziffer definiert werden dürfe.

Incentivierung

Sowohl der Wertbeitrag der Zentrale als auch der Wertbeitrag des Geschäftsbereiches, in welchem ein einzelner Mitarbeiter beschäftigt ist, wirken sich auf die jeweilige Vergütung aus. Darüber hinaus schlägt sich der Erreichungsgrad der persönlichen Ziele, die aus dem Policy Deployment resultieren und zu einer Steigerung des Unternehmenswertes und einer Einhaltung des Risikoniveaus beitragen, auf das Gehalt nieder.

Bei der Gestaltung eines Incentivesytems ist laut der Unternehmensvertreter stets darauf zu achten, dass dieses auf Akzeptanz seitens der Mitarbeiter stößt. Dafür ist es nötig, dass dieses nachvollziehbar gestaltet wird und auf Größen basiert, die möglichst objektiv ermittelbar sind.

7.9 Zusammenfassende Analyse der Fallstudien und Implikationen für das Konzept

Wie bereits zu Beginn des Kapitels dargelegt, können die durch die verschiedenen Fallstudien gewonnenen Erkenntnisse nicht als repräsentativ angesehen werden. Dennoch sollen sie herangezogen werden, um allgemeingehaltene Aussagen zu tätigen, die in Zukunft auf ihren Wahrheitsgehalt hin zu überprüfen sind.[728] Die für die Zielerreichung der vorliegenden Arbeit relevanten Kernergebnisse der einzelnen Fallstudien sind in den folgenden Tabellen zusammengefasst:

[728] Ein entsprechendes Vorgehen steht in Einklang mit der in der vorliegenden Arbeit verfolgten Konstruktionsstrategie, die auf die Generierung neuen Wissens und nicht auf dessen Überprüfung abzielt.

	U1	U2	U3	U4	U5	U6	U7
Kapitalkosten							
Derzeitige Ermittlung und Bedeutung des Eigenkapitalkostensatzes	- Ableitung aus Gewinnziel - Bewusstsein für die Kosten von Eigenkapital soll vorliegen	- pragmatisches Vorgehen	- Kapitalmarkttheoretisches Modell mit pragmatischen Anpassungen - Verständnis dafür soll geweckt werden, dass höhere Risiken mit höheren Renditeforderungen einhergehen	- Ableitung aus Gewinnziel auf Gesamtunternehmensebene - Pragmatische Bestimmung differenzierter Kapitalkosten - Zusammenhang zwischen Rendite und Risiko ist zum Ausdruck zu bringen - Kapitalkostensatz als verhaltenssteuerndes Instrument	- CAPM mit individuellen Anpassungen - Kapitalkosten als verhaltenssteuerndes Instrument - Beziehung zwischen Rendite und Risiko soll zum Ausdruck gebracht werden - Bewusstsein für die Kosten von Eigenkapital soll vorliegen	- CAPM und Umrechnung für Verzinsung des gebundenen Kapitals - Kapitalkostensatz als verhaltenssteuerndes Instrument	- CAPM und pragmatische Anpassungen für die Berücksichtigung von Länderrisiken - Kapitalkosten als verhaltenssteuerndes Instrument
Hinweise bezüglich der Weiterentwicklung des vorgeschlagenen Konzepts	- k.A.	- bei einer Einbeziehung des zum CAPM korrespondierenden Risikoniveaus ist auf die Wirtschaftlichkeit zu achten	- k.A.	- k.A.	- Problematik der Operationalisierbarkeit bei manchen Geschäftsbereichen - bei einer Ableitung des Risikoniveaus aus der Vergangenheit muss auf Strukturbrüche geachtet werden	- k.A.	- k.A.

Tabelle 6: Überblick über die Kernergebnisse zu Kapitalkosten

	U1	U2	U3	U4	U5	U6	U7
Ziele							
Derzeitige Ausgestaltung des Zielsystems	- ROCE, Dividendenziel - Zielsystem trägt nicht zu einer Unternehmenswertsteigerung bei	- Unternehmenswertsteigerung als Bestandteil des Zielsystems - ROCE = zentrale Kennziffer - für einperiodische Kennzahlen existieren mehrperiodische Zielsetzungen - Risiken werden auf Konzernebene nicht explizit berücksichtigt, aber implizit (Unternehmensphilosophie) - explizite Einbeziehung des Risikoniveaus in Ziele unterer Hierarchiestufen	- Unternehmenswertsteigerung als primäres Ziel - einperiodische Kennzahlen als Zielgrößen - keine explizite Risikoniveauvorgabe, aber implizite Berücksichtigung	- grundlegende strategische Ziele, einperiodische VFE-Ziele - keine konkreten langfristigen Ziele, aber nachhaltige Gewinnentwicklung von Bedeutung - Risiken finden implizit Berücksichtigung	- gegenwärtig ausschließlich einperiodische Ziele, zukünftig soll auch die Langfristorientierung sichergestellt werden - teilweise existiert explizites Risikoziel	- strategische Leitlinien für Langfristorientierung - EBIT-Ziele für mehrere Jahre - Dividendensteigerung - keine explizite Risikoberücksichtigung, aber implizit (Unternehmensphilosophie und Historie)	- strategische Leitlinien für Langfristorientierung - CVA als zentrale wertorientierte Kennziffer - implizite Risikoberücksichtigung (Unternehmensphilosophie, Ziel-Rating) - im Rahmen des Policy Deployment entwickelte Individualziele einzelner Mitarbeiter unterstützen zudem die Steigerung des Unternehmenswertes sowie die Einhaltung eines anvisierten Risikoniveaus
Hinweise bezüglich der Weiterentwicklung des vorgeschlagenen Konzepts	- k.A.	- k.A.	- k.A.	- k.A.	- Erwirtschaftung des einperiodischen Ergebnisziels wird grundsätzlich nicht als zwingend notwendig angesehen - Problematik der Operationalisierung des Risikoniveaus	- positive einperiodische Wertkennziffer nicht zwangsweise notwendig - detaillierte Ausgestaltung soll nicht zu stark formalisiert werden	- Wirtschaftlichkeit ist zu beachten

Tabelle 7: Überblick über die Kernergebnisse zu Zielen

	U1	U2	U3	U4	U5	U6	U7
Planung							
Derzeitige Ausgestaltung der Planung	- Investitionen werden vorrangig in Bezug auf die mit ihnen zu realisierende Rendite hin analysiert - wirkungsbezogene Risiken finden Berücksichtigung - vorrangig wird in der Planung darauf abgestellt, den kurzfristigen Erfolg sicherzustellen	- Hurdle Rate wird für Investitionsentscheidungen herangezogen - Sensitivitätsanalysen werden durchgeführt - wirkungsbezogene Risiken finden Berücksichtigung	- Kapitalwert auf Basis des DCF-Verfahrens - Beitrag zum EVA für Investitionsentscheidungen von Bedeutung - wirkungsbezogene Risiken finden Berücksichtigung - durch die Geschäftsordnung wird adäquater Umgang mit Risiken sichergestellt	- Kapitalwert und interne Rendite werden für Investitionsentscheidungen herangezogen - quantitative und qualitative Berücksichtigung von Risiken - primär geht es um das Erreichen des periodenbezogenen Gewinnziels	- Kapitalkosten und Aufschlag müssen Investitionsprojekte erwirtschaften - Risiken werden quantitativ und qualitativ berücksichtigt	- Beitrag zum Gewinnziel - quantitative und qualitative Risikoberücksichtigung	- Kapitalwert als zentrales Entscheidungskriterium für Investitionsprojekte - Risiken werden quantitativ und qualitativ berücksichtigt
Explizite Risikoberücksichtigung	*ja*	*ja*	*ja*	*ja*	*ja*	*ja*	*ja*
Hinweise bezüglich der Weiterentwicklung des vorgeschlagenen Konzepts	- k.A.	- Art der Quantifizierung muss in Unternehmenskultur passen (Akzeptanzprobleme)	- einzelne Investitionen müssen mit höheren Risiken durchführbar sein	- k.A.	- k.A.	- k.A.	- k.A.

Tabelle 8: Überblick über die Kernergebnisse zur Planung

	U1	U2	U3	U4	U5	U6	U7
Kontrolle							
Derzeitige Ausgestaltung der Kontrolle	- reine Kurzfristorientierung und ausschließliche Berücksichtigung dieser Ergebniskennzahlen in der Erfolgsdefinition - Veränderung von Risiken wird evaluiert, fließt aber nicht in Erfolgsdefinition mit ein	- Erfolg wird über das Erreichen einperiodischer Erfolgskennziffern definiert - „Zeitreihenbetrachtung" um mehrperiodische Denkweise zu etablieren - sonstige Überwachungsmechanismen und Compliance sollen Langfristorientierung sicherstellen	- Erfolg wird nur über die Erreichung der Ergebnisziele definiert - Ergebnisziele werden gemeinsam mit Veränderungen des Risikoniveaus berichtet	- Erfolg wird über einperiodisches Gewinnziel definiert - Veränderung des Risikoniveaus wird mit den Ergebniszahlen berichtet	- Erfolg wird auf Gesamtunternehmensebene mittels einperiodischer Kennziffern bestimmt - im Handelsbereich wird das Risikoniveau berücksichtigt, fließt aber nicht in die Erfolgsbeurteilung mit ein	- vorrangig wird eine Erreichung der EBIT-Ziele kontrolliert und in die Erfolgsbeurteilung einbezogen - Veränderung der Risikosituation wird kontrolliert, fließt aber nicht mit in die Erfolgsbeurteilung ein	- Erfolgsbeurteilung erfolgt vorrangig auf Basis einperiodischer wertorientierter Kennziffern - Faktoren, welche eine Steigerung des Unternehmenswertes bzw. eine positive Veränderung des Risikoniveaus bedingen, werden in die Beurteilung des Erfolgs einzelner Mitarbeiter einbezogen
Einperiodische Kennziffern von zentraler Bedeutung für Er-	*ja*	*ja*	*ja*	*ja*	*ja*	*ja*	*ja*
Kontrolle von Risiken erfolgt zumindest in Teilbereichen	*ja*	*ja*	*ja*	*ja*	*ja*	*ja*	*ja*
Hinweise bezüglich der Weiterentwicklung des vorgeschlagenen Konzepts	- Wirtschaftlichkeit muss bedacht werden - Problematiken in Bezug auf Subjektivität und der Benötigung von Spezialwissen zur Überprüfung der dargestellten Risikosituation	- k.A.	- k.A.	- Problematik bezüglich der Ermessensspielräume - Überprüfung der Risikoangaben schwer möglich	- Integration des Risikos in die Erfolgsbeurteilung wird als Evolutionsstufe angesehen, zu der sich Unternehmen langsam hin entwickeln müssen	- bei einer stärkeren Einbeziehung von Risiken in die Erfolgsbeurteilung ist darauf zu achten, dass durch aggregierte Kennzahlen nicht das Bewusstsein für einzelne Risiken verloren geht	- k.A.

Tabelle 9: Überblick über die Kernergebnisse zur Kontrolle

	U1	U2	U3	U4	U5	U6	U7
Incentivierung							
Derzeitige Ausgestaltung der Incentivierung	- beinhaltet keine am langfristigen Unternehmenserfolg ausgerichteten Bestandteile	- einperiodische Kennziffern, die ins Verhältnis zum Vorjahr gesetzt werden, als Bezugsbasis - niedrige Fluktuation trägt zu einer Langfristorientierung bei	- insbesondere EVA und cashflowbasiert	- basiert auf einperiodischen Ergebnisgrößen	- ausschließlich einperiodische Ergebnisgrößen schlagen sich nieder, aber Änderung geplant - Deckelung des Periodenerfolgs, der sich auf das Gehalt niederschlagen kann	- variables Gehalt wird durch die Erreichung quantitativer und qualitativer Ziele beeinflusst - in den individuellen Zielvorgaben sollen Risiken Berücksichtigung finden	- CVA des Gesamtunternehmens sowie des Geschäftsbereiches, in welchem ein Mitarbeiter beschäftigt ist, wirken sich auf das Gehalt aus - weitere individuelle Ziele, die zu einer Steigerung des Unternehmenswertes sowie zur Einhaltung des Risikoniveaus beitragen, wirken sich auf die Vergütung aus
Einperiodische Erfolgskennzahlen als relevanter Vergütungsbestandteil	*ja*	*ja*	*ja*	*ja*	*ja*	*ja*	*ja*
Hinweise bezüglich der Weiterentwicklung des vorgeschlagenen Konzepts	- Problematik der fehlenden Überprüfbarkeit der Risikosituation	- Beeinflussbarkeit der vergütungsrelevanten Bestandteile muss sichergestellt werden	- k.A.	- Problematik der fehlenden Überprüfbarkeit der Risikosituation - Gefahr, dass die Unternehmensleitung nicht mehr vollständig über Risiken informiert wird	- Angestellte dürfen nicht zu einem Verhalten animiert werden, welches Risiken minimiert, aber gleichzeitig mit unverhältnismäßigen Ergebniseinbußen einhergeht	- k.A.	- Incentivesystem muss nachvollziehbar gestaltet werden und auf vergleichsweise objektiv ermittelbaren Größen basieren

Tabelle 10: Überblick über die Kernergebnisse zur Incentivierung

Kapitalkosten

Sofern die Kapitalkostenermittlung modellbasiert erfolgt, wird das CAPM oder ein ihm ähnliches Modell herangezogen (U3, U5, U6, U7), ansonsten finden „pragmatische Vorgehensweisen" Anwendung (U1, U2, U4). Keines der Unternehmen äußerte Bedenken aufgrund von Ungenauigkeiten, welche sich durch das im eigenen Unternehmen gewählte bzw. das in der Arbeit empfohlene Vorgehen ergeben könnten. Als wichtig in Bezug auf die Eigenkapitalkostensätze wird angesehen, dass diese aufgrund ihrer verhaltenssteuernden Komponente den Zusammenhang zwischen Rendite und Risiko zum Ausdruck bringen und das Bewusstsein für die mit einer Eigenkapitalfinanzierung verbundenen Kosten schaffen müssen. In keinem der Unternehmen stellen die Eigenkapitalkosten das Instrument dar, welches alleinig die Integration des Risikos ins wertorientierte Management sicherstellen soll.

Dem in der Arbeit gewählten Vorgehen, wonach ein auf Basis vergangenheitsbezogener Daten ermittelter Eigenkapitalkostensatz auch mit einem entsprechenden aus der Vergangenheit abzuleitenden Risikoniveau einhergeht, stimmen die verschiedenen Unternehmensvertreter grundsätzlich zu. Als problematisch wird die Umsetzbarkeit in Geschäftsbereichen angesehen, welche insbesondere schwer quantifizierbaren Risiken ausgesetzt sind, weswegen in solchen Geschäftsbereichen der für eine Implementierung des vorgeschlagenen Konzepts notwendige Aufwand höher ist als in Geschäftsbereichen, für die vorrangig gut quantifizierbare Risiken von Bedeutung sind (U5). Zudem wird auf die Notwendigkeit der expliziten Analyse von Strukturbrüchen hingewiesen (U5), da bei deren Existenz das entwickelte Konzept nicht in seiner Reinform angewendet werden kann, sondern eine – für die jeweilige Gelegenheit passende – Möglichkeit der Einbeziehung solcher Strukturbrüche zu entwickeln ist. Bezüglich einer Einbeziehung des zum CAPM korrespondierenden Risikoniveaus in das wertorientierte Management wird außerdem die Notwendigkeit der Beachtung der Wirtschaftlichkeit betont (U2). Die Wirtschaftlichkeit soll im Rahmen des entwickelten Konzepts dadurch gewährleistet werden, dass die bereits existierenden Daten des Risikomanagements für die Integration des Risikoniveaus ins wertorientierte Management herangezogen werden.

Ziele

Die verschiedenen Fallstudien bringen zum Ausdruck, dass Unternehmen, welche sich explizit einer wertorientierten Unternehmensführung verschrieben haben, nicht zwangsläufig primär ein langfristig orientiertes Ziel verfolgen, sondern einperiodische Ziele häufig im Vordergrund stehen. Sofern eine Langfristorientierung existiert, findet zu deren Gewährleistung entweder explizit der Unternehmenswert Anwendung (U2) oder strategische Leitlinien sollen diese sicherstellen (U3, U6, U7). Vertreter solcher Unternehmen, in welchen primär kurzfristige Ziele verfolgt werden, würden eine stärkere Langfristorientierung begrüßen bzw. streben bereits an, in naher Zukunft Maßnahmen zu implementieren, die diese fördert.

Risiken bilden nur sehr selten einen expliziten Bestandteil des auf Gesamtunternehmensebene bestehenden Zielsystems (Ausnahme bildet U5), finden aber häufig implizit Berücksichtigung (U2, U3, U4, U6, U7). Als wesentlicher Grund für die implizite Berücksichtigung von Risiken wird die existierende Unternehmensphilosophie angesehen. Auch wenn die Einhaltung eines Risikoniveaus auf Gesamtunternehmensebene nicht explizit verfolgt wird, werden im Rahmen eines Policy Deployment Ziele für die einzelnen Mitarbeiter entwickelt, die zu einer adäquaten Risikoberücksichtigung und somit zur Einhaltung des implizit unterstellten Risikoniveaus ihren Beitrag leisten (U7).

In den Interviews wird darauf hingewiesen, dass in Bezug auf ein Herunterbrechen der aus dem Risikoniveau abzuleitenden Ziele die Wirtschaftlichkeit zu beachten sei (U7). Dieser Forderung wird dadurch nachgekommen, dass entsprechend der in der Arbeit entwickelten Konzeption nicht zwangsweise ein formaler Zusammenhang zwischen dem auf Gesamtunternehmensebene einzuhaltendem Risikoniveau und den aus diesem Risikoniveau abzuleitenden Zielen herzustellen ist, sondern das Aufzeigen eines sachlogischen Zusammenhangs ausreicht.

Planung

Die in der Theorie unterstellte ausschließliche Berücksichtigung von Risiken durch die Kapitalkosten im Kontext von Investitionsentscheidungen ist in der Praxis nicht zu beobachten. In allen Unternehmen ist eine über die Kapitalkosten hinausgehende Integration von Risiken bereits vorzufinden. Diese zusätzliche Risikoberücksichtigung erfolgt sowohl quantitativ als auch qualitativ. Häufig finden jedoch nur wirkungsbezogene Risiken Beachtung, was von manchen Unternehmensvertretern als unkritisch angesehen wird (U3), andere würden eine umfassendere Risikoberücksichtigung begrüßen (U1, U2). Sofern eine ganzheitlichere Risikoberücksichtigung erwünscht ist, kann diese durch regelmäßige Meetings der Mitarbeiter, in welchen sie zum Brainstorming angeregt werden und von ihnen dabei ein „out of the box"-Denken erbeten wird,[729] erreicht werden.

Obwohl bei keinem der betrachteten Unternehmen die in der vorliegenden Arbeit empfohlene Ausgestaltung der Planung vollständig befolgt wird, sind ähnliche Vorgehensweisen in der Praxis vorzufinden. Ein Hinweis, der in Bezug auf das entwickelte Vorgehen angeführt wird, besteht darin, dass bei der detaillierten Ausgestaltung – insbesondere bei der Entscheidung über den Umfang der Risikoquantifizierung – auf die Unternehmenskultur zu achten sei, da die vorgeschlagene Herangehensweise sonst auf Akzeptanzprobleme stoßen könne (U2). Zudem wird darauf hingewiesen, dass die Realisation einzelner, strategisch relevanter Investitionsprojekte weiterhin möglich sein müsse, selbst wenn das entsprechende Projekt mit dem angestrebten Risikoniveau nicht in Einklang steht (U3). Diesem Gedanken wird in dem theoretischen Konzept dahingehend Rechnung getragen, dass sich die Renditeforderungen und das korrespondierende Risikoniveau an das Gesamtunternehmen richten; wie sich diese auf die einzelnen Projekte aufteilen, obliegt dem jeweiligen Unternehmen.

Kontrolle

Der Erfolg wird in den betrachteten Unternehmen vorrangig über das Erreichen einperiodischer Ergebnisziele definiert, den langfristigen Erfolg manifestierende Größen und Risiken sind für die Erfolgsdefinition nicht von Bedeutung. Die starke Kurzfristorientierung wird von einigen der Interviewpartner als eine Gefahr für den langfristigen Erfolg angesehen (U1, U2, U4, U5) und mitunter wird bereits versucht, Methoden zu implementieren, die eine stärkere Langfristorientierung

---

[729] Zur Möglichkeit der Generierung kreativer, aber dennoch zielführender Ideen mittels Brainstorming vgl. Litchfield (2008), S. 649 ff.

sicherstellen sollen (U2, U5). Die Bedeutung des Risikos als ein zum Erfolg gehörender Bestandteil wird dadurch deutlich, dass die Veränderungen des Risikos gemeinsam mit den Ergebnisgrößen, welche den Erfolg definieren, kommuniziert werden (U3, U4). Das in der vorliegenden Arbeit empfohlene Vorgehen wird daher grundlegend befürwortet, zumal die benötigte Kontrolle des Risikos in allen Unternehmen zumindest in Teilen bereits erfolgt und daher nur noch stärker in ein Gesamtkonzept integriert werden müsste. Trotz der grundsätzlichen Befürwortung und einer vergleichsweise einfach umzusetzenden stärkeren Risikointegration wird die Einbeziehung des Risikos in die Erfolgsdefinition dennoch nicht als vollkommen unkritisch angesehen. Sofern eine Veränderung des Risikoniveaus einen expliziten Bestandteil des Erfolgs bildet, können sich die fehlende Objektivität und die daraus resultierenden großen Ermessensspielräume berichtender Instanzen als problematisch erweisen. Damit die berichtenden Einheiten die Risikodarstellung nicht stets zu ihren Gunsten beeinflussen, wodurch die Unternehmensleitung kein realistisches Bild mehr über die Risikosituation besäße, ist eine Überprüfung der berichteten Risiken notwendig. Um die Risikosituation adäquat einschätzen zu können, wird mitunter Expertenwissen benötigt, über welches die überprüfenden Instanzen jedoch nicht verfügen (U1, U4).[730] Begegnet werden kann dieser Problematik mit externen Expertenteams. Gemeinsam mit diesen kann die Unternehmensleitung Risikoindikatoren herausarbeiten, anhand derer die relevanten Risiken gemessen werden können.

Der darüber hinaus geäußerten Problematik, dass es sich bei einer entsprechenden Erfolgsdefinition um eine Evolutionsstufe für Unternehmen handele und ein solches Vorgehen derzeit möglicherweise noch auf Akzeptanzprobleme stoße (U5), kann mit Schulungen begegnet werden, die in den meisten Unternehmen auch Bestandteil der Einführung des bisherigen State-of-the-Art des wertorientierten Managements waren.[731]

Ein weiterer Hinweis bezog sich auf die Notwendigkeit der Sicherstellung der Wirtschaftlichkeit bei einer Weiterentwicklung des wertorientierten Managements (U1). Wie bereits im Kontext der Kapitalkosten geschrieben, soll die Wirtschaftlichkeit im Rahmen des entwickelten Vorgehens dadurch sichergestellt werden,

---

[730] Zur Bedeutung von Experten im Kontext des Risikomanagements vgl. Mikes (2011), S. 226 ff.

[731] Vgl. Arbeitskreis Internes Rechnungswesen (2010), S. 808.

dass vorrangig die bereits existierenden Daten des Risikomanagements für die Erweiterung des Konzepts herangezogen werden.

Die Hinweise der Interviewpartner bringen zudem die Notwendigkeit der individuellen Ausgestaltung des theoretischen Konzepts durch das jeweilige Unternehmen zum Ausdruck. Nur so kann sichergestellt werden, dass Risiken nicht auf eine Weise in die Erfolgsdefinition einfließen, die mit unverhältnismäßig hohen Ergebniseinbußen einhergeht (U5). Des Weiteren wird nur durch eine individuelle Ausgestaltung der Erfolgskontrolle, insbesondere in Bezug auf die Festlegung der den Erfolg definierenden Risikotreiber, gewährleistet, dass innerhalb eines Unternehmens noch ein ausreichendes Bewusstsein für die jeweils relevanten Risiken vorliegt (U6).

Incentivierung

In allen Unternehmen schlagen sich einperiodische Ergebnisgrößen auf das Gehalt der Führungskräfte nieder, was stets mit der Gefahr der Kurzfristorientierung seitens des Managements einhergeht. Zwar versuchen einige Unternehmen durch zusätzlich festgelegte Ziele, deren Erreichungsgrad sich auf das Gehalt auswirkt, oder durch eine Einbeziehung des Erfolgs vergangener Jahre einem ausschließlich periodenbezogenem Denken seitens der Führungskräfte zu begegnen, jedoch trägt laut der meisten Interviewpartner das derzeit in dem jeweiligen Unternehmen existierende Vergütungssystem nicht ausreichend zu einer Langfristorientierung bei (U1, U2, U3, U4, U5). Falls die Interviewpartner trotz ihres vorrangig auf den kurzfristigen Erfolg abzielenden Vergütungssystems eine Langfristorientierung seitens der Führungskräfte unterstellen, werden hierfür insbesondere Gründe wie eine positive Unternehmensphilosophie, die zu einer geringen Fluktuationsrate beiträgt, verantwortlich gemacht (U2, U3). Sofern Entscheidungsträger anstreben, selbst längerfristig im Unternehmen beschäftigt zu sein, ist für sie auch der Erfolg der kommenden Jahre von Bedeutung, was in ihrem Handeln zum Ausdruck kommt.[732] Werden in einem Unternehmen vorrangig Personen rekrutiert, bei denen die Wahrscheinlichkeit vergleichsweise groß ist, dass sie das Unternehmen bereits nach wenigen Jahren wieder verlassen werden, ist folglich von einer stär-

[732] Zu dieser These vgl. auch Müller-Stewens/Lechner (2011), S. 396.

keren Kurzfristorientierung auszugehen. Hierdurch wird die Bedeutung der Personalpolitik für eine umfassende Risikoberücksichtigung ersichtlich.

Eine Veränderung des Risikoniveaus wirkt sich momentan nur dann auf die Vergütung aus, sofern die individuell für einen Mitarbeiter entwickelten Ziele Risiken zum Gegenstand haben und deren Erreichungsgrad gehaltswirksam wird (U6, U7). Grundsätzlich wird der Gedanke der Einbeziehung des Risikoniveaus in die Vergütung von allen Unternehmensvertretern begrüßt, es wird aber gleichzeitig die Akzeptanz der Beeinflussung des Gehalts durch eine vergleichsweise schwer messbare Größe, wie sie die Veränderung des Risikos darstellt, als kritisch eingestuft (U7). Aufgrund der zunehmenden Bedeutung qualitativer Ziele für das Gehalt von Führungskräften ist davon auszugehen,[733] dass solche potenziellen Akzeptanzprobleme in der Zukunft abnehmen werden. Sofern sich eine Veränderung des Risikoniveaus auf die Vergütung auswirkt, muss sichergestellt werden, dass die Risikosituation nicht nur von der Person, welche für das Risiko verantwortlich ist und auf deren Gehalt sich eine Veränderung des Risikos auswirkt, beurteilt werden kann. Anderenfalls laufen die Unternehmen dahingehend Gefahr, dass der entsprechende Manager die Risikosituation so darstellt, wie es für das eigene Gehalt optimal ist, und dadurch nicht mehr die reale Risikosituation des Unternehmens abgebildet wird (U4). Wie bereits im Rahmen der Kontrolle angeführt, bietet sich die Einbeziehung externer Experten zur Identifikation gut messbarer und die Risikosituation adäquat beschreibender Parameter an.

Der Hinweis auf die Notwendigkeit der Beeinflussbarkeit der Risiken durch die Person, auf deren Gehalt sich diese Risiken auswirken, zeigt erneut die Bedeutung einer an die individuellen Verhältnisse angepassten detaillierten Ausgestaltung des Konzepts (U2).

Gesamteindruck

Die Fallstudien bringen die grundsätzliche Akzeptanz des in der vorliegenden Arbeit entworfenen Konzepts durch die Unternehmensvertreter zum Ausdruck. Es wird deutlich, dass einzelne Bestandteile dieses Konzepts in der Unternehmenspraxis bereits vorzufinden sind; so finden Risiken bspw. in der Planung bereits

[733] Vgl. Abschnitt 6.4.4.

eine umfassende Berücksichtigung. Insbesondere im Bereich der Kontrolle sowie der Incentivierung erkennen die meisten Praxisvertreter hingegen noch deutlichen Handlungsbedarf in ihren jeweiligen Unternehmen, um den an ein wertorientiertes Management zu stellenden Anforderungen besser gerecht zu werden.

Eine wesentliche Stärke und Schwäche liegen gleichsam in der holistischen Gestaltung des vorgeschlagenen Konzepts. So wird einerseits eine stärkere Formalisierung des Konzepts als kritisch erachtet, da in diesem Fall den unternehmensindividuellen Besonderheiten nicht mehr ausreichend Rechnung getragen werden kann. Gleichzeitig folgt aus der holistischen Gestaltung, dass sich die einzelnen Unternehmen vor einer Implementierung mit der konkreten Ausgestaltung auseinandersetzen müssen und eine unmittelbare Anwendung des Konzepts nicht möglich ist.

8 Resümee und Forschungsausblick

8.1 Resümee

Kaum Zweifel existieren derzeit hinsichtlich der Notwendigkeit einer Ausrichtung der Unternehmensführung an den Ansprüchen der Eigenkapitalgeber und einer daraus resultierenden weiten Verbreitung des wertorientierten Managementkonzepts, durch dessen Umsetzung die Eigenkapitalgeber zufrieden gestellt werden sollen. Größere Zweifel kommen hingegen bezüglich der Adäquanz dieses Konzepts auf. Vor diesem Hintergrund bestand das primäre Ziel der vorliegenden Arbeit in der Weiterentwicklung des wertorientierten Managements, damit dieses bestmöglich zur Befriedigung der Ansprüche längerfristig orientierter Eigenkapitalgeber beiträgt. Um dieses praxeologische Wissenschaftsziel erreichen zu können, mussten zusätzlich zwei theoretische Wissenschaftsziele verfolgt werden. Diese Ziele umfassten die Analyse des Zustandekommens längerfristig orientierter Eigenkapitalgeberansprüche sowie die Analyse von Kapitalkostenmodellen in Bezug auf ihre Eignung zur Integration dieser Ansprüche in das wertorientierte Management. Entsprechend der Konstruktionsstrategie ging es in der vorliegenden Arbeit vorrangig nicht um die Überprüfung existierenden Wissens, sondern um die Generierung neuen Wissens. Zu diesem Zweck fanden sowohl die sachlich-analytische, die formal-analytische als auch die empirische Forschungsstrategie Anwendung.

Das wertorientierte Management basiert derzeit auf der normativen Entscheidungstheorie und folglich unterstellt es einen rational handelnden Eigenkapitalgeber. Damit eine wertorientierte Managementkonzeption allerdings zu einer bestmöglichen Befriedigung von Eigenkapitalgeberansprüchen beitragen kann, hat ein realistisches Verständnis dahingehend vorzuliegen, wie das Anspruchsniveau von Eigenkapitalgebern zustande kommt. Bei der Unterstellung eines rational handelnden Akteurs ist dies jedoch nicht der Fall. Aus diesem Grund wurden in der vorliegenden Arbeit neben der präskriptiven Entscheidungstheorie und der Kapitalmarkttheorie auch bedeutende Erkenntnisse der psychologischen Forschung zum Entscheidungsverhalten herangezogen, um mit deren Hilfe das Zustandekommen des Anspruchsniveaus von Eigenkapitalgebern zu untersuchen. Als Ergebnis lässt sich festhalten, dass weiterhin Rendite und Risiko als die zentralen Entscheidungsparameter von Eigenkapitalgebern anzusehen sind, jedoch – anders als häufig postuliert – neben systematischen auch unsystematische Risiken für die Kapitalgeber entscheidungsrelevant sind. Die Verarbeitung dieser Parameter und die damit einhergehende Ermittlung eines Entscheidungswertes erfolgt aufgrund ihrer begrenzten Rationalität nicht auf eine Weise, die es den Kapitalgebern zwangsläufig ermöglicht, ein optimales Ergebnis zu erzielen, sondern auf eine Weise, die ein zufriedenstellendes Ergebnis gewährleistet. Um zu diesem Ergebnis und damit zu dem ihr Anspruchsniveau determinierenden Entscheidungswert zu gelangen, wenden die Kapitalmarktakteure bewusst weitverbreitete Bewertungsmethoden oder unbewusst vereinfachende Regeln, wie die Repräsentativitäts-, Verfügbarkeits- und Ankerheuristik, an. Aufgrund der Anwendung dieser Regeln erwarten Eigenkapitalgeber von einem Unternehmen eine Rendite und ein Risikoniveau, welche denen vergleichbarer Anlageobjekte entsprechen. Zudem hängen ihre die Zukunft betreffenden Erwartungen von in der Vergangenheit realisierten Renditen und Risikoniveaus ab.

Die unter Verwendung von Kapitalkostenmodellen ermittelten Eigenkapitalkosten bilden das Instrument, mit welchem die Ansprüche der Anteilseigner im wertorientierten Management erfasst werden. Um überprüfen zu können, inwieweit mithilfe der verschiedenen Modelle die Eigenkapitalgeberansprüche adäquat bestimmbar sind, fanden die Ergebnisse der Analyse des Zustandekommens von Eigenkapitalgeberansprüchen Anwendung zur Definition von verhaltenswissenschaftlich fundierten Anforderungskriterien an Kapitalkostenmodelle. Auf Basis solcher, bisher nicht existierender Kriterien wurden das klassische CAPM, das CAPM auf Basis fundamentaler Betafaktoren, die APT, das 3 Factor Model, das MCPM, das Modell impliziter Kapitalkosten sowie der Risikodeckungsansatz analysiert. Trotz der dem klassischen CAPM häufig entgegengebrachten Kritik erwies sich das auf diesem Modell basierende, vergangenheitsorientierte Vorgehen der Bestimmung eines Eigenkapitalkostensatzes als am geeignetsten zur Ermittlung der Eigenkapitalgeberansprüche im wertorientierten Management. Zwar ist eine ausschließliche Einbeziehung der Eigenkapitalgeberansprüche über die auf dem CAPM basierenden Eigenkapitalkosten nicht ausreichend, um die Anteilseigner zufrieden zu stellen, jedoch ist es nicht erforderlich, ein neues Kapitalkostenmodell zu entwickeln. Vielmehr sind die Schwächen, die sich bei einer Ermittlung der Kapitalkosten auf Basis des CAPM ergeben, anderweitig zu überwinden.

In der Arbeit konnte herausgearbeitet werden, dass ein auf Grundlage des CAPM ermittelter Eigenkapitalkostensatz stets mit einem korrespondierenden Risikoniveau einhergeht, welches das Resultat vergangener Risiken darstellt. Nur wenn dieses Risikoniveau, das sich mithilfe der Daten des Risikomanagements operationalisieren lässt, in allen Bereichen des wertorientierten Managements (Zielsystem, Planung, Kontrolle und Incentivierung) Berücksichtigung findet, werden die Ansprüche längerfristig orientierter Eigenkapitalgeber ausreichend berücksichtigt. Bei der notwendigen Anpassung der einzelnen Säulen wurde zudem die derzeit fehlende Geschlossenheit, die der Status-quo des wertorientierten Managements aufweist, bedacht. Diese fehlende Geschlossenheit liegt darin begründet, dass der Rangfolge zwischen Oberziel – der Steigerung des Unternehmenswertes – und untergeordnetem Nebenziel – der Erwirtschaftung der Eigenkapitalkosten innerhalb einer jeden Periode – nicht ausreichend Rechnung getragen wird. Trotz einer prinzipiell angestrebten Unternehmenswertsteigerung finden im Rahmen der Kontrolle sowie der Incentivierung vorrangig einperiodische Kennziffern Anwendung. Diese Ausgestaltung des wertorientierten Managements kann zu einer ungewollten Kurzfristorientierung seitens der Angestellten und einer daraus resultierenden unzureichenden Steigerung des Unternehmenswertes führen. Durch die Berücksichtigung dieser Schwachstellen konnte in der vorliegenden Arbeit ein wertorientiertes Managementkonzept entwickelt werden, das sowohl die Probleme, die aus einer Berechnung des Eigenkapitalkostensatzes mittels des CAPM resultieren, überwindet als auch der derzeit fehlenden Geschlossenheit des wertorientierten Managements begegnet. Auf diese Weise trägt es zur bestmöglichen Befriedigung der Ansprüche längerfristig orientierter Eigenkapitalgeber bei.

Im weiteren Verlauf der Arbeit erfolgte eine empirische Auseinandersetzung mit der entworfenen Konzeption. Die auf Experteninterviews basierenden Fallstudien brachten die grundsätzliche Befürwortung des in der vorliegenden Arbeit entworfenen Konzepts durch die Unternehmenspraxis zum Ausdruck. Einzelne Bestandteile des Konzepts werden bereits in Grundzügen angewandt. So weist die Ausgestaltung der Planung häufig bereits Ähnlichkeiten mit dem in der Arbeit empfohlenen Vorgehen auf. Im Rahmen der Kontrolle sowie der Incentivierung besteht hingegen vielfach noch deutlicher Handlungsbedarf, um das wertorientierte Management in den Unternehmen auf eine Weise zu gestalten, die zu einer Ausrichtung an den Ansprüchen längerfristig orientierter Eigenkapitalgeber bestmöglich beiträgt. Gleichzeitig konnten durch die Fallstudien sich in der Praxis potenziell ergebende Probleme bei einer Implementierung des theoretisch entwickelten Konzepts aufgezeigt und Lösungsvorschläge herausgearbeitet werden.

8.2 Forschungsausblick

Obwohl die drei vorab bestimmten Forschungsziele erreicht wurden, eröffnet die vorliegende Arbeit – wie jede wissenschaftliche Arbeit – gleichzeitig weitere Forschungsfelder.

Zur Analyse des Zustandekommens der Ansprüche längerfristig orientierter Eigenkapitalgeber wurden sich breiter Akzeptanz erfreuende verhaltenswissenschaftliche Forschungsergebnisse herangezogen. Die auf diesem Gebiet weiterhin existierenden Forschungsbemühungen müssen in Zukunft stets auf ihre Anwendbarkeit für die Beschreibung des Zustandekommens der Eigenkapitalgebererwartungen analysiert und gegebenenfalls für neuere Analysen von Kapitalkostenmodellen herangezogen werden. Neben einer solchen Analyse bietet es sich zudem an, in der Zukunft verstärkt Experimente durchzuführen, um mit diesen die Bestimmungsfaktoren des Anspruchsniveaus der Anteilseigner weitergehend zu ermitteln. Im Rahmen solcher Experimente ließe sich zudem näher bestimmen, welche Risikoarten für die Kapitalgeber besonders relevant sind und somit im wertorientierten Management ein hohes Maß an Beachtung finden müssen.

Auch bei der Analyse der Adäquanz verschiedener Kapitalkostenmodelle wurde eine Auswahl getroffen und es wurden die Modelle näher beleuchtet, die derzeit in der im deutschen Raum relevanten wissenschaftlichen Literatur von größter Bedeutung sind. Sofern in der Zukunft gegenwärtig unbekannte Kapitalkostenmodelle an Bedeutung gewinnen oder Modelle neu entwickelt werden, ist deren Analyse mittels der in der vorliegenden Arbeit entwickelten Anforderungskriterien empfehlenswert.

Trotz der grundsätzlichen Befürwortung des in der Arbeit entworfenen wertorientierten Managementkonzepts durch die Praxisvertreter sind vor einer Implementierung der Konzeption noch Anpassungen an dieser vorzunehmen. Einige Anpassungen müssen unternehmensindividuell geschehen, eine detaillierte branchenspezifische Ausgestaltung des Konzepts ist jedoch möglich und stellt eine weitere Forschungsmöglichkeit dar.

Das theoretisch entwickelte Konzept richtet sich an die Ansprüche längerfristig orientierter Eigenkapitalgeber. Vor dem Hintergrund des aktuellen Corporate Governance Kodex ist diese Fokussierung legitim. Dennoch sind gegenwärtig für eine Vielzahl von Unternehmen auch kurzfristig orientierte Anteilseigner und somit deren Ansprüche von großer Bedeutung. Um Unternehmen die durch den Corporate Governance Kodex geforderte Langfristorientierung verstärkt zu ermöglichen, bedarf es verschiedener Forschungsarbeiten, die an den dafür benötigten Rahmenbedingungen ansetzen.

Die auf Experteninterviews basierenden Fallstudien dienten vorrangig dem Ziel der Wissensgenerierung. Es bietet sich daher an, in der Zukunft eine repräsentative Überprüfung des gewonnen Wissens vorzunehmen.

Diese – aus theoretischer und praktischer Sicht relevanten – Forschungsmöglichkeiten sollten in Zukunft einer intensiven Betrachtung unterzogen werden, damit das wertorientierte Management noch stärker der Befriedigung längerfristig orientierter Eigenkapitalgeber dient. Einen relevanten Beitrag zu deren bestmöglicher Zufriedenstellung hat bereits die vorliegende Arbeit geleistet, da durch die entwickelten Gestaltungsempfehlungen bisher existierende Schwächen des Konzepts, welche aus der Einbeziehung der Eigenkapitalgeberansprüche über CAPM basierte Eigenkapitalkosten resultieren, künftig überwunden werden können.

Anhang

A) Weiterführende Tabelle:

Firma*	Ermittlung des Eigenkapitalkostensatzes**
adidas AG	Risikoloser Zinssatz, angemessene Risikoprämie und Betafaktor
Allianz SE	k.A.
BASF SE	CAPM
BAYER AG	"werden aus Kapitalmarktinformationen abgeleitet"
Beiersdorf AG	k.A.
BMW AG	CAPM
Commerzbank AG	k.A.
Daimler AG	CAPM
Deutsche Bank AG	k.A.
Deutsche Börse AG	Risikofreier Zinsfuß + Marktrisikoprämie x Beta
Deutsche Lufthansa AG	Risikofreier Zinsfuß + Marktrisikoprämie x Beta
Deutsche Post AG	CAPM
Deutsche Telekom AG	k.A.
E.ON AG	Risikofreier Zinsfuß + Marktrisikoprämie x Beta
Fresenius Medical Care AG & Co. KGaA	k.A.
Fresenius SE & Co. KGaA	k.A.
Heidelberg Cement AG	k.A.
Henkel AG & Co KGaA	Risikofreier Zinsfuß + Marktrisikoprämie x Beta
Infineon Technologies AG	k.A.
K+S AG	Risikofreier Zinsfuß + Marktrisikoprämie x Beta
Linde AG	k.A.
MAN SE	CAPM
Merck KGaA	k.A.
METRO AG	Zinssatz für risikofreie Anlagen + Marktrisikoprämie x Betafaktor (CAPM)
Münchener Rück AG	CAPM
RWE AG	Risikofreier Zinsfuß + Marktrisikoprämie x Beta
SAP AG	k.A.
Siemens AG	k.A.
ThyssenKrupp AG	Risikofreier Zinsfuß + Marktrisikoprämie x Beta
Volkswagen AG	CAPM

*Herangezogen wurden die jeweiligen Berichte über das Geschäftsjahr 2010 bzw. das letzte vor dem 31.12.2010 abgeschlossene Geschäftsjahr, sofern dieses ungleich dem Kalenderjahr war.

**Für die Suche verwendete Schlagworte: CAPM, Capital Asset Pricing Model, Eigenkapitalkosten, Kapitalkosten, capital costs, cost of capital.

Tabelle 11: Ermittlung der Eigenkapitalkostensätze bei den DAX 30-Unternehmen

B) Interviewleitfaden:

Fragen zum wertorientierten Verständnis innerhalb des Unternehmens:

1. Was verstehen Sie persönlich unter wertorientierter Unternehmensführung?
2. Entspricht dies dem Verständnis von wertorientierter Unternehmensführung in Ihrem Unternehmen?

Fragen zur wertorientierten Positionierung:

3. Wird Ihr Unternehmen in Ihren Augen wertorientiert geführt?
4. Steht irgendwo niedergeschrieben, dass ihr Unternehmen wertorientiert geführt wird?
5. Wird innerhalb des Unternehmens die Wertorientierung kommuniziert, so dass die Mitarbeiter (in Führungspositionen) darüber informiert sind?

Fragen zur Integration des Risikos in das wertorientierte Management:

Ziele, Planung und Entscheidung

6. An welchen Zielgrößen richten Sie Ihre Unternehmenssteuerung lang-, mittel- und kurzfristig aus?
7. Welche wertorientierten Ziele verfolgen Sie als oberste strategische Zielsetzung? Inwieweit integrieren Sie Risiken in diese Ziele?
8. Welche wertorientierte Zielgröße wird im Rahmen Ihrer Mittelfrist-Planung verfolgt?
9. Wie brechen Sie Ihre Zielgröße herunter? Wie operationalisieren Sie Ihre wertorientierten Zielgrößen? Welche Instrumente finden Anwendung? (z.B. Balanced Scorecard, Werttreiberbaum,...)
10. Nach welchen Kriterien werden Investitionsprojekte bei Ihnen ausgewählt?
11. Welche Rolle spielen bei Ihnen Kapitalkosten und wie berechnen Sie diese?
12. Wie berücksichtigen Sie die Risiken in der Planung?
13. Was sind in Ihren Augen die wesentlichen Risiken, auf die im Rahmen der Planung eingegangen werden muss?
14. Ergeben sich aus Leitlinien etc. Risiken betreffende Vorgaben für die Planung?
15. Gibt es eine Risikostrategie?
16. Werden zukünftige Risiken quantifiziert? Welche? Mit welchen Methoden?

17. Wie würden Sie eine stärkere Integration von Risiken in die Planung beurteilen und welche Probleme sehen Sie dabei?

Kontrolle

18. Welche Formen der Kontrolle-/Performance-Messung verfolgen Sie lang-, mittel- und kurzfristig?
19. Wie werden darin die Risiken berücksichtigt?
20. Welche Risiken werden berücksichtigt?
21. Werden die Veränderungen der Risiken adäquat berücksichtigt?
22. Wie würden Sie eine stärkere Integration von Risiken in die Kontrolle beurteilen und welche Probleme sehen Sie dabei?

Incentivierung

23. Welche wertorientierte Zielgröße wirkt sich wie auf die Vergütung von Führungskräften aus?
24. Wirken sich Änderungen der Risikosituation auf die Vergütung aus?
25. Wie würden Sie eine stärkere Integration von Risiken in die Incentivierung beurteilen und welche Probleme sehen Sie dabei?

Literaturverzeichnis

Aders, C./Hebertinger, M./Schaffer, C./Wiedemann, F. (2003):
Shareholder Value-Konzepte – Umsetzung bei den DAX 100-Unternehmen, in: Finanz Betrieb, 2003, Heft 11, S. 719-725.

Aichele, C. (2012):
Smart Energy – Von der reaktiven Kundenverwaltung zum proaktiven Kundenmanagement, Wiesbaden 2012.

Albach, H. (2001):
Shareholder Value und Unternehmenswert, in: Zeitschrift für Betriebswirtschaft, 2001, Heft 6, S. 643-674.

Albrecht, T. (1997):
Was wissen wir über die Höhe der Marktrisikoprämie bei Aktien?, in: Betriebswirtschaftliche Forschung und Praxis, 1997, Heft 5, S. 567-579.

Allianz (2009):
Allianz SE, Geschäftsbericht 2008, München 2009.

Amit, R./Wernerfelt, B. (1990):
Why Do Firms Reduce Business Risk?, in: The Academy of Management Journal, 1990, Heft 3, S. 520-533.

Anagnostopoulos, I./Buckland, R. (2007):
Bank accounting and bank value: harmonising (d)effects of a common accounting culture?, in: Journal of Financial Regulation and Compliance, 2007, Heft 4, S. 360-380.

Arbeitskreis Finanzierung (1996):
Wertorientierte Unternehmenssteuerung mit differenzierten Kapitalkosten, in: Zeitschrift für betriebswirtschaftliche Forschung, 1996, Heft 6, S. 543-578.

Arbeitskreis Internes Rechnungswesen (2010):
Vergleich von Praxiskonzepten zur wertorientierten Unternehmenssteuerung, in: Zeitschrift für betriebswirtschaftliche Forschung, 2010, Heft 11, S. 797-820.

Arnold, S./Lahmann, A./Schwetzler, B. (2011):
Multiples und Beta-Faktoren für deutsche Branchen, in: Corporate Finance biz, 2011, Heft 7, S. 430-434.

Attenweiler, W. J./Kardes, F. R. (2003):
Kahneman's Contributions and Their Continuing Impact, in: Kentucky Journal of Economics and Business, 2003, Heft 1, S. 61-66.

Aumann, R. J. (2008):
Rule-Rationality versus Act-Rationality, Discussion Paper 497, Center for the Study of Rationality, The Hebrew University of Jerusalem, Jerusalem 2008.

Baetge, J./Heumann, R. (2006):
Wertorientierte Berichterstattung, in: Der Betrieb, 2006, Heft 7, S. 345-350.

Balastèr, P/Elias, J. (2005):
Fünf Studien zum Thema „Strukturwandel und Strukturbrüche in der Schweiz“ – eine Übersicht, in: Die Volkswirtschaft, 2005, Heft 6, S. 4-6.

Baldvinsdottir, G./Mitchell, F./Nørreklit, H. (2010):
Issues in the relationship between theory and practice in management accounting, in: Management Accounting Research, 2010, Heft 2, S. 79-82.

Ball, S./Eckel, C. C./Heracleous, M (2010):
Risk aversion and physical prowess: Prediction, choice and bias, in: Journal of Risk and Uncertainty, 2010, Heft 3, S. 167-193.

Ballwieser, W. (1998):
Unternehmensbewertung mit Discounted Cash Flow-Verfahren, in: Die Wirtschaftsprüfung, 1998, Heft 3, S. 81-92.

Ballwieser, W. (2000):
Wertorientierte Unternehmensführung, in: Zeitschrift für betriebswirtschaftliche Forschung, 2000, Heft 3, S. 160-166.

Ballwieser, W. (2011):
Unternehmensbewertung – Prozeß, Methoden und Probleme, 3. Aufl., Stuttgart 2011.

Bamberg, G. (2007):
Entscheidungstheorie, normative, in: Köhler, R./Küpper, H.-U./Pfingsten, A. (Hrsg.), Handwörterbuch der Betriebswirtschaft, 6. Aufl., Stuttgart 2007, Sp. 383-394.

Barnard, C. I. (1938):
The Functions of the Executive, Cambridge/Massachusetts 1938.

Barrer, R. (2000):
Kreditgeschäft im Umbruch, in: Insolvenz- und Wirtschaftsrecht, 2000, Heft 3, S. 117-124.

Baum, H.-G./Coenenberg, A. G./Günther, T. (2004):
Strategisches Controlling, 3. Aufl., Stuttgart 2004.

Baums, T. (1996):
Aktienoptionen für Vorstandsmitglieder, Arbeitspapiere - Universität Osnabrück, Institut für Handels- und Wirtschaftsrecht, Nr. 80, Osnabrück 1996, http://www.jura.uni-frankfurt.de/ifawz1/baums/Bilder_und_Daten/Arbeitspapiere/a1296.pdf, letzter Abruf: 12.01.2012.

Bea, F. X./Haas, J. (2005):
Strategisches Management, 4. Aufl., Stuttgart 2005.

Beaver, W./Kettler, P./Scholes, M. (1970):
The Association Between Market Derived and Accounting Determined Risk Measures, in: Accounting Review, 1970, Heft 4, S. 654-682.

Beck, R. (2003):
Erfolg durch wertorientiertes Controlling, Berlin 2003.

Becker, H. (2012):
Investition und Finanzierung, 5. Aufl., Wiesbaden 2012.

Becker, J./Köster, C./Ribbert, M. (2005):
Geschäftsprozessorientiertes Risikomanagement – Eine Gestaltungsempfehlung im Rahmen aktueller Corporate Governance-Ansätze, in: Controlling, 2005, Heft 12, S. 709-718.

Becker, J./Pfeiffer, D. (2007):
Konzeptionelle Modellierung, in: Lehner, F./Zelewski, S. (Hrsg.), Wissenschaftstheoretische Fundierung und wissenschaftliche Orientierung in der Wirtschaftsinformatik, Berlin 2007, S. 1-17.

Becker, T. (2000):
Historische versus fundamentale Betafaktoren – Theoretische Grundlagen und empirische Ermittlungsverfahren, Stuttgart 2000.

Beehr, T./Glazer, S./Fischer, R./Hansen, C. (2009):
Antecedents for achievement of alignment in organizations, in: Journal of Occupational & Organizational Psychology, 2009, Heft 1, S. 1-20.

Behringer, S. (2011):
Konzerncontrolling, Berlin/Heidelberg 2011.

Benartzi, S./Thaler, R. H. (2000):
Myopic Loss Aversion and the Equity Premium Puzzle, in: Kahneman, D./Tversky, A. (Hrsg.), Choices, Values, and Frames, Cambridge/New York 2000, S. 301-316.

Benston, G. J./Smith, C. W. (1976):
A Transactions Cost Approach to the Theory of Financial Intermediation, in: The Journal of Finance, 1976, Heft 2, S. 215-231.

Benz, M./Sterchi, M. (2001):
Risikomanagement im öffentlichen Sektor, in: Die Volkswirtschaft, 2001, Heft 5, S. 44-49.

Berens, W./Dimke, M./Epstein, R./Wömpener, A. (2008):
Kapitalmarktorientierte Zielvorgaben im Rahmen der Mehrjahresplanung von Konzernführungsgesellschaften, in: Controlling, 2008, Heft 7, S. 349-355.

Berle, A. A./Means, G. C. (1968):
The Modern Corporation and Private Property, New York 1968.

Bernoulli, D. (1954):
Exposition of a New Theory on the Measurement of Risk, in: Econometrica, 1954, Heft 1, S. 23-36.

Bhimani, A. (2009):
Risk management, corporate governance and management accounting: Emerging interdependencies, in: Management Accounting Research, 2009, Heft 1, S. 2-5.

Bieri, B./Spremann, K. (2010):
Erklärt das Zyklusbeta Aktienrenditen?, in: Kredit und Kapital, 2010, Heft 1, S. 125-147.

Bilz, P. (2003):
Auswirkungen von Anreizsystemen im Wissensmanagement, in: Nohr, H./Roos, A. W. (Hrsg.), Customer Knowledge Management, Berlin 2003, S. 127-164.

Birnberg, J. (2009):
The Case for Post-Modern Management Accounting: Thinking Outside the Box, in: Journal of Management Accounting Research, 2009, Heft 1, S. 3-18.

Bitz, M. (1981):
Entscheidungstheorie, München 1981.

Black, F./Scholes, M. (1973):
The Pricing of Options and Corporate Liabilities, in: Journal of Political Economy, 1973, Heft 3, S. 637-654.

Bloss, M./Ernst, D./Häcker, J./Eil, N. (2009):
Von der Wall Street zur Main Street – Die Weltwirtschaft nach der Finanzkrise, München 2009.

Blum, U./Gleißner, W. (2006):
Risikomanagement als Werttreiber: Volks- und betriebswirtschaftliche Perspektive, in: Schweickart, N./Töpfer, A. (Hrsg.), Wertorientiertes Management, Berlin/Heidelberg/New York 2006, S. 157-178.

Blume, M. E. (1974):
Unbiased Estimators of Long-Run Expected Rates of Return, in: Journal of the American Statistical Association, 1974, Heft 347, S. 634-638.

Bogner, A./Menz, W. (2005):
Expertenwissen und Forschungspraxis: Die modernisierungstheoretische und die methodische Debatte um die Experten. Zur Einführung in ein unübersichtliches Problemfeld, in: Bogner, A./Littig, B./Menz, W. (Hrsg.), Das Experteninterview – Theorie, Methode, Anwendung, 2. Aufl., Wiesbaden 2005, S. 7-30.

Bogumil, J./Schmid, J. (2001):
Politik in Organisationen, Opladen 2001.

Börner, C. J./Bogendörfer, M. (2010):
Shareholder Value und Risikomanagement – Vereinbar in Theorie und Praxis?, in: Versicherungswirtschaft, Heft 21, S. 1561-1563.

Börsig, C. (2000):
Wertorientierte Unternehmensführung bei RWE, in: Zeitschrift für betriebswirtschaftliche Forschung, 2000, Heft 3, S. 167-175.

Borchardt, A./Göthlich, S. E. (2006):
Erkenntnisgewinn durch Fallstudien, in: Albers, S./Klapper, D./Konradt, U./Walter, A./Wolf, J. (Hrsg.), Methodik der empirischen Forschung, Wiesbaden 2006, S. 37-54.

Borchers, S. (2006):
Integriertes Wertmanagement im Bayer-Konzern, in: Wagenhofer, A. (Hrsg.), Controlling und IFRS-Rechnungslegung, Berlin 2006, S. 267-288.

Borchert, J./Goos, P./Strahler, B. (2004):
Forschungsansätze, in: Schumann, M. (Hrsg.), Arbeitsbericht Nr. 25/2004, Göttingen 2004, http://www2.as.wiwi.uni-goettingen.de/getfile?DateiID=512, letzter Abruf: 14.04.2011.

Boos, M. (1993):
Die Fallstudienmethodik, in: Becker, F. G./Martin, A. (Hrsg.), Empirische Personalforschung – Methoden und Beispiele, München/Mering 1993, S. 33-46.

Brachinger, H. W./Weber, M. (1997):
Risk as a primitive: A Survey of measures of perceived risk, in: Operations Research Spectrum, 1997, Heft 3, S. 235-260.

Bramsemann, U./Heineke, C. (2004):
Die Verwendung von Werttreiberhierarchien im Spannungsfeld zwischen operativer und strategischer Steuerung, in: Zeitschrift für Controlling & Management, 2004, Heft 1, S. 61-67.

Brandstätter, V./Frey, D. (2004):
Motivation zu Arbeit und Leistung, in: Schuler, H. (Hrsg.), Organisationspsychologie, Band 3, Göttingen/Bern/Toronto/Seattle 2004, S. 295-341.

Braun, H. (1984):
Risikomanagement – Eine spezifische Controllingaufgabe, Darmstadt 1984.

Brealey, R. A./Myers, S. C./Allen, F. (2008):
Principles of Corporate Finance, 9. Aufl., New York 2008.

Brunner, J. (1999):
Value-Based Performance Management – Wertsteigernde Unternehmensführung, Wiesbaden 1999.

Bühner, R. (1990):
Das Management-Wert-Konzept, Stuttgart 1990.

Bühner, R. (1993):
Shareholder Value, in: Die Betriebswirtschaft, 1993, Heft 6, S. 749-769.

Büschgen, H. E./Börner, C. J. (2003):
Bankbetriebslehre, 4. Aufl., Stuttgart 2003.

Bufka, J./Schiereck, D./Zinn, K. (1999):
Kapitalkostenbestimmung für diversifizierte Unternehmen, in: Zeitschrift für Betriebswirtschaft, 1999, Heft 1, S. 115-131.

Bungard, W./Schultz-Gambard, J. (1990):
Überlegungen zum Verhalten von Börsenakteuren aus kontrolltheoretischer Sicht, in: Maas, P./Weibler, J. (Hrsg.), Börse und Psychologie, Köln 1990, S. 140-161.

Burger, A./Buchhart, A. (2002):
Risiko-Controlling, Wien/München 2002.

Callsen-Bracker, H.-M./Hirth, H. (2009):
Risikomanagement und Kapitalmarkt, Berlin 2009.

Carroll, A. B. (1991):
The Pyramid of Corporate Social Responsibility: Toward the Moral Management of Organizational Stakeholders, in: Business Horizons, 1991, Heft 7/8, S. 39-48.

Casey, C./Loistl, O. (2008):
Risikoadjustierte Kapitalkosten und ihre empirische Ermittlung, in: Seicht, G. (Hrsg.), Jahrbuch für Controlling und Rechnungswesen, Wien 2008, S. 309-338.

Chatterjee, S./Lubatkin, M. H./Schulze, W. S. (1999):
Toward a Strategic Theory of Risk Premium: Moving beyond CAPM, in: Academy of Management Review, 1999, Heft 3, S. 556-567.

Chalmers, A. F. (2001):
Wege der Wissenschaft, 5. Aufl., Berlin/Heidelberg 2001.

Chmielewicz, K. (1994):
Forschungskonzeptionen der Wirtschaftswissenschaft, 3. Aufl., Stuttgart 1994.

Claus, J./Thomas, J. (2001):
Equity Premia as Low as Three Percent? Evidence from Analysts' Earnings Forecasts for Domestic and International Stock Markets, in: The Journal of Finance, 2001, Heft 5, S. 1629-1666.

Coenenberg, A. G./Salfeld, R. (2007):
Wertorientierte Unternehmensführung: Vom Strategieentwurf zur Implementierung, 2. Aufl., Stuttgart 2007.

Coenenberg, A. E./Schultze, W. (2007):
Akquisition und Unternehmensbewertung, in: Busse von Colbe, W./Coenenberg, A. G./Kajüter, P./Linnhoff, U./Pellens, B. (Hrsg.), Betriebswirtschaft für Führungskräfte, 3. Aufl., Stuttgart 2007, S. 339-370.

Coombs, C. H./Dawes, R. M./Tversky, A. (1975):
Mathematische Psychologie, Weinheim 1975.

Cooper, R./Kaplan, R. S. (1988):
Measure Costs Right: Make the Right Decisions, in: Harvard Business Review, 1988, Heft 5, S. 96-103.

Copeland, T./Koller, T./Murrin, J. (1998):
Unternehmenswert – Methoden und Strategien für eine wertorientierte Unternehmensführung, 2. Aufl., Frankfurt am Main/New York 1998.

Core, J. E./Guay, W. R./Larcker, D. F. (2003):
Executive Equity Compensation and Incentives: A Survey, in: Economic Policy Review, 2003, Heft 1, S. 27-50.

Crane, A./Matten, D. (2007):
Business Ethics – Managing Corporate Citizenship and Sustainability in the Age of Globalization, 2. Aufl., Oxford 2007.

Crasselt, N./Pellens, B./Schmidt, A. (2010):
Zusammenhang zwischen Wert- und Risikomanagement, in: Controlling, 2010, Heft 7, S. 405-410.

Curtis, C. E. (2009):
The New Risk Management Tool Kit, in: Securities Industry News, 2009, Heft 2, S. 7-11.

Damodaran, A. (2001):
Corporate Finance – Theory and Practice, 2. Aufl., New York/Chichester/Weinheim/Brisbane/Singapore/Toronto 2001.

Daske, H./Gebhardt, G. (2006):
Zukunftsorientierte Bestimmung von Risikoprämien und Eigenkapitalkosten für die Unternehmensbewertung, in: Zeitschrift für betriebswirtschaftliche Forschung, 2006, Heft 58, S. 530-551.

Decker, C. (2007):
Internationale Projektfinanzierung – Konzeption und Prüfung, Norderstedt 2007.

Deimel, K. (2002):
Shareholder Value-Konzept, Capital Asset Pricing Model und Kapitalwertmethode, in: Das Wirtschaftsstudium, 2002, Heft 1, S. 77-82.

Deimel, K. (2006):
Möglichkeiten und Grenzen des Wertmanagements durch Shared-Service-Center?, in: Keuper, F./Oecking, C. (Hrsg.), Corporate Shared Services, Wiesbaden 2006, S. 195-223.

Diederichs, M (2004):
Risikomanagement und Risikocontrolling, München 2004.

Diederichs, M./Form, S./Reichmann, T. (2004):
Standard zum Risikomanagement, in: Controlling, 2004, Heft 4/5, S. 189-198.

Dimitrakopoulos, D./Spahr, R. (2003):
Ablauf des Ratingverfahrens bei internationalen Ratingagenturen, in: Achleitner, A.-K./Everling, O. (Hrsg.), Rating Advisory, Wiesbaden 2003, S. 151-162.

Dinkelbach, W. (2002):
Nutzwertanalyse, in: Küpper, H.-U./Wagenhofer, A. (Hrsg.), Handwörterbuch Unternehmensrechnung und Controlling, 4. Aufl., Stuttgart 2002, S. 1312-1318.

Dörenbach, W. (1982):
Bounded Rationality: Problemlösung bei kognitiven Beschränkungen des Individuums und Komplexität der Umwelt, Frankfurt am Main 1982.

Drukarczyk, J./Schüler, A. (2009):
Unternehmensbewertung, 6. Aufl., München 2009.

Dörfler, H.-W. (1993):
Grundlagen der praktischen Gestaltung von Anreizsystemen zur Unternehmensführung, Frankfurt am Main 1993.

Dörschell, A./Franken, L./Schulte, J./Brütting, C. (2008):
Ableitung CAPM-basierter Risikozuschläge bei der Unternehmensbewertung – eine kritische Analyse ausgewählter Problemkreise im Rahmen von IDW S1 i. d. F. 2008, in: Die Wirtschaftsprüfung, 2008, Heft 25, S. 1152-1162.

Dul, J./Hak, T. (2008):
Case Study Methodology in Business Research, Oxford/Burlington 2008.

Easton, P./Taylor, G./Shroff, P./Sougiannis, T. (2002):
Using Forecasts of Earnings to Simultaneously Estimate Growth and the Rate of Return on Equity Investment, in: Journal of Accounting Research, 2002, Heft 3, S. 657-676.

Eayrs, W./Gleißner, W. (2006):
Bewertung auf unvollkommenen Kapitalmärkten – Risikodeckungsansatz, in: BewertungsPraktiker, 2006, Heft 4, S. 2-6.

Eberhart, A./Maxwell, W./Siddique, A. (2008):
A Reexamination of the Tradeoff between the Future Benefit and Risikiness of R&D Increases, in: Journal of Accounting Research, 2008, Heft 1, 27-52.

Ebers, M./Gotsch, W. (2006):
Institutionenökonomische Theorien der Organisation, in: Kieser, A./Ebers, M. (Hrsg.), Organisationstheorien, 6. Aufl., Stuttgart 2006, S. 247-308.

Eisenführ, F./Weber, M. (2003):
Rationales Entscheiden, 4. Aufl., Berlin/Heidelberg/New York 2003.

Eisenhardt, K. M. (1989):
Building Theories from Case Study Research, in: Academy of Management Review, 1989, Heft 4, S. 532-550.

Elschen, R. (1991):
Shareholder Value und Agency-Theorie – Anreiz- und Kontrollsysteme für Zielsetzungen der Anteilseigner, in: Betriebswirtschaftliche Forschung und Praxis, 1991, Heft 3, S. 209-220.

Engfer, H.-J. (1996):
Empirismus versus Rationalismus? – Kritik eines philosophiegeschichtlichen Schemas, Paderborn/München/Wien/Zürich 1996.

Erke, A./Bungard, W. (2006):
Erfahrungen mit Zielvereinbarungen bei Teilautonomer Gruppenarbeit – Ergebnisse einer Expertenbefragung, in: Zeitschrift für Arbeits- und Organisationspsychologie, 2006, Heft 3, S. 155-162.

Everling, O./Gleißner, W. (2008):
Rating und Bewertung von Beteiligungen, in: Gleißner, W./Schaller, A. (Hrsg.), Private Equity – Beurteilungs- und Bewertungsverfahren von Kapitalbeteiligungsgesellschaften, Weinheim 2008, S. 273-299.

Ewers, H. (2001):
Entwicklung, Zielsetzung und Aufbau von Stock Option-Plänen, in: Albach, H. (Hrsg.), Konzernmanagement, Wiesbaden 2001, S. 179-182.

Ewert, R./Wagenhofer, A. (2000):
Rechnungslegung und Kennzahlen für das wertorientierte Management, in: Wagenhofer, A./Hrebicek, G. (Hrsg.), Wertorientiertes Management, Stuttgart 2000, S. 3-64.

Ewert, R./Wagenhofer, A. (2008):
Interne Unternehmensrechnung, 7. Aufl., Berlin/Heidelberg 2008.

Fallgatter, M. J./Breitsohl, H. (2006):
Zur Diskussion um ausufernde Managervergütungen, Bergische Universität Wuppertal, Arbeitspapiere des Fachbereichs Wirtschafts- und Sozialwissenschaften, Nr. 207, Wuppertal 2006, http://elpub.bib.uni-wuppertal.de/servlets/DerivateServlet/Derivate-780/ab0604.pdf, letzter Abruf: 01.02.2012.

Fama, E./French, K. (1993):
Common risk factors in the returns on stocks and bonds, in: Journal of Financial Economics, 1993, Heft 1, S. 3-56.

Fama, E./French, K. (1996):
Multifactor Explanations of Asset Pricing Anomalies, in: The Journal of Finance, 1996, Heft 1, S. 55-84.

Fama, E. F./Jensen, M. C. (1983):
Separation of Ownership and Control, in: Journal of Law and Economics, 1983, Heft 2, S. 301-325.

Faust, M. (2002):
Bestimmung der Eigenkapitalkosten im Rahmen der wertorientierten Unternehmenssteuerung von Kreditinstituten, Marburg 2002.

Fenn, G. W./Post, M./Sharpe, S. A. (1997):
Does Corporate Risk Management Create Shareholder Value?, in: Jameson, R. (Hrsg.), Financial Risk and the Corporate Treasury, London 1997, S. 13-31.

Fiege, S. (2006):
Risikomanagement- und Überwachungssystem nach KonTraG – Prozess, Instrumente, Träger, Wiesbaden 2006.

Flick, Uwe (2009):
Qualitative Sozialforschung, 2. Aufl., Reinbeck bei Hamburg 2009.

Friedman, M./Savage, L. J. (1948):
The Utility Analysis of Choices Involving Risk, in: Journal of Political Economy, 1948, Heft 4, S. 279-304.

Franz, K.-P. (1978):
Zum Stand der Diskussion über die Kalkulatorischen Zinsen, in: Kostenrechnungspraxis, 1978, Heft 6, S, 261-266.

Franz, K.-P. (1992):
Ansatz kalkulatorischer Kosten, in: Männel, W. (Hrsg.), Handbuch Kostenrechnung, Wiesbaden 1992, S. 423-435.

Franz, K.-P. (2000):
Corporate Governance, in: Dörner, D. (Hrsg.), Praxis des Risikomanagements: Grundlagen, Kategorien, branchenspezifische und strukturelle Aspekte, Stuttgart 2000, S. 41-72.

Franz, K.-P. (2002):
Shareholder Value und Arbeitnehmerinteressen – kein unüberwindbarer Gegensatz, in: Kaiser, G. (Hrsg.), Jahrbuch der Heinrich-Heine-Universität Düsseldorf, Düsseldorf 2002, S. 363-373.

Franz, K.-P. (2004):
Werttreiberbäume und Balanced Scorecards – ein Vergleich, in: Bensberg, F./vom Brocke, J./Schultz, M. (Hrsg.), Trendberichte zum Controlling, Heidelberg 2004, S. 97-109.

Franz, K.-P./Hochstein, D. (2011):
Systeme und Prozess der Finanzplanung, in: Gleich, R./Horváth, P./Michel, U. (Hrsg.), Finanz-Controlling – Strategische und operative Steuerung der Liquidität, Freiburg 2011, S. 143-154.

Franz, K.-P./Kajüter, P. (2007):
Controlling, in: Busse von Colbe, W./Coenenberg, A. G./Kajüter, P./Linnhoff, U. (Hrsg.), Betriebswirtschaft für Führungskräfte, 3. Aufl., Stuttgart 2007, S. 457-480.

Franz, K.-P./Winkler, C. (2006a):
Unternehmenssteuerung und IFRS, München 2006.

Franz, K./Winkler, C. (2006b):
IFRS und wertorientiertes Controlling, in: Controlling, 2006, Heft 8/9, S. 417-423.

French, C. W. (2008):
Ancient Portfolio Theory, 2008, http://papers.ssrn.com/sol3/papers.cfm?abstract_id=1115866, letzter Abruf: 20.12.2011.

Fröhling, O. (2000):
Segmentbezogene Ermittlung von Kapitalkosten, in: Kostenrechnungspraxis, 2000, Heft 1, S. 49-57.

Gaenslen, P. (2008):
Erfassung von Risiken in der Unternehmensleitung, in: Zeitschrift für Corporate Governance, 2008, Heft 3, S. 111-117.

Gebhardt, G./Daske, H. (2004):
Zukunftsorientierte Bestimmung von Kapitalkosten für die Unternehmensbewertung, Johann Wolfgang Goethe-Universität, Working Paper Series: Finance & Accounting, Nr. 134, Frankfurt am Main 2004, http://www.finance.uni-frankfurt.de//wp/1223.pdf, letzter Abruf: 05.01.2012.

Gebhardt, W. R./Lee, C. M. C./Swaminathan, B. (2001):
Toward an Implied Cost of Capital, in: Journal of Accounting Research, 2001, Heft 1, S. 135-176.

Geginat, J./Morath, B./Wittmann, R./Knüsel, P. (2006):
Kapitalkosten als strategisches Entscheidungskriterium, Roland Berger Strategy Consultants 2006, http://www.rolandberger.ro/media/pdf/rb_press/RB_study_Kapitalkosten_D_20060301.pdf, letzter Abruf: 21.12.2011.

Gerrig, R. J./Zimbardo, Ph. G. (2008):
Psychologie, 18. Aufl., München/Boston/San Francisco 2008.

Giersch, C. (2009):
Risikoeinstellungen in internationalen Konflikten, Wiesbaden 2009.

Gigerenzer, G./Goldstein, D. (1996):
Reasoning the Fast and Frugal Way: Models of Bounded Rationality, in: Psychological Review, 1996, Heft 4, S. 650-669.

Gigerenzer, G. (2002):
The Adaptive Toolbox, in: Gigerenzer, G./Selten, R. (Hrsg.), Bounded Rationality, Cambridge/London 2002, S. 37-50.

Gläser, J./Laudel, G. (2010):
Experteninterviews und qualitative Inhaltsanalyse, 4. Aufl., Wiesbaden 2010.

Gleißner, H./Femerling, J. (2008):
Logistik, Wiesbaden 2008.

Gleißner, W. (2002):
Wertorientierte Analyse der Unternehmensplanung auf Basis des Risikomanagements, in: Finanz Betrieb, 2002, Heft 7/8, S. 417-427.

Gleißner, W. (2004):
Investitionsrechnung und Performance-Management – Risiken gezielt erfassen, in: Controlling and Finance, 2004, Heft 10, S. 2-4.

Gleißner, W. (2005):
Kapitalkosten – Der Schwachpunkt bei der Unternehmensbewertung und im wertorientierten Management, in: Finanz Betrieb, 2005, Heft 4, S. 217-229.

Gleißner, W. (2006a):
Notwendigkeit zukunftsorientierter und planungskonsistenter Kapitalkosten, in: Richter, H.-J. (Hrsg.), Globalisierung und Wirtschaftswachstum mittelständischer Unternehmen, Rostock 2006, S. 71-80.

Gleißner, W. (2006b):
Risikogerechte Kapitalkostensätze als Werttreiber bei Investitionen, in: Zeitschrift für Controlling und Innovationsmanagement, 2006, Heft 4, S. 54-60.

Gleißner, W. (2006c):
Simulationsverfahren in der Investitionsrechnung, in: Winter, P./Nietzel, V./Otte, M. (Hrsg.), Controlling im Wandel der Zeit, Lohmar 2006, S. 346-370.

Gleißner, W. (2008a):
Erwartungstreue Planung und Planungssicherheit – Mit einem Anwendungsbeispiel zur risikoorientierten Budgetierung, in: Controlling, 2008, Heft 2, S. 81-87.

Gleißner, W. (2008b):
Grundlagen des Risikomanagements im Unternehmen, München 2008.

Gleißner, W. (2011):
Risikomanagement: Datenprobleme und unsichere Wahrscheinlichkeitsverteilungen, in: Klein, A. (Hrsg.), Risikomanagement und Risiko-Controlling, Freiburg 2011, S. 205-222.

Gleißner, W./Meier, G. (2001):
Risiko-Management als integraler Bestandteil der wertorientieren Unternehmensführung, in: Gleißner, W./Meier, G. (Hrsg.), Wertorientiertes Risikomanagement für Industrie und Handel, Wiesbaden 2001, S. 53-62.

Gleißner, W./Romeike, F. (2008):
Integriertes Chancen- und Risikomanagement: Verknüpfung mit strategischer Planung, wertorientierter Unternehmenssteuerung und Controlling, in: Kalwait, R./Meyer, R./Romeike, F./Schellenberger, O./Erben, R. (Hrsg.), Risikomanagement in der Unternehmensführung – Wertgenerierung durch chancen- und kompetenzorientiertes Management, Weinheim 2008, S. 195-220.

Gleißner, W./Wolfrum, M. (2006):
Risk-Map und Risiko-Portfolio: Eine kritische Betrachtung, in: Zeitschrift für Versicherungswesen, 2006, Heft 5, S. 149-153.

Götze, U./Mikus, B. (2001):
Risikomanagement mit Instrumenten der strategischen Unternehmensführung, in: Götze, U./Henselmann, K./Mikus, B. (Hrsg.), Risikomanagement, Heidelberg 2001, S. 385-412.

Goldberg, J./von Nitzsch, R. (2000):
Behavioral Finance, 3. Aufl., München 2000.

Grochla, E. (1978):
Einführung in die Organisationstheorie, Stuttgart 1978.

Grochla, E. (1980):
Handwörterbuch der Organisation, 2. Aufl., Stuttgart 1980.

Gröger, H.-C. (2009):
Kapitalmarktorientierte Unternehmensbewertung, Wiesbaden 2009.

Groll, K.-H. (2003):
Kennzahlen für das wertorientierte Management, Wien 2003.

Günther, T. (1997):
Unternehmenswertorientiertes Controlling, München 1997.

Gummesson, E. (2000):
Qualitative Methods in Management Research, 2. Aufl., Thousand Oaks/London/New Delhi 2000.

Hachmeister, D. (2002):
Performancemaße, erfolgsorientierte, in: Küpper, H.-U./Wagenhofer, A. (Hrsg.), Handwörterbuch Unternehmensrechnung und Controlling, 4. Aufl., Stuttgart 2002, Sp. 1385-1395.

Hachmeister, D./Wiese, J. (2009):
Der Zinsfuß in der Unternehmensbewertung: Aktuelle Probleme und Rechtsprechung, in: Die Wirtschaftsprüfung, 2009, Heft 1, S. 54-65.

Hagenloch, T. (2009):
Einführung in die Betriebswirtschaftslehre, Norderstedt 2009.

Hagmann, S. (2011):
Cognitive Load bei Entscheidungsprozessen in Qualitätszirkeln, München/Mering 2011.

Hahn, D./Hintze, M. (2006):
Konzepte wertorientierter Unternehmensführung, in: Hahn, D./Taylor, B. (Hrsg.), Strategische Unternehmensplanung – Strategische Unternehmensführung, Berlin/Heidelberg 2006, S. 83-113.

Hahn, D./Hungenberg, H. (2001):
PuK – Wertorientierte Controllingkonzepte, 6. Aufl., Wiesbaden 2001.

Halinen, A./Törnroos, J.-Å. (2005):
Using Case Methods in the Study of Contemporary Business Networks, in: Journal of Business Research, 2005, Heft 4, S. 1285-1297.

Haller, M. (1986):
Risiko-Management – Eckpunkte eines integrierten Konzepts, in: Jacob, H./Müller, W. (Hrsg.), Risiko-Management, Wiesbaden 1986, S. 7-43.

Hamerle, A./Rösch, D. (1998):
Zum Einsatz fundamentaler Faktorenmodelle im Portfoliomanagement, in: Die Betriebswirtschaft, 1998, Heft 1, S. 38-48.

Happel, M. (2001):
Wertorientiertes Controlling in der Praxis, Lohmar 2001.

Harrigan, K. R. (1983):
Research Methodologies for Contingency Approaches to Business Strategy, in: Academy of Management Review, 1983, Heft 3, S. 398-405.

Hartwich, E. (2010):
Zielentfaltung (Policy Deployment) als Management-System, in: Schwaab, M.-O./Bergmann, G./Gairing, F./Kolb, M. (Hrsg.), Führen mit Zielen, Wiesbaden 2010, S. 181-195.

Haubrock, A./Öhlschlegel-Haubrock, S. (2009):
Personalmanagement, 2. Aufl., Stuttgart 2009.

Haucap, J. (2010):
Eingeschränkte Rationalität in der Wettbewerbsökonomie, Düsseldorf 2010.

Haunerdinger, M./Probst, H.-J. (2007):
Zukunftstrends der Unternehmensführung, in: ProFirma, 2007, Heft 10, S. 78-81.

Hebertinger, M./Schabel, M./Velthuis L. (2005):
Risikoangepasste oder risikofreie Kapitalkosten in Wertbeitragskonzepten, in: Finanz Betrieb, 2005, Heft 3, S. 159-166.

Hein, J. A. (2002):
Präferenzmessung von Anlegern, Frankfurt am Main 2002.

Helm, S./Günter, B. (2006):
Kundenwert – eine Einführung in die theoretischen und praktischen Herausforderungen der Bewertung von Kundenbeziehungen, in: Günter, B./Helm, S. (Hrsg.), Kundenwert, 3. Aufl., Wiesbaden 2006, S. 3-38.

Henselmann, K./Klein, M. (2010):
Monte-Carlo-Simulation in der Due Dilligence, in: M&A Review, 2010, Heft 7, S. 358-366.

Hering, T. (2006):
Unternehmensbewertung, 2. Aufl., München/Wien 2006.

Hess, T./Wohlgemuth, O./Schlembach, H.-G. (2001):
Bewertung von Unternehmensnetzwerken – Methodik und erste Erfahrungen aus einem Pilotprojekt, in: Zeitschrift Führung + Organisation, 2001, Heft 2, S. 68-74.

Hochstein, D./Penger, C. (2011):
Auswirkungen des BilMoG auf Kennzahlen der wertorientierten Steuerung, in: Controlling, 2011, Heft 2, S. 125-130.

Hoffmann, K. (1985):
Risk Management – Neue Wege der betrieblichen Risikopolitik, Köln 1985.

Hoffmeister, W. (2000):
Investitionsrechnung und Nutzwertanalyse, Stuttgart/Berlin/Köln 2000.

Hoitsch, H.-J./Winter, P. (2004a):
Ansätze zur ökonomischen Begründung der Vorteilhaftigkeit eines unternehmensgetragenen Risikomanagements in Industrieunternehmen, in: Zeitschrift für Planung & Organisation, 2004, Heft 2, S. 115-139.

Hoitsch, H.-J./Winter, P. (2004b):
Die Cash Flow at Risk-Methode als Instrument eines integriert-holistischen Risikomanagements, in: Zeitschrift für Controlling & Management, 2004, Heft 4, S. 235-246.

Hoitsch, H.-J./Winter, P./Baumann, N. (2006):
Risikocontrolling bei deutschen Kapitalgesellschaften, in: Controlling, 2006, Heft 2, S. 69-78.

Holtbrügge, D. (2007):
Personalmanagement, 3. Aufl., Berlin/Heidelberg 2007.

Holtmann, J. P. (2008):
Pfadabhängigkeit strategischer Entscheidungen, Köln 2008.

Holzheu, F. (1993):
Institutionalisierte Risikowahrnehmung. Eine ökonomische Perspektive, in: Bayerische Rück (Hrsg.), Risiko ist ein Konstrukt, Reihe: Gesellschaft und Unsicherheit, Band 2, München 1993, S. 263-291.

Holzheu, F./Wiedemann, P. M. (1993):
Perspektiven der Risikowahrnehmung, in: Bayerische Rück (Hrsg.), Risiko ist ein Konstrukt, Reihe: Gesellschaft und Unsicherheit, Band 2, München 1993, S. 9-19.

Hopwood, A. (1974):
Accounting and Human Behaviour, London 1974.

Hornung, K./Reichmann, T./Diederichs, M. (1999):
Risikomanagement – Teil I: Konzeptionelle Ansätze zur pragmatischen Realisierung gesetzlicher Anforderungen, in: Controlling, 1999, Heft 7, S. 317-325.

Hornung, K./Reichmann, T./Form, S. (2000):
Risikomanagement – Teil II: Wertorientierung und KonTraG als Determinanten des Risikomanagements der metallgesellschaft ag, in: Controlling, 2000, Heft 3, S. 153-161.

Horváth, P./Minning, F. (2001):
Wertorientiertes Management in Deutschland, Großbritannien, Italien und Frankreich: Eine empirische Analyse, in: Controlling, 2001, Heft 6, S. 273-282.

Huch, B./Tecklenburg, T. (2001):
Risikomanagement in der Bauwirtschaft, in: Götze, U./Henselmann, K./Mikus, B. (Hrsg.), Risikomanagement, Heidelberg 2001, S. 299-325.

Hume, D. (1967):
Eine Untersuchung über den menschlichen Verstand, Stuttgart 1967.

Hungenberg, H./Wulf, T. (2007):
Grundlagen der Unternehmensführung, 3. Aufl., Berlin/Heidelberg/New York 2007.

Jähnchen, S. (2009):
Kapitalkosten von Versicherungsunternehmen, Wiesbaden 2009.

James, H. S. (1999):
Owner as Manager, Extended Horizons and the Family Firm, in: International Journal of the Economics of Business, 1999, Heft 1, S. 41-55.

Johnson, H. (1999):
Determining Cost of Capital, Edinburgh/London 1999.

Jolayemi, J. K. (2009):
Policy deployment: A review and comparisons of two best practices models, in: Total Quality Management & Business Excellence, 2009, Heft 8, S. 877-902.

Jonas, M. (2009):
Unternehmensbewertung in der Krise, in: Finanz Betrieb, 2009, Heft 10, S. 541-546.

Jungermann, H./Pfister, H.-R./Fischer, K. (2005):
Die Psychologie der Entscheidung – Eine Einführung, 2. Aufl., München 2005.

Jungermann, H./Slovic, P. (1993):
Charakteristika individueller Risikowahrnehmung, in: Bayerische Rück (Hrsg.), Risiko ist ein Konstrukt, Reihe: Gesellschaft und Unsicherheit, Band 2, München 1993, S. 89-107.

Junginger, M. (2005):
Wertorientierte Steuerung von Risiken im Informationsmanagement, Wiesbaden 2005.

Kahle, E. (1997):
Betriebliche Entscheidungen, 4. Aufl., München 1997.

Kahneman, D. (2000):
Preface, in: Kahneman, D./Tversky, A. (Hrsg.), Choices, Values, and Frames, New York 2000, S. IX-XVII.

Kahneman, D./Tversky, A. (2000):
Choices, Values, and Frames, in: Kahneman, D./Tversky, A. (Hrsg.), Choices, Values, and Frames, New York 2000, S. 1-16.

Kajüter, P. (2000):
Proaktives Kostenmanagement – Konzeption und Realprofile, Wiesbaden 2000.

Kajüter, P. (2004):
Risikomanagement im Beteiligungscontrolling, in: Littkemann, J./Zündorf, H. (Hrsg.), Beteiligungscontrolling, Herne/Berlin 2004, S. 259-282.

Kajüter, P. (2005):
Zur Integration von Kostentreibern in Werttreiberhierarchien, in: Zeitschrift für Controlling & Management, 2005, Heft 5, S. 343-349.

Kajüter, P. (2007a):
Wertorientierte Unternehmensführung, in: Busse von Colbe, W./Coenenberg A. G./Kajüter, P./Linnhoff, U./Pellens, B. (Hrsg.), Betriebswirtschaft für Führungskräfte, 3. Aufl., Stuttgart 2007, S. 27-44.

Kajüter, P. (2007b):
Wertorientierte Performancemessung, in: Busse von Colbe, W./Coenenberg A. G./Kajüter, P./Linnhoff, U./Pellens, B. (Hrsg.), Betriebswirtschaft für Führungskräfte, 3. Aufl., Stuttgart 2007, S. 437-456.

Kaplan, R. S./Norton, D. P. (1997):
Balanced Scorecard, Stuttgart 1997.

Kaplan, R. S./Norton, D. P. (2007):
Using the Balanced Scorecard as a Strategic Management System, in: Harvard Business Review, 2007, Heft 7/8, S. 150-161.

Karrer, M. (2006):
Supply Chain Performance Management: Entwicklung und Ausgestaltung einer unternehmensübergreifenden Steuerungskonzeption, Wiesbaden 2006.

Kern, C./Mölls, S. H. (2010):
Ableitung CAPM-basierter Betafaktoren aus einer Peergroup-Analyse – eine kritische Betrachtung alternativer Verfahrensweisen, in: Corporate Finance biz, 2010, Heft 7, S. 440-448.

Klotmann, E. (2003):
Risikowahrnehmung – Analyse und Beurteilung von Einflussfaktoren, in: Haller, L. (Hrsg.), Risikowahrnehmung und Einschätzung, Hamburg 2003, S. 9-127.

KFW (2009):
Eigenkapital im Mittelstand und Finanzierung in der aktuellen Krise, in: KFW-Research Akzente Nr. 1, Frankfurt am Main 2009.

Kim, S. H./Kose, M. A. (2003):
Dynamics of Open-Economy Business-Cycle Models: Role of the Discount Factor, in: Macroeconomic Dynamics, 2003, Heft 7, S. 263-290.

Kirsch, W./Seidl, D./van Aaken, D. (2007):
Betriebswirtschaftliche Forschung – Wissenschaftstheoretische Grundlagen und Anwendungsorientierung, Stuttgart 2007.

Kloock, J./Coenen, M. (1996):
Cash-Flow-Return on Investment als Rentabilitätskennzahl aus externer Sicht, in: Das Wirtschaftsstudium, 1996, Heft 12, S. 1101-1107.

Knight, F. H. (1921):
Risk, Uncertainty and Profit, Boston/New York 1921.

Knoll, L./Vorndran, P./Zimmermann, S. (2006):
Risikoprämien bei Eigen- und Fremdkapital – vergleichbare Größen?, in: Finanz Betrieb, 2006, Heft 6, S. 380-384.

Knorren, N./Weber, J. (1996):
Implementierung Shareholder Value, Vallendar 1996.

Knüppel, M. (2007):
Bilanzierung von Verschmelzungen nach Handelsrecht, Steuerrecht und IFRS, Berlin 2007.

Koch, U. (2004):
Regelbasiertes Lernen in Organisationen, Mannheim 2004, https://ub-madoc.bib.uni-mannheim.de/1068/1/diss_Koch.pdf, letzter Abruf: 16.01.2011.

Körber, H.-J. (2006):
Wertorientierte Unternehmensführung in der METRO Group, in: Schweickart, N./Töpfer, A. (Hrsg.), Wertorientiertes Management, Berlin/Heidelberg/New York 2006, S. 205-213.

Koller, T./Goedhart, M./Wessels, D. (2010):
Valuation – Measuring and Managing the Value of Companies, 5. Aufl., Hoboken 2010.

Kopel, M./Riegler, C. (2006):
Performance-Messung in F&E, in: Bertl, R./Leitner, K.-H./Riegler, C. (Hrsg.), Forschung und Entwicklung – Steuerung Berichterstattung und Prüfung, Wien 2006, S. 85-105.

Kornetzki, T. (2007):
Wertorientierte Steuerung ausländischer Tochtergesellschaften, in: Controlling, 2007, Heft 12, S. 679-687.

Kornmeier, M. (2007):
Wissenschaftstheorie und wissenschaftliches Arbeiten – eine Einführung für Wirtschaftswissenschaftler, Heidelberg 2007.

Koß, T. (2007):
IT-Controlling, in: Steinle, C./Daum, A. (Hrsg.), Controlling, 4. Aufl., Stuttgart 2007, S. 825-850.

Kratz, N./Wangler, C. (2005):
Unternehmensbewertung bei nicht kapitalmarktorientierten Unternehmen: Das Problem der Ermittlung entscheidungsrelevanter Kapitalkosten, Finanz Betrieb, 2005, Heft 3, S. 169-176.

Krieg, W. (1978):
Risikobewältigung, in: Industrielle Organisation, 1978, Heft 12, S. 533-536.

Kröger, F. (2005):
EVA vernichtet Werte, in: Harvard Business Manager, 2005, Heft 8, S. 14-16.

Kromrey, H. (1991):
Empirische Sozialforschung – Modelle und Methoden der Datenerhebung und Auswertung, 5. Aufl., Opladen 1991.

Kruschwitz, L. (2001):
Risikoabschläge, Risikozuschläge und Risikoprämien in der Unternehmensbewertung, in: Der Betrieb, 2001, Heft 46, S. 2409-2413.

Kruschwitz, L./Löffler, A. (1997):
Ross' APT ist gescheitert. Was nun?, in: Zeitschrift für betriebswirtschaftliche Forschung, 1997, Heft 7/8, S. 644-651.

Kruschwitz, L./Löffler, A. (2008):
Kapitalkosten aus theoretischer und praktischer Perspektive, in: Die Wirtschaftsprüfung, 2008, Heft 17, S. 803-810.

Kruse, O. (2001):
Public private partnership in der kommunalen Gebäudewirtschaft, Marburg 2001.

Kubicek, H. (1975):
Empirische Organisationsforschung – Konzeption und Methodik, Stuttgart 1975.

Kubicek, H. (1977):
Heuristische Bezugsrahmen und heuristisch angelegte Forschungsdesigns als Elemente einer Konstruktionsstrategie empirischer Forschung, in: Köhler, R. (Hrsg.), Empirische und handlungstheoretische Forschungskonzeptionen in der Betriebswirtschaftslehre, Stuttgart 1977, S. 3-36.

Küng, H. (2010):
Anständig wirtschaften – Warum Ökonomie Moral braucht, München 2010.

Küpper, H.-U. (2005):
Controlling – Konzeption, Aufgaben, Instrumente, 4. Aufl., Stuttgart 2005.

Kürsten, W. (2002):
„Unternehmensbewertung unter Unsicherheit“, oder: Theoriedefizit einer künstlichen Diskussion über Sicherheitsäquivalent- und Risikozuschlagsmethode, in: Zeitschrift für betriebswirtschaftliche Forschung, 2002, Heft 8, S. 128-144.

Küting, K./Eidel, U. (1999):
Marktwertansatz contra Ertragswert- und Discounted Cash Flow-Verfahren, in: Finanz Betrieb, 1999, Heft 9, S. 225-231.

Kuhner, C. (2007):
Unternehmensbewertung: Tatsachenfrage oder Rechtsfrage?, in: Die Wirtschaftsprüfung 2007, S. 825-834.

Kunz, J./Quitmann, A. (2011):
Der Einfluss von Anreizsystemen auf die intrinsische Motivation, in: Zeitschrift für Personalforschung, 2011, Heft 1, S. 55-76.

Laas, T. (2004):
Steuerung internationaler Konzerne, Frankfurt am Main 2004.

Laier, R. (2011):
Value Reporting – Analyse von Relevanz und Qualität der wertorientierten Berichterstattung von DAX-30 Unternehmen, Wiesbaden 2011.

Langenheder, W. (1975):
Theorie menschlicher Entscheidungshandlungen, Stuttgart 1975.

Laux, H. (1999):
Anreiz und Kontrolle, 2. Aufl., Berlin/Heidelberg 1999.

Laux, H. (2005):
Entscheidungstheorie, 6. Aufl., Berlin/Heidelberg/New York 2005.

Lee, W. (1971):
Decision Theory and Human Behavior, New York/London/Sydney/Toronto 1971.

Leister, C./Chiappin, J. R. N. (2010):
Bounded and Adaptive Rationality, Decision Processes and Problem Solving in H. A. Simon, in: Cognitio-Estudos: Revista Eletrônica de Filosofia, 2010, Heft 1, S. 26-42, http://revistas.pucsp.br/index.php/cognitio/article/viewFile/2901/1885, letzter Abruf: 14.06.2011.

Levy, H. (1980):
The CAPM and beta in imperfect market – Beta becomes an imperfect measure of risk and CAPM becomes an imperfect formulation, in: The Journal of Portfolio Management, 1980, Heft 2, S. 5-11.

Lewis, T. G. (1995):
Steigerung des Unternehmenswertes – Total Value Management, 2. Aufl., Landsberg/Lech 1995.

Liebold, R./Trinczek, R. (2009):
Experteninterview, in: Kühl, S./Strodtholz, P./Taffertshofer, A. (Hrsg.), Handbuch Methoden der Organisationsforschung, Wiesbaden 2009.

Lillich, L. (1992):
Nutzwertverfahren, Heidelberg 1992.

Lintner, J. (1965):
Security Prices, Risk, and Maximal Gains from Diversification, in: The Journal of Finance, 1965, Heft 4, S. 587-615.

Litchfield, R. C. (2008):
Brainstorming Reconsidered: A Goal-Based View, in: Academy of Management Review, 2008, Heft 3, S. 649-668.

Locarek-Junge, H./Imberger, K. (2006):
Wertorientierte Anreizgestaltung: Ihre Umsetzung in der Praxis, in: Schweickart, N./Töpfer, A. (Hrsg.), Wertorientiertes Management, Berlin/Heidelberg/New York 2006, S. 535-560.

Löffler, H./Romeike, F. (2008):
Integrierte und wertorientierte Risikosteuerung und -finanzierung, in: Kalwait, R./Meyer, R./Romeike, F./Schellenberger, O./Erben, R. (Hrsg.), Risikomanagement in der Unternehmensführung – Wertgenerierung durch Chancen- und Kompetenzorientiertes Management, Weinheim 2008, S. 251-272.

Löw, K. (2008):
Typisierung, Messung und Bewertung von Risiken im Rahmen des Risikomanagements, Hamburg 2008.

Lubatkin, M. H./Schulze, W. S./McNulty, J. J./Yeh, T. D. (2003):
But will it raise my share price? New thoughts about an old question, in: Long Range Planning, 2003, Heft 1, S. 81-91.

Lück, W. (2001):
Der Umgang mit unternehmerischen Risiken durch ein Risikomanagementsystem und durch ein Überwachungssystem – Anforderungen durch das KonTraG und Umsetzung in der betrieblichen Praxis, in: Lück, W. (Hrsg.), Risikomanagementsystem und Überwachungssystem, 2. Aufl., München 2001, S. 51-76.

Maas, P./Weibler, J. (1990):
Wahrnehmungs- und Informationsverarbeitungsprozesse an der Börse, in: Maas, P./Weibler, J. (Hrsg.), Börse und Psychologie, Köln 1990, S. 72-101.

Madrian, J./Auerbach, J. (2009):
Zum Risikokalkül in der Unternehmensbewertung, in: Littkemann, J. (Hrsg.), Beteiligungscontrolling, 2. Aufl., Herne/Berlin 2009, S. 77-106.

Männel, W. (2001):
Der Cash Flow Return on Investment (CFROI) als Instrument des wertorientierten Controlling, in: KostenRechnungsPraxis, 2001, Sonderheft 1, S. 39-51.

Männel, W. (2006):
Wertorientiertes Controlling, Lauf an der Pegnitz 2006.

Mag, W. (1999):
Planung und Kontrolle, in: Vahlens Kompendium der Betriebswirtschaftslehre – Band 2, Benz, M./Dellmann, K./Domsch, M./Wagner, F. W. (Hrsg.), 4. Aufl., München 1999, S. 1-63.

March, J. G./Simon, H. A. (1958):
Organizations, New York/London/Sydney 1958.

March, J. G./Simon, H. A. (1976):
Organisation und Individuum – Menschliches Verhalten in Organisationen, Wiesbaden 1976.

Markowitz, H. (1952):
Portfolio Selection, in: The Journal of Finance, 1952, Heft 1, S. 77-91.

Markowitz, H. (1991):
Portfolio Selection – Efficient Diversification of Investments, 2. Aufl., Malden/Oxford 1991.

Marten, K.-U./Quick, R./Ruhnke, K. (2007):
Wirtschaftsprüfung, 3. Aufl., Stuttgart 2007.

Martin, T. A./Bär, T. (2002):
Grundzüge des Risikomanagements nach KonTraG, München 2002.

Matzke, C. (2009):
Bounded Rationality, Heterogeneity and Learning, Bonn 2009, http://hss.ulb.uni-bonn.de/2009/1823/1823.htm, letzter Abruf: 01.03.2011.

Mayring, P. (1993):
Einführung in die qualitative Sozialforschung, 2. Aufl., Weinheim 1993.

Mayring, P. (2010):
Qualitative Inhaltsanalyse, Weinheim/Basel 2010.

Mazanek, L. (2006):
Der Einfluss von Emotionen auf das individuelle Entscheidungsverhalten privater Anleger, Düsseldorf 2006.

McNulty, J. J./Yeh, T. D./Schulze, W. S./Lubatkin, M. H. (2002):
What's Your Real Cost of Capital, in: Harvard Business Review, 2002, Heft 10, S. 114-121.

Meierbeck, R. (2010):
Strategisches Risikomanagement der Beschaffung, Köln 2010.

Mensch, G. (1991):
Risiko und Unternehmensführung: eine systemorientierte Konzeption zum Risikomanagement, Frankfurt am Main/Bern/New York et al. 1991.

Meredith, J. (1998):
Building operations management theory through case and field research, in: Journal of Operations Management, 1998, Heft 4, S. 441-454.

Merkl-Davies, D. M./Brennan, N. M. (2011):
A conceptual framework of impression management: new insights from psychology, sociology and critical perspectives, in: Accounting and Business Research, 2011, Heft 5, S. 415-437.

Metz, V. (2007):
Der Kapitalisierungszinssatz bei der Unternehmensbewertung, Wiesbaden 2007.

Metzger, D. (2008):
Die Aggregation von Risiken bei der SAP AG, in: Deutsche Gesellschaft für Risikomanagement e.V. (Hrsg.), Risikoaggregation in der Praxis, Berlin/Heidelberg 2008, S. 51-76.

Meuser, M./Nagel, U. (2005):
ExpertInneninterviews – vielfach erprobt, wenig bedacht, in: Bogner, A./Littig, B./Menz, W. (Hrsg.), Das Experteninterview – Theorie, Methode, Anwendung, 2. Aufl., Wiesbaden 2005, S. 71-93.

Meyer, H. (2006):
Wertsteigerung durch Neuausrichtung der Heidelberger Druckmaschinen AG, in: Schweickart, N./Töpfer, A. (Hrsg.), Wertorientiertes Management, Berlin/Heidelberg/New York 2006, S. 649-658.

Meyer, R. (2008):
Die Entwicklung des betriebswirtschaftlichen Risiko- und Chancenmanagements, in: Kalwait, R./Meyer, R./Romeike, F./Schellenberger, O./Erben, R. (Hrsg.), Risikomanagement in der Unternehmensführung – Wertgenerierung durch chancen- und kompetenzorientiertes Management, Weinheim 2008, S. 23-60.

Michel, U. (1996):
Wertorientiertes Management strategischer Allianzen, München 1996.

Mikes, A. (2011):
From counting risk to making risk count: Boundary-work in risk management, in: Accounting, Organizations and Society, 2011, Heft 4-5, S. 226-245.

Miles, J. A./Ezzell, J. R. (1980):
The Weighted Average Cost of Capital, Perfect Capital Markets, and Project Life: A Clarification, in: Journal of Financial and Quantitative Analysis, 1980, Heft 3, S. 719-730.

Mikus, B. (2001):
Risiken und Risikomanagement – ein Überblick, in: Götze, U./Henselmann, K./Mikus, B. (Hrsg.), Risikomanagement – Beiträge zur Unternehmensplanung, Heidelberg 2001, S. 3-28.

Mindermann, T. (2010):
§ 248 HGB Bilanzierungsverbote und -wahlrechte, in: Petersen, K./Zwirner, C./Brösel, G. (Hrsg.), Systematischer Praxiskommentar Bilanzrecht, Köln 2010, S. 165-173.

Modigliani, F./Miller, M. H. (1958):
The Cost of Capital, Corporation Finance and the Theory of Investment, in: The American Review, 1958, Heft 3, S. 261-297.

Mölls, S. H./Kern, C./Krag, J. (2008):
Alternative Kapitalkosten- und Risikoauflösungskonzepte in der Unternehmensbewertung, in: Finanz Betrieb, 2008, Heft 1, S. 38-47.

Mossin, J. (1966):
Equilibrium in a Capital Asset Market, in: Econometrica, 1966, Heft 4, S. 768-783.

Moxter, A. (1983):
Grundsätze ordnungsmäßiger Unternehmensbewertung, 2. Aufl., Wiesbaden 1983.

Muche, T. (2008):
Unternehmens- und Investitionsbewertung mit durchschnittlichen Kapitalkosten unter Berücksichtigung von persönlichen Steuern und Verlusten, in: Die Betriebswirtschaft, 2008, Heft 1, S. 67-84.

Müller, G./Hirsch, B. (2005):
Die Wertorientierung in der Unternehmenssteuerung – Status quo und Perspektiven, in: Zeitschrift für Controlling & Management, 2005, Heft 1, S. 83-87.

Müller, S./Kornmeier, M. (2002):
Strategisches Internationales Management – Internationalisierung der Unternehmenstätigkeit, München 2002.

Müller, W. (1993):
Risiko und Ungewissheit, in: Wittmann, W./Kern, W./Köhler, R./Küpper, H.-U./von Wysocki, K. (Hrsg.), Handwörterbuch der Betriebswirtschaft, Band 3, 5. Aufl., Stuttgart 1993, Sp. 3813-3814.

Müller-Stewens, G./Lechner, C. (2011):
Strategisches Management, 4. Aufl., Stuttgart 2011.

Nachmias, D./Nachmias, C. (1976):
Research Methods in the Social Sciences, New York 1976.

Neher, H. (2010):
Führen mit Zielen – eine integrierte Strategie in einem lernenden Unternehmen, in: Schwaab, M.-O./Bergmann, G./Gairing, F./Kolb, M. (Hrsg.), Führen mit Zielen, Wiesbaden 2010, S. 197-210.

Nielsen, L. T. (1990):
Existence of Equilibrium in CAPM, in: Journal of Economic Theory, 1990, Heft 1, S. 223-231.

Nöll, B./Wiedemann, A. (2008):
Investitionsrechnung unter Unsicherheit – Rendite-/Risikoanalyse von Investitionen im Kontext einer wertorientierten Unternehmensführung, München 2008.

Obermaier, R. (2008):
Die kapitalmarktorientierte Bestimmung des Basiszinssatzes für die Unternehmensbewertung: the Good, the Bad and the Ugly, in: Finanz Betrieb, 2008, Heft 7-8, S. 493-507.

Oehler, A. (1992):
„Anomalien“, „Irrationalitäten“ oder „Biases“ der Erwartungsnutzentheorie und ihre Relevanz für Finanzmärkte, in: Zeitschrift für Bankrecht und Bankwirtschaft, 1992, Heft 2, S. 97-124.

Ossadnik, W. (2008):
Planung und Entscheidung, in: Corsten, H./Reiß, M. (Hrsg.), Betriebswirtschaftslehre – Band 2, 4. Aufl., München 2008, S. 1-80.

Pankoke, T./Petersmeier, K. (2009):
Der Zinssatz in der Unternehmensbewertung, in: Schacht, U./Fackler, M. (Hrsg.), Praxishandbuch Unternehmensbewertung, 2. Aufl., Wiesbaden 2009, S. 107-137.

Pape, U. (2003):
Wertorientierte Unternehmensführung und Controlling, 3. Aufl., Sternenfels 2003.

Perridon, L./Steiner, M. (2007):
Finanzwirtschaft der Unternehmung, 14. Aufl., München 2007.

Picot, A./Reichwald, R./Wigand, R. T. (2003):
Die grenzenlose Unternehmung: Information, Organisation und Management, 5. Aufl., Wiesbaden 2003.

Pfaff, D. (2004):
Performancemessung und Vertragsfunktion – Zu Bedeutung und Eigenschaften von Performancemaßen bei vermögensbeschränkten Managern, in: Ballwieser, W. (Hrsg.), Shareholder Value-Orientierung bei Unternehmenssteuerung, Anreizgestaltung, Leistungsmessung und Rechnungslegung, Zeitschrift für betriebswirtschaftliche Forschung, 2004, Sonderheft 51, S. 1-25.

Pfaff, D./Bärtl, O. (1999):
Wertorientierte Unternehmenssteuerung – Ein kritischer Vergleich ausgewählter Konzepte, in: Gebhardt, G./Pellens, B. (Hrsg.), Rechnungswesen und Kapitalmarkt, Zeitschrift für betriebswirtschaftliche Forschung, 1999, Sonderheft 41, S. 85-115.

Pfister, H.-R./Böhm, G. (2005):
Risikowahrnehmung, in: Frey, D./von Rosenstiel, L./Graf Hoyos, C. (Hrsg.), Angewandte Psychologie (Band 2): Wirtschaftspsychologie, Weinheim 2005, S. 310-315.

Plaschke, F. J. (2003):
Wertorientierte Management-Incentivesysteme auf Basis interner Wertkennzahlen, Wiesbaden 2003.

Pflüger, J./Pongratz, H. J./Trinczek (2010):
Fallstudien in der deutschen Arbeits- und Industriesoziologie, Pongratz, H. J./Trinczek, R. (Hrsg.), Industriesoziologische Fallstudien, Berlin 2010, S. 23-70.

Pölert, A. (2007):
Aktionärsorientierte Unternehmensführung, Wiesbaden 2007.

Popper, K. R. (1971):
Logik der Forschung, 4. Aufl., Tübingen 1971.

Popper, K. R. (1972):
Die Zielsetzung der Erfahrungswissenschaft, in: Albert, H. (Hrsg.), Theorie und Realität, 2. Aufl., Tübingen 1972, S. 29-41.

Popper, K. R. (1974):
Objektive Erkenntnis, 2. Aufl., Hamburg 1974.

Popper, K. R. (1994):
Die beiden Grundprobleme der Erkenntnistheorie – Aufgrund von Manuskripten aus den Jahren 1930-1933, 2. Aufl., Tübingen 1994.

Pratt, S. P./Grabowski, R. J. (2008):
Cost of Capital – Applications and Examples, 3. Aufl., Hoboken/New Jersey 2008.

Pressman, S. (2006):
Kahneman, Tversky, and Institutional Economics, in: Journal of Economic Issues, 2006, Heft 2, S. 501-506.

Przyborski, A./Wohlrab-Sahr, M. (2009):
Qualitative Sozialforschung, 2. Aufl., München 2009.

Raab, G. (2006):
Ist der Homo oeconomicus noch zu retten? – Das Bild vom Menschen in der Behavioral Finance, in: von Nell, V./Kufeld, K. (Hrsg.), Homo oeconomics: Ein neues Leitbild in der globalisierten Welt, Berlin 2006, S. 107-124.

Raab, G./Unger, A./Unger, F. (2010):
Marktpsychologie, 3. Aufl., Wiesbaden 2010.

Raffée, H. (1993):
Gegenstand, Methoden und Konzepte der Betriebswirtschaftslehre, in: Bitz, M./Dellmann, K./Domsch, M./Egner, H. (Hrsg.), Vahlens Kompendium der Betriebswirtschaftslehre Band I, 3. Aufl., München 1993.

Rappaport, A. (1999):
Shareholder Value, 2. Aufl., Stuttgart 1999.

Rappaport, A. (2006):
10 Ways to Create Shareholder Value, in: Harvard Business Review, 2006, Heft 9, S. 66-77.

Rappaport, A. (2011):
Saving Capitalism from Short-Termism, New York/Chicago/San Francisco et al. 2011.

Reese, R. (2007):
Schätzung von Eigenkapitalkosten für die Unternehmensbewertung, Frankfurt am Main 2007.

Regierungskommission Deutscher Corporate Governance Kodex (2010):
Deutscher Corporate Governance Kodex, 2010, http://www.corporate-governance-code.de/ger/download/kodex_2010/D_CorGov_Endfassung_Mai_2010.pdf, letzter Abruf: 11.04.2011.

Reimann, B. C. (1988):
Managing for the Shareholders: An Overview of Value-based Planning, in: Planning Review, 1988, Heft 1, S. 10-22.

Reimund, C. (2003):
Liquiditätshaltung und Unternehmenswert – Erklärungsansätze, Modelle und empirische Untersuchung deutscher börsennotierter Unternehmen, Wiesbaden 2003.

Richter, F./Honold, D. (2000):
Das Schöne, das Unattraktive und das Hässliche an EVA & Co, in: Finanz Betrieb, 2000, Heft 5, S. 265-274.

Röder, K./Müller, S. (2001):
Mehrperiodige Anwendung des CAPM im Rahmen von DCF-Verfahren, in: Finanz Betrieb, 2001, Heft 4, S. 225-233.

Rogers, J. (2002):
Strategy, Value and Risk – The Real Options Approach, Houndsmill/Basingstoke/Hampshire et al. 2002.

Roll, R. (1977):
A Critique of the Asset Pricing Theory's Tests, 1977, Heft 2, S. 129-176.

Romeike, F. (2002):
Risiko-Management als Grundlage einer wertorientierten Unternehmenssteuerung, in: Rating aktuell, 2002, Heft 2, S. 12-17.

Rosenthal, G. (2008):
Interpretative Sozialforschung, 2. Aufl., Weinheim/München 2008.

Ross, S. A. (1976):
The Arbitrage Theory of Capital Pricing, in: Journal of Economic Theory, 1976, Heft 3, S. 341-360.

Roßbach, P. (2001):
Behavioral Finance – Eine Alternative zur vorherrschenden Kapitalmarkttheorie?, Working Paper Nr. 31 der Hochschule für Bankwirtschaft, Frankfurt am Main 2001.

Roth, G. (2009):
Persönlichkeit, Entscheidung und Verhalten, 5. Aufl., Frankfurt am Main 2009.

Rudolf, M. (2007):
Kapitalmarkttheorie, in: Köhler, R./Küpper, H.-U./Pfingsten, A. (Hrsg.), Handwörterbuch der Betriebswirtschaft, 6. Aufl., Stuttgart 2007, S. 876-886.

Rudolph, B. (1986):
Neuere Kapitalkostenkonzepte auf der Grundlage der Kapitalmarkttheorie, in: Zeitschrift für betriebswirtschaftliche Forschung, 1986, Heft 10, S. 892-899.

Rühle, R. (1976):
Der Kritische Rationalismus und seine Hegelkritik, Erlangen 1976.

RWE (2011):
RWE AG, Geschäftsbericht 2010, Essen 2011.

Sach, A. (1995):
Kapitalkosten der Unternehmung und ihre Einflussfaktoren, Aachen 1995.

Sauerwein, E. (1994):
Strategisches Risiko-Management in der bundesdeutschen Industrie, Frankfurt 1994.

Schär, J. F. (1911):
Allgemeine Handelsbetriebslehre, Leipzig 1911.

Schanz, G. (1988):
Methodologie für Betriebswirte, 2. Aufl., Stuttgart 1988.

Schanz, G. (1990):
Die Betriebswirtschaftslehre als Gegenstand kritisch-konstruktiver Betrachtung, Stuttgart 1990.

Scheuch, E. (1967):
Das Interview in der Sozialforschung, in: König, R. (Hrsg.), Handbuch der empirischen Sozialforschung, Band 1, Stuttgart 1967, S. 136-196.

Schierenbeck, H./Lister, M. (2001):
Value Controlling – Grundlagen wertorientierter Unternehmensführung, München 2001.

Schira, J. (2009):
Statistische Methoden der VWL und BWL, 3. Aufl., München 2009.

Schlecker, M. (2009):
Credit Spreads – Einflussfaktoren, Berechnung und langfristige Gleichgewichtsmodellierung, Köln 2009.

Schmalenbach, E. (1911):
Die Privatwirtschaftslehre als Kunstlehre, in: Zeitschrift für handelswissenschaftliche Forschung, 1911, Heft 12, S. 304-316.

Schmid, B. (2000):
Was ist neu an der digitalen Ökonomie?, St. Gallen 2000, www.alexandria.unisg.ch/export/DL/10327.pdf, letzter Abruf: 05.03.2012.

Schmidbauer, R. (1999):
Vergleich der wertorientierten Steuerungskonzepte im Hinblick auf die Anwendbarkeit im Konzern-Controlling, in: Finanz Betrieb, 1999, Heft 11, S. 365-377.

Schmidbauer, R. (2000):
Risikomanagement im Kontext wertorientierter Unternehmensführung, in: Der Betrieb, 2000, Heft 4, S. 153-164.

Schmidt, A. (1999):
Motivation und Unternehmenssteuerung, in: Bühler, W./Siegert, T. (Hrsg.), Unternehmenssteuerung und Anreizsysteme, Stuttgart 1999, S. 3-15.

Schmidt, J. (2004):
Anlageentscheidungen am Aktienmarkt – Eine experimentelle Analyse der Informations- und Entscheidungsprozesse individueller Anleger, Frankfurt am Main 2004.

Schmidt, M. (1996):
Rationalität und Theoriebildung, Amsterdam/Atlanta 1996.

Schneider, D. (1963):
Bilanzgewinn und ökonomische Theorie, in: Zeitschrift für handelswissenschaftliche Forschung, 1963, Heft 8/9, S. 457-474.

Schneider, D. (1966):
Dynamische Bilanzauffassung und ökonomischer Gewinnbegriff, in: Zeitschrift für betriebswirtschaftliche Forschung, 1966, Heft 7, S. 571-575.

Schneider, D. (1983):
Marketing als Wirtschaftswissenschaft oder Geburt einer Marketingwissenschaft aus dem Geiste des Unternehmensversagens?, in: Zeitschrift für betriebswirtschaftliche Forschung, 1983, Heft 11/12, S. 197-223.

Schneller, T./Schwendener, P./Elsaesser, P. (2010):
Risiken von Aktienanlagen – Bestimmung der Marktrisikoprämie, in: Der Schweizer Treuhänder, 2010, Heft 10, S. 658-665.

Schnorrenberg, T. (2008):
Investor Relations Management, Wiesbaden 2008.

Schradin, H. R. (2007):
Risikomanagement, in: Köhler, R./Küpper, H.-U./Pfingsten, A. (Hrsg.), Handwörterbuch der Betriebswirtschaft, Stuttgart 2007, S. 1584-1592.

Schuhmacher, F./Geschwill, R. (2009):
Employer Branding – Human Resources Management für die Unternehmensführung, Wiesbaden 2009.

Schultze, W. (2003):
Methoden der Unternehmensbewertung – Gemeinsamkeiten, Unterschiede, Perspektiven, 2. Aufl., Düsseldorf 2003.

Schultze, W./Steeger, L./Schabert, B. (2009):
Wertorientierte Berichterstattung (Value Reporting), in: Controlling, 2009, Heft 1, S. 13-22.

Schulze, R./Holling, H. (2004):
Strategien und Methoden der Versuchsplanung und Datenerhebung in der Organisationspsychologie, in: Schuler, H. (Hrsg.), Organisationspsychologie, Band 3, Göttingen/Bern/Toronto et al. 2004, S. 131-179.

Schulz-Hardt, St./Vogelgesang, F./Mojzisch, A. (2007):
Finanzpsychologie, in: Moser, K. (Hrsg.), Wirtschaftspsychologie, Heidelberg 2007.

Schwetzler, B. (2000):
Kapitalkosten, in: Fischer, T. (Hrsg.), Kosten-Controlling – Neue Methoden und Inhalte, Stuttgart 2000, S. 79-107.

Sharma, A. K./Kumar, S. (2010):
Economic Value Added (EVA) – Literature Review and Relevant Issues, in: International Journal of Economics and Finance, 2010, Heft 2, 200-220.

Sharpe, W. (1964):
Capital Asset Prices – A Theory of Market Equilibrium under Conditions of Risk, in: The Journal of Finance, 1964, Heft 3, S. 425-442.

Shefrin, H./Statman, M. (2003):
The Contributions of Daniel Kahnemann and Amos Tversky, in: The Journal of Behavioral Finance, 2003, Heft 2, S. 54-58.

Sibony, O./Smit, S. (2010):
Putting behavioral economics to work, in: McKinsey Quarterly, 2010, Heft 2, S. 7.

Sieben, G. (1995):
Unternehmensbewertung: Discounted Cash Flow-Verfahren und Ertragswertverfahren – Zwei völlig unterschiedliche Ansätze?, in: Lanfermann, J. (Hrsg.), Internationale Wirtschaftsprüfung, Düsseldorf 1995, S. 713-737.

Siegert, T. (1999):
Humankapital: Erfolgsmessung und Partizipation, in: Bühler, W./Siegert, T. (Hrsg.), Unternehmenssteuerung und Anreizsysteme, Stuttgart 1999, S. 17-46.

Simon, H. A. (1986):
Alternative visions of rationality, in: Arkes, H. R./Hammond, K. R. (Hrsg.), Judgment and decision making: An interdisciplinary reader, Cambridge/London/New York et al. 1986, S. 97-113.

Simon, H. A. (1992):
Rational Choice and the Structure of the Environment, in: Simon, H. A. (Hrsg.), Economics, Bounded Rationality and the Cognitive Revolution, Cheltenham 1992, S. 39-54.

Simon, H. A. (1993):
Homo rationalis – Die Vernunft im menschlichen Leben, Frankfurt am Main 1993.

Simon, H. A. (1997):
Administrative Behavior, 4. Aufl., New York 1997.

Simon, H. A./Newell, A./Shaw, J. C. (1989):
Elements of a Theory of Human Problem Solving, in: Simon, H. A. (Hrsg.), Models of Thought, Volume II, New Haven/London 1989, S. 6-19.

Smithson, C./Associates, R./Simkins, B. J. (2005):
Does Risk Management Add Value? A Survey of the Evidence, in: Journal of Applied Corporate Finance, 2005, Heft 3, S. 8-17.

Solso, R. L. (2005):
Kognitive Psychologie, Heidelberg 2005.

Specht, K./Gohout, W. (2009):
Grundlagen der Kapitalmarkttheorie und des Portfoliomanagements, München 2009.

Steiner, M./Bruns, C. (2007):
Wertpapiermanagement, 9. Aufl., Stuttgart 2007.

Steinle, C./Krummaker, S./Lehmann, G. (2007):
Bestimmung von Kapitalkosten in diversifizierten Unternehmungen: Verfahrensvergleiche und Anwendungsempfehlungen, in: Zeitschrift für Controlling & Management, 2007, Heft 3, S. 204-218.

Stern, J. M. (1994):
EVA-Roundtable, in: Journal of Applied Corporate Finance, 1994, Heft 2, S. 46-70.

Sterzenbach, S. (2008):
Shared Service Center-Controlling – Theoretische Ausgestaltung und empirische Befunde in deutschen Unternehmen, Frankfurt am Main 2008.

Stewart, G. B. (1991):
The Quest for Value, New York 1991.

Stewart, G. B. (1994):
EVA™: Fact and Fantasy, in: Journal of Applied Corporate Finance, 1994, Heft 2, S. 71-84.

Stewart, G. B. (1995):
EVA works – But not if you make these common mistakes, in: Fortune, 1995, Heft 8, S. 117-118.

Strauss, A. L./Corbin, J. (1990):
Basics of Qualitative Research, London/Thousand Oaks/New Delhi 1990.

Stührenberg, L./Streich, D./Henke, J. (2003):
Wertorientierte Unternehmensführung – Theoretische Konzepte und empirische Befunde, Wiesbaden 2003.

Süß, S./Sayah, S. (2011):
Work-Life-Balance von Freelancern zwischen Realität und Idealvorstellung – Eine explorative Studie, in: Zeitschrift für Personalforschung, 2011, Heft 3, S. 247-268.

Svensson, L. E. O. (1994):
Estimating and Interpreting Forward Interest Rates: Sweden 1992-1994, NBER Working Paper, Nr. 4871, Cambridge 1994.

Thaler, R. H. (1986):
The Psychology and Economics Conference Handbook: Comments on Simon, on Einhorn and Hogarth, and on Tversky and Kahneman, in: Journal of Business, 1986, Heft 2, S. 279-284.

Tietje, O./Scholz, R. W. (2001):
Entwicklung der Fallstudienmethoden, in: Mieg, H. A./Hübner, P./Stauffacher, M./Balmer, M./Bösch, S. (Hrsg.), Zukunft Schiene Schweiz 2 – Ökologisches Potenzial des SBB-Bahngüterverkehrs für die Region Zugersee, Zürich 2001, S. 229-241.

Titgemeyer, M. (2011):
Die Nutzwertanalyse zur Beurteilung von Investitionen, in: Wirtschaftswissenschaftliches Studium, 2011, Heft 1, S. 52-54.

Töpfer, A. (2010):
Erfolgreich Forschen, 2. Aufl., Berlin/Heidelberg 2010.

Töpfer, A./Duchmann, C. (2006):
Das Dresdner Modell des Wertorientierten Managements: Konzeption, Ziele und integrierte Sicht, in: Schweickart, N./Töpfer, A. (Hrsg.), Wertorientiertes Management, Berlin/Heidelberg/New York 2006, S. 3-63.

Tondock, R. (2010):
Risikoorientierte Performancemaße, in: Controlling, 2010, Heft 7, S. 388-390.

Tran, D. H. (2011):
Corporate Governance und Eigenkapitalkosten - Bestandsaufnahme des Schrifttums unter besonderer Berücksichtigung des Informationsaspektes und Forschungsperspektiven, in: Zeitschrift für Betriebswirtschaft, 2011, Heft 5, S. 551-585.

Trinczek, R. (2005):
Wie befrage ich Manager? Methodische und methodologische Aspekte des Experteninterviews als qualitative Methode empirischer Sozialforschung, in: Bogner, A./Littig, B./Menz, W. (Hrsg.), Das Experteninterview – Theorie, Methode, Anwendung, 2. Aufl., Wiesbaden 2005, S. 209-222.

Tschamler, H. (1996):
Wissenschaftstheorie, 3. Aufl., Bad Heilbrunn 1996.

Tversky, A./Kahneman, D. (1974):
Judgment under Uncertainty: Heuristics and Biases, in: Science, 1974, Heft 4157, S. 1124-1131.

Tversky, A./Kahneman D. (1986):
Rational Choice and the Framing of Decisions, in: The Journal of Business, 1986, Heft 4, Teil 2, S. 251-278.

Uzík, M./Nelles, M. (2007):
Debt-Rating – Kapitalmarktreaktion auf die Ankündigung einer Ratingveränderung, in: Finanz Betrieb, 2007, Heft 3, S. 172-180.

Uzík, M./Weiser, M. F. (2003):
Kapitalkostenbestimmung mittels CAPM oder MCPM?, in: Finanz Betrieb, 2003, Heft 11, S. 705-718.

Velthuis, L. J. (2005):
ERIC: Neue Kennzahl, neues Glück?, in: Betriebs-Berater, 2005, Heft 9, S. 1.

Velthuis, L. J./Wesner, P. (2005):
Value Based Management – Bewertung, Performancemessung und Managemententlohnung mit ERIC, Stuttgart 2005.

Viebig, J. (2010):
Multi-Faktormodelle in der Praxis – Erfassung der stilspezifischen Risiken von Aktienfonds, in: Corporate Finance biz, 2010, Heft 6, S. 387-396.

Vogler, O. (2009):
Das Fama-French-Modell – Eine Alternative zum CAPM – auch in Deutschland, in: Finanz Betrieb, 2009, Heft 7/8, S. 382-388.

Volkart, R. (2001):
Kapitalkosten und Risiko – Cost of Capital als zentrales Element der betrieblichen Finanzpolitik, Zürich 2001.

Volkart, R. (2008):
Corporate Finance, 4. Aufl., Zürich 2008.

von Neumann, J./Morgenstern, O. (1944):
Theory of Games and Economic Behavior, Princeton 1944.

von Nitzsch, R./Rouette, C./Stotz, O. (2005):
Kapitalstrukturentscheidungen junger Unternehmen, in: Börner, C./Grichnik, D. (Hrsg.), Entrepreneurial Finance: Kompendium der Gründungs- und Wachstumsfinanzierung, Heidelberg 2005, S. 409-430.

von Rosenstiel, L. (1999):
Motivationale Grundlagen von Anreizsystemen, in: Bühler, W./Siegert, T. (Hrsg.), Unternehmenssteuerung und Anreizsysteme, Stuttgart 1999, S. 47-77.

von Weizsäcker, R. K./Krempel, K. (2004):
Risikoadäquate Bewertung nicht-börsennotierter Unternehmen – ein alternatives Konzept, in: Finanz Betrieb, 2004, Heft 12, S. 808-814.

Voß, Wolfgang (2002):
Ganzheitliche Bewertung von Unternehmensnetzwerken: Konzeption eines Bewertungsmodells, Frankfurt am Main 2002.

Wagenhofer, Alfred (2009):
Internationale Rechnungslegungsstandards – IAS/IFRS, 6. Aufl., München 2009.

Walgenbach, P./Beck, N. (2003):
Effizienz und Anpassung. Das Erklärungspotenzial der neoinstitutionalistischen Organisationstheorie am Beispiel ISO 9000**, in: Die Betriebswirtschaft, 2003, Heft 5, S. 497-515.

Wallmeier, M. (2000):
Determinanten erwarteter Renditen am deutschen Kapitalmarkt – Eine empirische Untersuchung anhand ausgewählter Kennzahlen, in: Zeitschrift für betriebswirtschaftliche Forschung, 2000, Heft 2, S. 27-57.

Wallmeier, M. (2009):
Kapitalmarktwirkungen der Berichterstattung zur Unternehmensleistung, in: Zeitschrift für betriebswirtschaftliche Forschung, 2009, Heft 3, S. 212-224.

Weber, J. (2000):
Neue Perspektiven des Controlling, in: Betriebs-Berater, 2000, Heft 38, S. 1931-1935.

Weber, J./Bramsemann, U./Heineke, C./Hirsch, B. (2004):
Wertorientierte Unternehmenssteuerung: Konzepte – Implementierung – Praxisstatements, Wiesbaden 2004.

Weber, J./Bramsemann, U./Heineke, C./Hirsch, B. (2005):
Value Based Management erfolgreich umsetzen, in: Weber, J. (Hrsg.), Das Advanced-Controlling-Handbuch – Band 1, Weinheim 2005, S. 175-216.

Weber, J./Heineke, C. (2007):
Value Based Management, in: Freidank, C.-C./Lachnit, L./Tesch, J./Weber, S. C. (Hrsg.), Vahlens Großes Auditing Lexikon, München 2007, S. 1444-1446.

Weber, K. (2004):
Einführung in die Erkenntnis- und Wissenschaftstheorie, Frankfurt (Oder) 2004, http://www.rsf.uni-greifswald.de/fileadmin/mediapool/lehrstuehle/duenkel/Weber_Wissenschaftstheorie.pdf, letzter Abruf: 14.04.2011.

Weber, M. (1990):
Risikoentscheidungskalküle in der Finanzierungstheorie, Stuttgart 1990.

Weißenberger, B. E. (2011):
IFRS für Controller, 2. Aufl., München 2011.

Weißenberger, B. E./Blome, M. (2005):
Ermittlung wertorientierter Kennzahlen unter IFRS, Arbeitspapiere Industrielles Management und Controlling, Working Paper 2/2005, Gießen 2005, http://geb.uni-giessen.de/geb/volltexte/2005/2545/, letzter Abruf: 14.01.2010.

Wengelowski, P. (2009):
Kontextorientierte Unternehmenssteuerung, Frankfurt am Main 2009.

Westhoff, K. (1985):
Erwartungen und Entscheidungen, Berlin/Heidelberg 1985.

Wiederkehr, B./Züger, R.-M. (2010):
Risikomanagementsystem im Unternehmen, Zürich 2010.

Wiendick, G. (1990):
Börse als vernachlässigter Bereich der Wirtschaftspsychologie, in: Maas, P./Weibler, J. (Hrsg.), Börse und Psychologie, Köln 1990, S. 38-57.

Wiggert , M. (2009):
Risikomanagement von Betreiber- und Konzessionsmodellen, Graz 2009.

Wild, H. (1975):
Methodenprobleme in der Betriebswirtschaft, in: Grochla, E./Wittmann, W. (Hrsg.), Handwörterbuch der Betriebswirtschaft – Band 2, 4. Aufl., Stuttgart 1975, S. 2654-2677.

Wild, J. (1974):
Grundlagen der Unternehmensplanung, Reinbek 1974.

Winter, P. (2004):
Cashflow at Risk als Instrument des industriellen Risikomanagements, in: Wirtschaftswissenschaftliches Studium, 2004, Heft 5, S. 289-294.

Winter, P. (2007):
Risikocontrolling in Nicht-Finanzunternehmen, Lohmar/Köln 2007.

Wiswede, G. (2007):
Einführung in die Wirtschaftspsychologie, 4. Aufl., München 2007.

Witzemann, T./Currle, M. (2004):
Bonusbanken – Unternehmenswertsteigerung und Managementvergütung langfristig verbinden, in: Controlling, 2004, Heft 11, S. 631-638.

Wöhe, G. (2002):
Einführung in die Allgemeine Betriebswirtschaftslehre, München 2002.

Wolf, K. (2003a):
Risikomanagement im Kontext der wertorientierten Unternehmensführung, Wiesbaden 2003.

Wolf, K. (2003b):
Risikoaggregation anhand der Monte-Carlo-Simulation, in: Controlling, 2003, Heft 10, S. 565-572.

Wolf, K. (2004):
Implementierung und Anwendung von Risikomanagement, in: Schlüchtermann, J./Tebroke, H.-J. (Hrsg.), Mittelstand im Fokus, Wiesbaden 2004, S. 177-197.

Wolf, K./Runzheimer, B. (2009):
Risikomanagement und KonTraG – Konzeption und Implementierung, 5. Aufl., Wiesbaden 2009.

Wolke, T. (2008):
Risikomanagement, 2. Aufl., München 2008.

Wollnik, M. (1977):
Die explorative Verwendung systematischen Erfahrungswissens, in: Köhler, R. (Hrsg.), Empirische und handlungstheoretische Forschungskonzeptionen in der Betriebswirtschaftslehre, Stuttgart 1977, S. 37-64.

Woodside, A. G./Wilson, E. J. (2003):
Case Study Research Methods for Theory Building, in: Journal of Business & Industrial Marketing, 2003, Heft 6/7, S. 493-508.

Yin, R. K. (2009):
Case Study Research – Design and Methods, 4. Aufl., Thousand Oaks/London/New Delhi et al. 2009.

Zaugg, R. J. (2006):
Fallstudien als Forschungsdesign in der Betriebswirtschaftslehre, Diskussionspapier Nr. 8 der Wissenschaftlichen Hochschule Lahr, Lahr 2006.

Zaugg, R. J. (2009):
Nachhaltiges Personalmanagement – Eine neue Perspektive und empirische Exploration des Human Resource Management, Wiesbaden 2009.

Ziegler, A./Schröder, M./Schulz, A./Stehle, R. (2007):
Multifaktormodelle zur Erklärung deutscher Aktienrenditen – Eine empirische Analyse, in: Zeitschrift für betriebswirtschaftliche Forschung, 2007, Heft 3, S. 335-389.

Zimmermann, H. (1996):
Finanzanalyse und Kapitalmarkttheorie am Beispiel schweizerischer Wirtschaftssektoren, in: Finanzmarkt und Portfolio Management, 1996, Heft 2, S. 148-171.

Zimmermann, P. (1997):
Schätzung und Prognose von Betawerten, München 1997.

Zotter, K.-A. (2007):
Modelle des Innovations- und Technologiemanagements, in: Strebel, H. (Hrsg.), Innovations- und Technologiemanagement, 2. Aufl., Wien 2007, S. 53-92.

Verzeichnis über Gesetze und Standards

AktG:
Aktiengesetz in der Fassung vom 6. September 1965, das zuletzt durch Artikel 2 Absatz 49 des Gesetzes vom 22. Dezember 2011 (BGBl. I S. 3044) geändert worden ist.

DRS 5:
Deutscher Rechnungslegungs Standard Nr. 5: Risikoberichterstattung, in der Fassung vom 18. Februar 2010.

EStG:
Einkommensteuergesetz in der Fassung vom 8. Oktober 2009, das zuletzt durch Artikel 20 des Gesetzes vom 20. Dezember 2011 (BGBl. I S. 2854) geändert worden ist.

KStG:
Körperschaftsteuergesetz in der Fassung vom 15. Oktober 2002, das zuletzt durch Artikel 4 des Gesetzes vom 7. Dezember 2011 (BGBl. I S. 2592) geändert worden ist.

HGB:
Handelsgesetzbuch in der Fassung vom 10. Mai 1897, das zuletzt durch Artikel 2 Absatz 39 des Gesetzes vom 22. Dezember 2011(BGBl. I S. 3044) geändert worden ist.

IAS 38:
International Accounting Standard 38 – Immaterielle Vermögenswerte, in der am 3. November 2008 übernommen Fassung (ABl. Nr. L 320 S. 1, 252), die zuletzt durch Art. 1 ÄndVO (EU) 243/2010 vom 23. 3. 2010 (ABl. Nr. L 77 S. 33) geändert worden ist.

IDW PS 340:
IDW Prüfungsstandard: Die Prüfung des Risikofrüherkennungssystem nach § 317 Abs. 4 HGB, in der Fassung vom 11.09.2000.

IDW S1:
IDW Standard: Grundsätze zur Durchführung von Unternehmensbewertungen, in der Fassung vom 02.04.2008.

SolZG:
Solidaritätszuschlaggesetz in der Fassung vom 24. Juni 1991, das durch Artikel 19 des Gesetzes vom 25. Februar 1992 (BGBl. I S. 297) geändert worden ist.